ジェレミー・ブラック 著
内藤嘉昭 訳

海軍の世界史

JEREMY BLACK

NAVAL POWER

A HISTORY OF WARFARE AND THE SEA FROM 1500

海軍力にみる国家制度と文化

福村出版

コリン・グレイに

序

ジェレミー・ブラックの『海軍の世界史』（Jeremy Black, *Naval Power*, 2009）は、過去五世紀にわたって、国家の歴史を形成するうえで、海を支配することが世界的に果たした重要な役割を個々にあるいは包括的に強調している。よく知られているように、世界貿易を促進するうえで海上アクセスを確保することは、中心的なテーマであったし、今日でも極めてよく適合するテーマである。海上貿易と商業権益の支持および保護は、常にイギリスの海軍力（naval power）を行使するうえでの根拠となってきた。時代をさかのぼって一八五〇年代のロイヤル・ネイビーの軍艦が、マラッカ海峡で海賊に対応したことや、その現代版であるアデン湾での対応にみられるように、いつの時代でもそれはいえることである。

より一般的にいえば、海軍力およびその通常の展開は、この五〇〇年もの間、広範囲に及ぶ政治経済システムの発達に不可欠の存在であった。これは単に帝国の建設に関わるものだけではない。海軍力は交易網を保護し、科学調査・研究を遂行し、危機を未然に防ぎ、国際協力を推進するのに用いられてきた。こうした力は海洋国家の海軍および商船にみられ、グローバルな展開に必須である。それゆえに、海軍は海洋環境やその資源、それにこうした資源に依存する多くの海洋国民の保護という点で、その役割を増大させていくだろう。

海軍力は海洋での戦闘能力および戦闘の実効性において、最も威力を発揮してきたし、また今もそうである。すなわち、海での戦い、あるいは海からの戦闘、そして上陸作戦の支援においてである。このように、軍事行動や戦闘の歴史は、あるいは、物資や資源の円滑な流れを確保してきた歴史は、海軍の基盤投資という点とも密接なつながりをもつ。

ブラック教授の説明は、この多岐にわたる実効性の意義と影響を示唆したものである。本書は、イギリスのみならず他の主要国も取り上げて描いた歴史である。その研究はことのほか有意義であるが、それは説明が極めて最新のものであるだけでなく、海軍発展に関する将来展望をも考察しているからである。それゆえ本書は、海軍力およびその戦略的、歴史的帰結に興味を寄せるすべての人の注目に値すると確信する。

海軍大将　ナイト・グランド・クロス

前第一海軍卿、海軍本部長（二〇〇六〜二〇〇九年）

サー・ジョナサン・バンド

はじめに

本書は海軍力および海軍力と国際関係との関連性について、わかりやすい説明を心がけており、決してパワー・プロジェクションだけを描こうとしたものではない。建艦技術や海軍力の社会史も重要ではあるが、本書はそこに力点をおいたものではなく、むしろパワーの手段としての海軍に主眼をおいている。つまり、国家制度の本質や戦略文化、それにこうしたパワーに対して必要とされる国内環境を海軍は示唆するものであり、そうした点に主眼をおいている。紙幅には厳しい制約がかけられているが、それはとりわけ非西洋諸国の海軍力に紙幅を割く努力をしているからである。しかしながら、こうしたアプローチの場合は私もそうだが、どの時代も西洋の優位があったことには留意しておく必要がある。

本書を編集するのに完全な方法などもとよりなく、適用しているのは歴史的にはっきりしているものだけである。とはいえ、各時代の差異を強調するように心がけている。特に、本書以外の歴史区分でも用いられているように、一九世紀半ばの蒸気船と鉄船への流れでは、その点が顕著である。その他大きな時代区分としては、一九五〇年代末の海洋における核時代の幕開けがあげられる。指針として戦争を用いる場合に私の好みでは、アメリカ独立戦争の勃発（一七七五年）、ナポレオン戦争の終結（一八一五年）、第一次世界大戦勃発（一九一四年）、第二次世界大戦の終結（一九四五年）などとなるが、そこでは技術に焦点を当てすぎないよう細心の注意を払い、戦争を形成する役割に注意を向けるようにした。この役割は第四章と六章で触れられているように、一七七八〜一七八二年、一七九三〜一八一五年、一九一四〜一九一八年、一九三九〜一九四五年にみられた、主要艦隊同士が激戦を展開した時期と関連するだけでなく、特定の海軍が明らかに優勢な時代（第五章の時期のイギリスと第七章の時期のアメリカ）に発生した戦争形態にも関係している。目標と任務の重要性は主要テーマであるが、それは政治構造や国益、政治思想とも関連するからである。

オーストラリア国防大学校での米戦艦ミズーリの講義や、二〇〇九年に行った、コネチカット州ニューポートの海軍戦争大学でのミッドウェイに関する講義から、本書で検討するアイデアを煮詰める機会が得られたことは幸いであった。楽しい思い出の一つとして、ジャン・グレーテとともにバサ〔訳注、一六二八年ストックホルムの港で沈没したスウェーデンの帆船。一九六一年に引き揚げに成功〕を訪問したときのことがあげられる。ガイ・チェット、マイケル・ダッフィー、マリア・フッサロ、ジャン・グレッテ、リチャード・ハーディング、パトリック・ケリー、ニコラス・ロジャー、ダグ・スミス、ラリー・ソンダース、サム・ウィリス、それに二人の匿名の読者に対して、最初の草稿についてコメントをいただいたことに感謝申し上げる。それにマシュー・セリグマンには各章のコメントをいただいた。やはり謝意を表しておきたい。このような優れた海軍史家による励ましは私の貴重な財産となった。とはいえ、いうまでもなく彼らがいかなる過ちの責めを負うものではない。また、ジュリアン・ルイスとジョン・リンからのアドバイスにも有益な示唆を得た。

本書をコリン・グレイに捧げられることは大いなる喜びである。グレイはよき友人であると同時に、世界的な戦略研究家であり、歴史と国際関係の分野を専門的に架橋する学者だからである。

ジェレミー・ブラック

海軍の世界史——海軍力にみる国家制度と文化

目次

第*1*章　導入

水の惑星。これはアセルスタン・スピルハウスが自著『海洋および大陸、プレート図解、国境入り総合世界地図帖』（初版一九四二年）（Spilhaus, A., *Atlas of the World with Geographical Boundaries Showing Oceans, Continents and Tectonic Plates in Their Entirety*, 1991）で生み出したイメージである。スピルハウスはどの地図製作者よりも海を強調している。境界と境界設定に挑戦した彼の地図によれば、海洋に関する限り、境界はほとんど意味のない概念であった。事実、彼は「水の惑星」と名づけた地図を作成したが、そこでは世界の海が地図の制約で途切れることなく続いている。そのためにスピルハウスは三葉の地図を作成し、それぞれ大西洋と太平洋、インド洋を中心にして、南極を地図の周辺に加えている。[1] それと関連して（ただし異なるやり方で）彼は陸地と海の関係を再編している。大陸という視点から世界の国々を再構成したものであり、[2] そこでは大陸に代わって南大西洋やインド洋といった、海洋を基軸としたシステムが強調されている。こうした手法では海洋との結びつきや、海洋における権益、それに海軍力がことのほか強調されている。

人は陸地に住むが、世界の海は人類の宿命として不可分のものである。その結果、パワー（環境に対する人類のパワー、それと人類による人類へのパワー）は漁業や捕鯨から、通商支配、パワー・プロジェクションを左右する海軍力にいたるまで、海洋の必要要件となることが多かった。侵略はその最も顕著なものであるが、しかし、それは必ずしも海軍力というかたちをとるわけではない。こうした能力という面からみた歴史は長く、古代や近代においても人の移動という点においてそれは共通してみられる。本書は過去五〇〇年分を扱っているものの、古代の海戦をあらかじめ検討しておくことも有益である。特にそれは、一五〇〇年から一八五〇年にかけての帆船主流の時代とは違うし、ましてその後の時代とは違いが際立っているからである。

一五〇〇年から一八五〇年に先立つ時代、そのほとんどの間に共通することとして、櫂船《かいせん》という点が際立っている。漕ぎ手を雇って船を動かすわけだが、それはまた漕ぐという重要な能力を反映する。こうした航行の仕方は、規模や洗練さにおいてかなりの違いがある。とりわけ、大海で航行するのに適したものばかりではなく、海岸や三角州、河口、湖、河川のような浅い海に適したものもあり、どちらも海洋世界を構成するとはいえ、こうした船は海軍史のうえで過小評価されてきたきらいがある(3)。

規模と洗練さという点において多様性に富むということは、役割と任務において決定的な対照性を示す。事実、船舶という意味で海軍史を扱う際に大きな問題となるのは、たとえば蒸気船時代の前の帆船時代でみると、各海軍が有するそれぞれの役割の重要性が、過小評価されている点である。決定的な違いは、通商および海岸を攻撃する事実上の私掠海軍と、帝国の海軍との相違にみられる。前者は規模において、青銅器時代の地中海に転機をもたらした海洋民族から、一六世紀の日本の倭寇といった海賊、あるいは一六世紀から一八世紀にかけてアメリカ植民地の新たな富をつかもうと乗り出したヨーロッパ人にいたるまで、様々である(4)。帝国の海軍には、古代ローマや宋代の中国（九六〇～一二七九年）、一九世紀のイギリス、現代のアメリカなどがある。古代アテネや一九世紀のイギリスのように、強大な海軍力を保有したものの中には、制海権や海洋帝国という言葉で表現されるところもあるが、宋や現代アメリカにみられるように、海軍力は必ずしも帝国の存在の中心に結びつくわけではない。しかしながら、アメリカの事例で明らかなように、海洋権益の保護は依然として重要課題である。

特殊な軍艦を開発するということは、特定の地域で通商を破壊したり、防衛したりすることで得られる利益を反映する。たとえば、地中海では紀元前一千年くらいの間、大規模なかたちでそれが展開されていた。有力な文献が不足しているために、定説とはなりにくいし、古代の海戦でのあらゆる複雑な要因を曲解してしまうおそれもあるが、「究極的」に櫂船は非常に優れた軍艦である。やはり、地中海で古代の海戦に用いられたガレー船を、つまり三段櫂船のガレー船を今日同規模で再建してみると、当時の指揮官が直面した選択肢を考えるうえで極めて役立つ。漕ぎ手は三層の階層に腰掛け、垂直方向に二人から一六人の男たちが組になって櫂を漕ぐ。アテネ人たちは三段櫂船に対抗する操艦術を用いたが、それは敵の櫂をへし折るため船首をぶつける直前に一方に針路を変え、敵の漕ぎ手を多数傷つけたり、殺したりするというものであった。この攻撃法に続いて敵艦に乗り込み、白兵戦を演ずるやり方が登場する。この方法が成功すると、それをギリシアやペルシアの海軍がまねるようになっていった。ガレー船は船首の下方に衝角《しょうかく》をもち、それは圧倒的な効果をもたらしたが、しかし、好んで用いられた戦法は激しく攻め立てて敵船に乗り移るやり方であった。その場合、投石器や弓、投げ槍を使って敵を弱体化させてから乗り込むのである。[5] しかし、様々な方法があったことは覚えておいてよい。すなわち、ギリシア人とフェニキア人はローマ人がやったように、兵士や弓、投石器などをガレー船に満載しなかったのである。

とはいえ、船を航行させるにはかなりの漕ぎ手が必要であり、それがこうした船の航海範囲を著しく制限していた。水と食糧を調達するために、停泊しなければならなかったからである。その結果、居住空間（寝る場所も）の不足とあいまって、ガレー船は海岸から離れることはめったになく、毎晩どこかに停泊するのが一般的であった。したがって、無理して数週間海にいることはできず、海軍力を投入するには基地として安全な港が必要であり、それなしには敵の港を封鎖したり攻撃したりすることは不可能であった。性格的にこの時代の海軍には、可能性としてみても、一九世紀および二〇世紀の制海権という発想は当てはまらない。しかし、このことが艦隊に価値がなかったことを意味するものではない。それどころか、兵士たちと連携することで、水陸両用作戦で敵地を奪う際に、艦隊は主要な役割を演じた。そうすることで双方に利益があがり、さらに、敵海軍による行動を制約することもできた。

兵站の制約という性質は歴史を通じて変わっていったが、よく知られているところでは、船員数の制約（船舶の大きさのため）や、帆船か蒸気船かによる制約といった点を指摘できる。こうした制約は海軍史において常に重要であった（今もそうである）[6]。ガレー船による戦いに関する限り、この制約は一八世紀の終わりまで存続した[7]。事実、ガレー船での戦闘における兵站の問題が、一六世紀に西地中海へ侵攻しようとしたオスマントルコを阻止することになった。これは一五六五年に聖ヨハネ騎士団から、マルタを奪取しようとした際の説明として用いられるが、オスマントルコは地中海中部の大きな海軍基地としてマルタを利用し、さらに西に向かうはずであった。

海軍による戦闘は、古代地中海世界の運命に極めて重要な役割を果たし、サラミスの海戦（紀元前四八〇年）とアクティウムの海戦（紀元前三一年）の両海戦においてそれは顕著である。前者はペルシアによるギリシア侵攻が、海軍力に依存していたことを示唆する。およそ一二〇〇隻という大艦隊でヘレスポントを横断する舟橋をつくり、これがペルシアの大軍を支援し、補給船を護衛した。これに対してペルシアによるアテネ占領後、ギリシア艦隊はサラミス島付近に集結した。その後の戦闘は海軍史において頻繁に指摘されているように、軍艦の数だけが問題なのではないことを示唆している。ペルシアの大艦隊に直面して（ペルシア軍の船舶数はおよそ八〇〇、対するギリシア連合軍は三〇〇）、ギリシアは広い海辺よりも狭いサラミスでペルシア軍と戦う決断を下した。この態勢をとることで、ペルシアの有する幾多の利点を少しでも覆そうと期待したものだが、まさしく正しい考え方であった。ペルシア艦隊はあまりに密集していたうえ、その隊形と動きは膨大に膨れあがったその数のために、大いに混乱をきたすことになった。ペルシア軍が苦境に陥っているときを狙って、ギリシア軍が攻撃をしかけた結果、その隊形は散々に乱れた。ペルシア船の中には敵に正対しているときに撤退をするものも現れ、これがさらに混乱を拡大させ、ギリシアはこの機に乗じた。

ペルシア軍は結局退却し、二〇〇隻以上の船を失ったが（これに対してギリシアは四〇隻）、ギリシア軍は依然陣形を整えていた。この海戦の結果、ペルシア王クセルクセスは陸海軍の敗残兵を率いてアナトリア（今日のアジア域のトルコ）へと撤退した。しかし、海軍力の行使という点で一般的にいわれるのは、サラミスで戦争が決着したのではないということである(8)。クセルクセスはギリシアに兵を残したままであり、それをギリシアは紀元前四七九年、陸戦としてプラタイアの戦いで打ち破る必要があった。これとは逆に、歴史家ヘロドトスが紀元前四八〇年のところで触れているように、「王（クセルクセス）が海の主であったとき、コリント（地峡）を横切ってつくられた防壁から」ギリシアがいかなる恩恵を受けたのかは不明である。

結果的に海軍力は、アテネにエーゲ海を支配する機会を与えることになる。スパルタとのペロポネソス戦争時（紀元前四三一～四〇四年）には艦隊がアテネの交易ルートを保護した（中でも黒海からの穀物が有名）。しかしながら、この海軍力はスパルタを破るのに使われることはなく、ランドパワーを重視した結果、シチリア島のシラクサを奪還しようとして戦域を拡大しすぎ、失敗に終わった（紀元前四一五～四一三年）。

結果的にマケドニアも、海軍支持派に対してランドパワーの威力を示した。テュロスを攻略し（紀元前三三二年）、アモルゴス沖でアテネ艦隊を撃破したが（紀元前三二二年）、マケドニアは基本的に捕獲した同盟軍の海軍力を展開する才覚によって成功を遂げたといえる。

ローマ帝国は長らくシーパワーを重視しなかった。しかし、最終的には地中海の中部および西部でのカルタゴの存在に対抗するため、シーパワーを重視せざるをえなくなる。最初は特にカルタゴの支配が確立されていたシチリア島沖において、シーパワーを発揮した。紀元前二六四年、三回に及ぶポエニ戦争の幕が切って落とされたとき、ローマには顕著な海軍の伝統がなかったにもかかわらず、今日のチュニス付近に拠点をおく海洋国家カルタゴとの戦争に直面したのであった。戦争においてローマ人は、敵のカルタゴ艦隊に衝角で激突し、次に鉤のついた渡し板状のコルヴス（corvus）〔訳注、原義はカラス〕を使い、敵船に密着して逃げられないようにしておき、これを橋代わりにしつつ敵船にすばやく乗り込む、という戦法をとった。ローマは海戦ではこのように陸戦を海上で転化し、自分たちの得意な陸戦技術を用いたのである。

紀元前二〇〇年までにローマは、かなりの経験を海戦において積み、シチリア島やスペイン、北アフリカへと部隊を投入していくために海軍力を利用した。それと同時にローマは、カルタゴの個々に異なる戦場で戦闘しようとする動きを粉砕していった。また、エクノモス岬の戦い（紀元前二五六年）にみられるようにローマ人は、主要な海戦にも勝利を収めていった。ポエニ戦争は紀元前一四六年にローマが勝利して、カルタゴの滅亡をもって終わる。これは伝統的なランドパワーからシーパワーへの移行に際し、潤沢な投資と開発を行ったうえでその成果を利用した、ローマの戦闘能力を実証する結果となった。(9)

カルタゴの敗北によってローマは地中海での海洋パワーを主導することになり、その座は不動のものとなっていく。さらにまた、紀元前五五年と五四年にブリタニアに対してユリウス・カエサルが行った遠征を含め、その後の作戦においても有効とされた海軍の経験が、次第に蓄積されていった。事実、紀元八三年と八四年のブリタニアへの初の周航は、ローマ艦隊によって達成されたといわれており、ローマの海軍活動は軍事作戦と並んで、ブリテン諸島に関する地理情報を獲得したという点で、極めて重要であった。[10]

ローマは海での戦力投入で相当に戦闘能力を発達させた。しかし、これは実効力のある陸軍を展開できる能力と密接に関連しており、紀元前二〇〇年代のギリシア征服や、紀元四三年からのブリタニア征服の成功例にそれはみられる。シーパワーとランドパワーのこうした関係は、ローマ帝国の内戦でもみられ、たとえばカエサルとポンペイウスとの対立（紀元前五〇～四八年）や、カエサルよりの三頭政治派と、彼を殺害した共謀者たちとの間の対立（紀元前四三～四二年）がそうである。最もよく知られているのが、三頭政治のうちアントニウスとオクタヴィアヌス（後年のアウグストゥス）両者によるもので、アクティウムの海戦（紀元前三一年）は有名である。これはアントニウスにとっては致命的で、ギリシアの海岸封鎖を突破できなかった彼の海軍は、兵たちをそこに残したままに終わった。アウグストゥスはその海軍力を利用してエジプト征服を可能とし、これがローマの地中海における海軍力の帰趨を決し、その地政学的位置づけと帝国の強大さに寄与する主因となった。

ヨーロッパをはじめ各地で好まれた戦法は、狭い海域を渡航して行う作戦である。それは五世紀から一一世紀にかけてのアングル族やサクソン族、バイキングの侵入、一〇六六年のノルマン侵入、あるいは一二七四年と一二八一年の失敗に終わった元寇にみられる。[11] 元寇は中国を征服したモンゴル人によるもので、属国の高麗から日本に最も近い九州に向かった。一二七四年の遠征は暴風雨で座礁し、一二八一年の場合も部隊は上陸したが再び台風が襲ったため壊滅的打撃をこうむった。一二八一年にはある程度の日本船との戦いがあったものの、これは陸戦および台風の影響に比べると小規模であった。失敗に終わったとはいえ、元寇は帝国の野望を達成するべく、陸戦力を海上支配に投入するという意志がみられ、その点で示唆的である。同様にマケドニアのアレクサンダー大王やローマ、ビザンチンにおいてもそれはみられる。モンゴル人はまた、南宋による河川の防衛的利用を克服するため、一三世紀に効果的な河川用海軍を編成している。

モンゴル人による支配を受けた中国人は、次の明朝では日本を征服しようという企みはもたなかった。しかし、一五世紀初頭に当時最大の艦隊を編成した。大砲はおそらく一三五〇年代より明の艦隊に搭載されるようになったと考えられ、一四〇五年から一四三三年にかけてインド洋に向け実施された七回の遠征でも装備していたとみられる。その船のうちで最大のものは七本から八本のマストをもち、船の長さは約一二〇メートル（四〇〇フィート）もあったといわれているが、それには疑問の余地が残る。とりわけ積載量、排水量の数値がこの寸法では合わない。しかしながら、おそらくそれまで建造された最大の木造船だったであろうし、隔壁と幾層もの厚板のおかげで、この船は極めて強い耐波性をもっていた。明代の軍艦は、当時のイングランドにおけるヘンリー五世の大船団を上回るものであった[12]。

彼らが世界一周をしたというのはこじつけであっても、明代の中国人たちは当時のヨーロッパ人たちよりも、はるかに遠くまで船で出かけていたのは確かである。アデンやモガディシオに到達していたし、一四一一年の第三回目の遠征ではスリランカ攻略に成功している。もっとも、モンゴルの陸上制覇に重点をおく戦略的思考とは対照的に、また人口的、財政的といった中国国内の政治的な変化もあって、中国では一四三〇年代にはこの長期的な海軍力の投入を断念することになる[13]。

明の海軍活動は脚光を浴びたが、しかし、中世アジアには他にも海軍力が存在していた。たとえば、七世紀から一一世紀にかけてスマトラ島東部に君臨したシュリーヴィジャヤ、あるいは一一世紀に南インドで栄えたチョーラ朝がそうだが、襲撃するえたチョーラ朝である。多くの場合海軍活動の中心的テーマは、たとえばチョーラ朝がそうだが、襲撃する場合に水陸両用作戦を用いることであった。[14]

インド洋での中国の活動と、一四九〇年代からのヨーロッパ人による同域での活動とを比較する場合、一定の注意が必要である。すなわち、ヨーロッパ人はある意味で多くの成果をあげたともいえるし、そうでなかったともいえる。というのも、ヨーロッパ人の活動は中国とは異なる社会経済的枠組みの中で展開されており、利益の追求という側面があったからである。これとは対照的に、中国では無益な目的に膨大な資源を投入しているという批判が国内にはあった。巨費を投じてもわずかな見返りしか得られないような動機では、そうした企図は制限すべきであると考えて、中国人の航海が中止となったとしても驚くに足りない。この遠征はある意味で現代の宇宙計画に似ている。なぜなら、威信と好奇心、それに技術力をもって追求を重ねていくことは、最終的に軍事的、政治的利益を自分たちにもたらすと考えられているからである。その意味で長期的に海軍力を投入していく能力は、つまり海軍やパワー・プロジェクション、それに世界史における重要な成果は、西ヨーロッパ人によって発揮されたのである。

第2章　一五〇〇〜一六六〇年

軍事技術や作戦手法によって加速された変化を説明する場合、まず引き合いに出される理由が、大型の特化された帆船に大砲で武装し、平和時の交易船というより戦争目的として建造、維持される軍艦の存在である。そして、その変化は一六世紀にヨーロッパで起きている。こうした船は、近距離での膠着した砲撃戦に参加可能であったが、造船や維持管理が高価であった。こうした費用に加え、政治的支援や制度的な洗練といった点も必要とされた結果、潜在的なシーパワーを保持できる国は制限された。一七世紀末には強大な海軍国は、以前のようにもはや商業圏や商業港同士が近接している必要性はなくなっていた。とはいえ、特定の港とそこに関係する起業家たちの存在は、こうした国家の運営にとって不可欠であった[1]。

中世ヨーロッパにおいて海戦は、国家の独占によるものではなかった。セクストゥス・ポンペイウス（紀元前四三〜三六年）による海賊行為のような例外は、結果的にローマ帝国の支配をめぐる内戦という側面をもっていた。この戦いには古代地中海における国家の独占的性格がみられるが、それはガレー船の規模による。その後大型帆船によって、ヨーロッパの海は支配されるようになっていった。しかし、その船は商人たちのものでもあった。そのため潤沢な資金をもっていれば、誰でも武装した海洋の軍隊を立ち上げることが可能であった。別な視点からみると、中世における海洋での戦争は、その大半が海での戦いというのではなく、部隊の投入ということであり、それが支配者の主要関心事であった。こうした状況は、特別な武装を施した軍艦の登場で変化していく。そして、大砲が高価であったことから、それが転機をもたらすうえでの主因となる。たとえば、イングランドのヘンリー八世（在位一五〇九～一五四七年）は、いくつもの大砲で船を武装することができたため、イングランドでは誰も彼にかなうものがいなかった。

このような流れは、技術革新と広い意味での政治との結びつきを加速した。しかし、それよりも実際のところ、この発達過程はおそらくより必然的なものだったであろう。陸上における移行を教訓としてみた場合、海上ではこうした過程はみられないし、いかなる段階でもどの兵器やどの戦闘隊形が、あるいは特にどのような軍事組織が最も有効だったのか、それは判然としない。陸戦に関していえば、この問題は実効性、特に移動性や兵装と火力の相殺関係にまつわる必要性を含めた、様々な要因によってさらに複雑化する。しかし、海軍の有効性に関する要素は陸上での戦いよりも幅が広く、さらに騎兵に当てはまる移動性と火力、防護の組み合わせよりも複雑である。この要素の多様性ゆえに貨物積載量のバランスをとる必要が出てくるのであり、それは軍艦にも必要な要素であった。耐航性、速度、武装の種類と数、最適な船員と兵員の数などは総合的に把握すべき要素で、さらにこれらの関係は船の役割に依存することが多い。

その結果、軍艦の特性は大きく異なることになった。ヨーロッパで一六世紀後半に建造された軍艦は、五〇〇～六〇〇トンが一般的であり、これに対して武装商船は二〇〇～三〇〇トンが普通であった。この推計値は仕様によって変わってくる。たとえば、ポルトガルが東インドでの貿易に従事していた船は、防御の意味もあり大型のものを使用していたが、スペインのフリゲート（快速帆船）は安全性の面から速度を重視した。スペインの財宝を積んだガレオン船が、宝物を積み込むスペースを必要としたのに対して、一六世紀末のイングランドの軍艦は速度と攻撃の両面を追求して建造され、攻撃対象にはこのスペインのガレオン船も含まれていた。

なぜ特定の国が自国の海軍力の拡大に力を注いだのか、別の視点から選択肢や他の機関の役割ということを実例として考えてみることも必要である。自己認識とイメージの問題は、帝国主義的野心の動向と並んで重要な問題である。したがって、海軍力の増大を評価する場合、商業権益に重点をおく国家と政治文化を論ずるだけでなく、やはり個々の支配者や閣僚の選択と、地政学的戦略も重視する必要がある。選択肢のもつ役割は、地中海に向かうのか、それとも大西洋なのかという優先順位をつけなければならないようなパワーの場合、特に顕著である。とりわけ、スペインのフェリペ二世（在位一五五六〜一五九八年）[2]と、フランスのルイ一四世（一六四三〜一七一五年）がそうであった。

船舶

海軍力は資源の投入を必然的に伴い、それは多くの場合陸上よりも海上での戦争のほうが顕著であった。軍艦を航行させるのは費用がかさむが、中でも海軍の運営上最も高い出費を強いられたのは食糧と賃金であった。艦隊は陸軍同様、現地での資源なしには動かなかった。たとえば、荷を引く動物のためには道端の草が必要であり、それが確保されなければ自前で用意するほかなかった。大砲で武装した木造船はとても高価であり、帆走であろうと人力（ガレー船）であろうと、あるいはその両方とも（ガレー船はマストと帆がついていた）当時最強で技術的に先端をいく兵装であった。もっとも、ガレー船の建造だけでみる限り建造費は比較的安かったが、最大のコストは人員であった。ガレー船は途方もない人員を必要としたからである。

海軍力は好機を提供したその一方で、同時に課題も与えることになった。多数の砲が各船に搭載されるようになると、艦船の設計を検討する必要性に迫られた。海洋技術はより複雑になって、船員に対する操艦と戦闘に関する要求は飛躍的に高くなった。大砲の条件によって、建艦と装備、船員配置、物資の供給が決定され、さらに艦隊の維持に要求される巨額の資金と兵站上の工夫も、大きな課題として浮かび上がるようになった。[3]こうした問題はその技術上の性格によって、一段と深刻になった。大型艦は大半が手作業による、途方もない作業を要する工程からできあがっており、しかも大量の材木を必要とした。投下される資本は巨額であったにもかかわらず、船舶はわずか二〇～三〇年しかもたないのが一般的であった。維持費も巨額で、鉄が腐食していくのと同時に材木と帆の布地も傷んでいった。

したがって、軍艦は当時の水準からいって、建造に際し技術的に優れた造船所が必要であっただけでなく、艦船を維持できる恒久的な組織も必要であった。艦隊の建設と兵站基盤の整備は、一六世紀の主要「工業」活動から成立しており、工業を支えるのと同じ管理的作業が要求されていた。こうした条件は、艦隊を構築して維持しようとする国ではどこでも当てはまった。結果的にその活動規模は、コペンハーゲンとヴェネツィアに残存する海軍工廠が際立っており、[4]そこには当時の設計図もよく保管されている。当時の努力は妥当なものであったと判断される。なぜなら、陸上にはない移動可能な砲としての効果的プラットフォームを軍艦は提供しており、個々の船は陸軍に匹敵する重火器を輸送することができたからである。

また、海軍力に対する要求は変化していった。地中海は中世ヨーロッパの交易を支配していたが（海賊たちは北海やさらに遠方のバルト海までその勢力範囲を広げていった）、ヨーロッパ人が南アジアと東アジア、南北アメリカ大陸へのルートを開発したため、「大発見時代」により解放された交易上の富は、長距離交易ルートを保護・攻撃する海軍力の発展を促した[5]。軍艦はまた最も効果的な、遠方にある敵陣攻撃の手段であった。ヨーロッパの海では航路に関して、多くの強国が戦略的に関与した。たとえば、一六世紀と一七世紀のスペインとイタリア・オランダ間、スウェーデンとバルト海沿岸東部・南部の間がそれである。

九〇〇年ころからヨーロッパ人たちは、地中海を横切ってイスラム勢力に対抗する軍事力を備えていった。その最たるものが十字軍であり[6]、一五世紀末以降は大洋を横断して軍事力を行使できるまでになっていた。北米でバイキングの存在感が極めて限られていたように、初期のヨーロッパ人にも海洋での存在感はない。実に近代性というものが、一五世紀末から一六世紀にかけて、長距離航行が可能な重武装の軍艦となって出現したのである。一六世紀になり国家が海軍を建設し成長していくようになると、ガレー船と帆走軍艦に搭載される、重い大砲を用いることが飛躍的に多くなっていっただけでなく、組織的特徴に重要な変化もみられるようになった。

一五世紀半ばからヨーロッパの軍艦に搭載されるようになった大砲は、陸上を基盤とする兵器類とはまったく異なった方法で、特に海で使用されるという観点からつくられた。これは特化という意味で重要な側面をもつ。攻城用および要塞用兵器としての大砲と、海戦用の大砲との差異を誇張しすぎないことは重要である。とはいえ、砲架は取り替えなければならないものの、かなりの点で双方とも交換可能であった。野砲はこれとは対照的で、極力軽量化する必要があった。一六世紀はじめの二〇年間で、ヨーロッパの帆船に搭載される大砲の大きさは急速に大きくなっていく。それは要塞砲（たとえば、ロードス島防衛には失敗したが、一五二二年に聖ヨハネ騎士団がオスマン帝国の大規模な水陸両用作戦に抵抗した際、そこで使った大砲）の大きさとは比較にならない。

地中海において最も重要な船であるガレー船に対して、帆走戦艦は重要な利点を有する。もっとも、大西洋を航海していたイングランド人船乗りでさえ、一六世紀に入ってもなお、ある意味でガレー船のもつ海戦能力を保持していた。事実、一五六〇年から一五七〇年代のイングランドの軍艦は、大砲で武装したガレー船の脅威に対抗するため、船首と船尾に大砲を積んでいた。三本マストの大型帆船は、人力に頼っていたガレー船よりも、乗員数が少なくてすんだ。風力に依存できるようになったおかげで、帆船の乗組員はガレー船より少なくてすんだのである。かつ、大きな船殻のため容量が増大し、多くの食糧と水を積み込めるようになった。他方、浅い喫水のためガレー船はことのほか嵐に弱かった[7]。これに対して、三本マストを備えた船は風に逆らって進むことができた。帆船は比較的少人数の乗員ですんだ結果、大きな貨物を廉価で長距離輸送することが可能となり、また大砲のおかげで攻撃から身を守れるようになり、大人数の船員や防御用の兵士が不要になった。

中世には敵船に乗り込むことが一般的であった。ただ、一六世紀になってそれが突然火力に取って代わられたのではなかった。それどころか、乗り込んで捕獲品を奪うのは、ガレー船だろうと帆船だろうと、海戦の基本として存続していた。さらに、海戦で敵船を沈めてしまうようなことがほとんどなかったのは、捕獲品がなくなってしまうからであった。軍艦は帆が大きな損害を受け、逃れられなくなると砲を敵に向けられなくなって降伏する場合が多く、そのため捕獲品は大砲で攻撃して奪うこともあった。大型船は当時の火力では沈めることが難しかったため、武装解除されて無防備な状態にされることもあった。敵船を沈めてしまう動機は何もなく、捕獲するのがいつも最善の方法であった。一五八八年のスペイン無敵艦隊に対してさえ、イングランド側では捕獲するよう決定を下している。戦艦ロザリオが撃沈されなかったのは、その豊かな戦利品のせいである。同様に、一五九一年のアゾレス沖海戦では、イングランド船リベンジを捕獲しようとスペイン側は躍起になった。例外的に捕獲にこだわらなかった海戦としては、アゾレス諸島のテルセイラ島沖での海軍同士の激突がある。これは一五八一年から一五八三年にかけてスペインのフェリペ二世が、ポルトガルの反乱者を支援したフランス軍艦を撃退した海戦であった。他には、デンマークとスウェーデンの間で、一五六三年から一五七〇年にかけて発生した北方七年戦争がある。

このように、軍艦同士の砲撃戦に移行するまでには、相当長い時間がかかっている。乗り込みに代わる飛び道具の応酬には、弓に代わって火薬を使った兵器が標準となった。しかし、今度は乗り込みと砲撃用に適した、これまでとは異なる戦闘条件が不可欠であった。さらに、大砲重視は船を撃沈する能力と装備の両方の点で、つまり武装と戦術それに供給という点が、明らかに重要な意味を有することになった。

重砲はバルト海沿岸諸国で用いられ、ついでイングランド艦隊やフランス艦隊が一五一〇年代初頭より搭載するようになっていった。キャラベル船の造船法は（船体の枠組みに厚板の端と端とを組み合わせる）、地中海から大西洋、そしてバルト海沿岸諸国へと一五世紀末に広がっていった。それは重ねた厚板を使った鎧張りの造船法に代わっていった。こうした変化は船体の開発に著しい影響を及ぼし、その結果船体は強化され、船体の高い部分に重砲を据える必要性から、安定性と耐波性の双方を兼ね備えるようになり、適切な航行が可能となった。[8] ヨーロッパの軍艦はサイズ面でも拡大化していった。イングランドのアンリ・グラサデュー（グレイト・ハリーとしても知られる）は極めて大きな木造船であり、一五一四年の仕様では一八六門の大砲を備えていたが、こうした大砲の大半は軽砲であった。実際のところ一六世紀の大砲装備は、後世のものと比較すると誤解を招くようなものが多い。大砲の多くは大きさの点で、マスケット銃と似たようなものであったからである。デンマーク、フランス、リューベック、マルタ、ポルトガル、スコットランド、スペイン、それにスウェーデンの各海軍はすべて、一七世紀には同程度の大きさの船を保有していた。

ポルトガルの海軍力

まず、一六世紀に最も優れた海軍力を備えていたのは、ポルトガルである。世界で初の植民地をアジアやアフリカ、アメリカ大陸に保有しただけでなく、帝国を統合するのに軍艦に依存した最初の海洋国家でもあった。ポルトガルの海軍力は帆船にその基盤をおき、その船はインド洋上で軽船舶を沈められる、鍛鉄でできた重砲を十分搭載可能な強度をもっていた。この重装備は敵に対してはかりしれないほどの利点をもったという意味で、決定的に重要であった。アフリカやブラジルの海において、ポルトガルに匹敵する相手はどこにもいなかった。

一四世紀末から一五世紀にかけて造船と航海術が発達を遂げる。大西洋および地中海諸国においては、海洋での位置捜索技術の向上と並んで、特に船体建設と大三角帆（ラテンセイル）、四角形帆といった技術の融合が進んだ[9]。大砲搭載の有無にかかわらず、こうした技術面ではポルトガルが他国に先んじていた。この比較優位はたとえ一つの要素の変化をとりあげてみても、技術が単純なプロセスで発展してきたものではないことを想起させてくれる。さらに、帆の発達でポルトガル船は速度を大いに向上させることができ、操艦性もよくなり風に逆らって帆走する能力も進歩した。

情報もポルトガルの実効支配を高めるうえで、重要な役割を演じた。情報は海軍力において常に大きな意義を有しており、実際のところ今もそうであるように、遠方での戦力投入能力や位置把握の問題などを理解するにも、情報は必要である。羅針盤の利用や航海術の進歩のおかげで、緯度を計測するという問題が、赤道の南において一四八四年に解決された。こうして海図の作成とその知識を集積することが可能となり、そこから海のとてつもない広さと人のはかなさの関係を、以前よりも深く理解できるようになっていった。ポルトガルは航海術に役立つ情報を集積したが、それを敵国には秘密にしておくため、大変な苦労をしている。

こうした情報政策は、国家方針としてどの国でも一般的に行っていた。ポルトガル艦隊は国家所有の統制された組織で、リスボンやオポルトの王立ドックで船はつくられていた。ハバナのスペイン人たちと同じように、ポルトガルも遠方の物産と組織的機構の価値を見出し、植民地でドックを開発するようになっていった。現地でドックを建設すると、西インドのチーク材など耐久力の高い熱帯の硬材で造船したり、現地で軍艦を修理したりというように造船と補修の双方において有益であった。ポルトガルは八〇〇トンの大型船を一五一一年から一五一二年にかけてインドのコーチンでつくり、ついで一五一五年にインドのゴアを占領するとそこに大きなドックを建設し、さらにインドのダマオと中国のマカオにも造船施設を建設していった。

アフリカ沿岸からインド洋にかけて、ポルトガルが勢力を拡大した主要因は、一連の要塞化した海軍基地の存在である。地中海のガレー船による作戦に不可欠な港湾の役割を、これらの基地が代わって果たすことになったが、その距離ははるかに長大なものであった。ポルトガル人船員たちはアジアへの往復の長い航路上、一連の「中継地点」において必需品を安全に補充できることをよく理解していた。ポルトガル人たちの「シーレーン」は自分たちの基地に依存していたわけで、一七世紀および一八世紀にオランダ人とイギリス人がこのやり方をまねることになる。たとえば、一六五二年に基地として建設されたケープタウンは、南大西洋とインド洋を航行する船の補給用野菜を栽培する地域という意味合いから、オランダが開発したものである。

ポルトガル人たちは最初、比較的小型で海岸沿いの探検や航行に適した快速で耐航性のあるキャラベル船を使っていた。同時にかなりの大きさのキャラック船であるナウ船（大型船）も利用していた。ついで長距離を航行可能な船として、ガレオン船を開発していった。これは先のキャラック船よりも幅と長さの比が変更されて細長くなっており、より快速で操艦性もよく、重装備にも耐えられた。大砲は船の側面から撃つ仕組みとなったが、これは喫水線の上に耐水性の覆いをもった砲口が工夫されたことによる。この覆いも大砲も、喫水線近くかそれよりも上であるようにつくられているため、上部の重い構造が変更され砲力が増大するようになった。さらにこの大砲のおかげで、敵艦の喫水線近くに大きな打撃を加え、穴をあけられるようになった。

一四九八年、ポルトガル人航海士ヴァスコ・ダ・ガマがインド洋に到達し、五月二〇日にカリカット付近に入港した。アジア船は戦闘でこの大砲に敵わなかった。こうした技術格差が、一五〇三年のカリカット艦隊（アラブ艦隊の支援を受けていた）に対するポルトガルの勝利となって現れる。ポルトガルの砲撃は、カリカット側の乗り込み戦術を撃退した。ポルトガルはまた別のインド艦隊の撃破にも、ジャパラ（一五一三年）、グジャラート（一五二八年）でそれぞれ成功している。一五〇七年にスエズから派遣されたエジプト（マムルーク朝）艦隊は、一部ガレー船でグジャラート艦隊の支援を受けていた。一五〇八年のチャウルの戦いでは当初ポルトガル艦隊に数でまさり打ち負かしたものの、一五〇九年のディウ沖の戦いでは、インドにおけるポルトガル人初の総督、フランシスコ・デ・アルメイダに大敗を喫した[10]。

エジプト、後にオスマン（トルコ）は紅海からペルシア湾にかけて、あるいはインド西岸を航行していたが、その船はポルトガルの航続距離の長い船とは異なり、あまり重くない大砲を搭載していた。確かに一六世紀になると、非西欧諸国にも陸戦用の新兵器が普及していった。しかし、それは普及していた海軍の兵器と技術の比ではなかった。船体に組み込まれた大砲と、守備隊の常駐する要塞という西ヨーロッパ流のこの組み合わせは、ことのほか効果的なやり方として存続していった[11]。

しかしながら、この効果がヨーロッパ艦隊の無敵を意味するものではなかった。アフリカの海やインド洋、インドネシアの海では、重砲を積んだポルトガル船は喫水線の深さと帆に頼っていたため、櫂で漕ぐ喫水の浅い船には弱く、たとえばマラッカ海峡でポルトガルは一五一一年の水陸両用攻撃に敗れている。マラッカを喪失してからもスルタンは抵抗を続けていた。一般的にいって喫水の深いポルトガル船は、当時のヨーロッパ船同様に、世界中の重要な沿岸や河口、三角州、河岸では限定的に用いられるだけの場合が多く、一九世紀になって鋼鉄製の大砲を運べる喫水の浅い汽船が登場して、初めて変化がみられるようになった。もっとも、初期には喫水の浅い船を使って、ヨーロッパ勢も効果的な戦い方をしていた。ヨーロッパではオランダがフランドルのスペイン軍を、河岸での戦いで喫水の浅い船を効果的に使って打ち破っており、特に一五七〇年代初期にそれが顕著である。ロシアもまた河川での作戦で一定の戦闘能力を示している。一六四六年から小型艇隊による遠征隊がドン川を下って、アゾフ海およびクリミア・ハン国に派遣されている。

さらに、ヨーロッパ域外の海で喫水の深いヨーロッパ船が直面した問題は、ヨーロッパでも当てはまっており、この点はヨーロッパ域内での様々な海戦で教訓として生かされた。このように、バイキングが残した長い伝統の（喫水の浅い）ロングシップづくりは、一六世紀末まで西スコットランド沖の島々で受け継がれていた。陸上でのコサック騎兵に似た軍事制度をへブリディーズ諸島の人々は有していたが、それは機動性ということであり、襲撃時の優位となった。一五三三年、新技術を使った実力行使でもイングランド側は失敗し、シェトランド沖でロングシップによりメアリー・ウィロビーが拿捕された[12]。ルイス島周辺の氏族が使ったバイキング方式のロングシップは、有名なところではマクドナルド氏族がいる。彼らは一六世紀を通じて上陸地点としてロッホ・フォイルを使い、ウエスタン・アイランズからアルスターへスコットランド人傭兵を輸送していた。水源地で船を襲撃すべく、マル・オブ・キンタイアの入り江に侵入し、艦隊を帆船で迎え撃つというイングランド側の試みは失敗に終わる。イングランド部隊によるロッホ・フォイルの占領によって、やっと問題は解決した。ガレー船はルイス島周辺の氏族だけが使っていたわけではない。一五九四年、ガレー船はイングランドによるエニスキレン城の攻城に貢献している。一方、バルト海と地中海では、ガレー船への需要は相変わらず高く、そのことはまた沿岸部での重要性を反映している。

さらに東南アジアの支配者たちは、ヨーロッパ船からの脅威に対抗するのに、その形状をまねただけでなく、大きな武装ガレー船をつくった。この船は櫂のおかげで、沿岸部での機動性を高めることができた。一六四三年、およそ五〇隻に及ぶコーチシナのガレー船隊が、三隻のオランダ軍艦を撃破している。この結果、現地支配者に対してポルトガルは、ゴアやディウ、さらにペルシア湾で、現地の櫂船や小型帆船から成る沿岸艦隊を結成している。この艦隊は結局、一七世紀にポルトガルがオランダおよびイングランドからの攻撃に抵抗する際に、大いに効力を発揮して両国の大型船を悩ませ、その海上封鎖を頓挫させることに貢献した(13)。

一六世紀末、スペイン船に抗すべくフランシス・ドレークらのイングランドの私掠船は、結果的に小型で櫂をもった組み立て方式の襲撃船を使って、カリブ海沿岸の作戦に支援させている。こうした小型船は海軍力という項目の中には出てこない。それは小艦隊の船に焦点を当てているからであるが、この辺は海軍力の一定の評価をする場合に、限界として考えておくべきであろう。特に戦闘での勝利という意味や、長距離での遠征軍と水陸両用作戦部隊の輸送を効果的に行う能力という意味からも、こうしたパワーを行使できることは重要である。この点は今日でも当てはまる。

確かに沿岸部ではヨーロッパ船に限界があったものの、大海でヨーロッパ船攻撃に成功するのは難しく、世界中の海でヨーロッパの軍事技術に敵うものはほとんどいなかった。中国、日本、朝鮮の場合、真っ向から敵対してくる勢力がなかった。そこには近海での圧倒的な強さに匹敵する、遠洋で展開可能な海軍力を育成しようとする意識が欠如していた。マムルーク朝のエジプト（オスマントルコに一五一七年に征服される）では、騎馬による戦争に基づく社会秩序が大方針であったため、船を使うという発想を拒絶し、存在感をもった海軍力を構築することに失敗した[14]。一五二一年、大砲を搭載した中国艦隊が、ポルトガル艦隊を屯門沖（屯門は香港の海域）で撃破した。一五世紀初頭に中国艦隊（インド船よりも堅牢）がインド洋に展開していたとき、ポルトガルは幸いインド洋にはいなかった。一六世紀に中国は有力な沿岸での海軍力を保持していたが、もはや遠洋まで艦隊を展開できる力は保有していなかった。ポルトガルは一六〇三年にジョホール（今日のマレーシア）沖で敗退しているが、これはオランダによるもので、アジア勢力によるものではない。

アジアの海軍力は近海でその有効性を示した。それは一五九二年の日本艦隊による朝鮮侵攻に顕著に認められる。日本は黄海での戦いで李舜臣率いる朝鮮艦隊に敗れたが、そこには当時の興味深い軍艦もみられる。朝鮮の「亀甲船」は櫂で漕ぐものであり、おそらく六角形の金属製の板で覆われていたと考えられている。これは敵に鉤で引っ掛けられたり、乗船されたりするのを防ぐためで、衝角をもっていた可能性もある。結局、日本は軍艦にすばやく大砲を装備し、一五九三年と一五九七年の戦いではそれを効果的に用いている。しかし、一五九八年、朝鮮は砲術の専門家もいた中国艦隊の支援を受けた結果、露梁海戦で日本を撃破した。朝鮮は大砲においては優位を保持していたとみられる。この戦いは日本による朝鮮侵攻を断念させる一因となり、東アジアに大砲を搭載した軍艦の役割を示した[15]。この流れにおいて、翌世紀に外国との接触を巧妙に切り離していく日本の動きは、海洋への認識と関心を文化的にも政治的にも強く拒絶することになり、世界規模での海軍力の拡大に著しく認識を欠くようになった。満州人による朝鮮の征服もまたこれと同じ認識をもたらした。

朝鮮での戦争は、長距離をかけて戦力を投入するというヨーロッパ人の戦闘能力に比べると、あまり重要ではないように思われる。たとえば、ポルトガルのプレゼンスは、中国と日本の双方に重要な問題であったが、逆はそうではなかった。しかしながら、この議論は注意深く扱われなければならない。バイキングの勢力はニューファンドランドにまで拡大していったが、その影響力はほとんどみられないからである。一般的にいって、海軍力の定義と基盤がここでもまた問題になってくるのであり、それは本書を通じて一貫している。この海軍力は船の機能や人力、基地、兵站支援、さらに資金と政治的支援に帰着する。このどれもが互いに密接に関連しあっているため、海軍力を単一の定義で割り切らないことが肝要である。海軍力の行使を理解しようとする場合、単純になりすぎてしまうきらいがある。こうした力の行使（すなわち、資源の確保を暴力を通じて行ったり、あるいは力関係から交易を行ったりする）を通して得られるものだけで、考えてしまう誘惑に駆られるためである。

もっとも、こうした傾向は交易のもつ互恵的性格と関連づけてみる必要がある。海洋パワーは一過性の略奪という以上に、陸上に基盤をおく経済システムの需要と機会に自らを適応させる必要もあった。ポルトガルの場合、技術により先行して比較優位を確保してからは、こうした適応力を模索するようになった。それはオランダとイギリスにとっても同様で、やがてアジアとアフリカの海で重要な意味をもつことが明らかになる。今日の極めて異なる状況下においても、海軍力の限界を議論する際に、この点は依然として当てはまるようにみえる。

海　戦

火力の重要性が高まるにつれ、戦闘は遠方から攻撃する戦術へと移行した。そこでは船が直接衝突することは次第に少なくなっていき、乗り込んでいくことがいっそう難しくなった。ポルトガルは優勢な敵に対して遠方攻撃で戦うべく、初めて組織だって重砲を開発した国である。スペインの無敵艦隊との海戦時（一五八八年）にイングランドが開発したと引用されることが多いが、それは間違いである。ヨーロッパ北部では遠方攻撃戦術への移行は英仏戦争でみられる。一五一二年から一五一四年の間の戦いは、イギリス海峡における艦隊決戦であったが、伝統的な戦闘方法である。対照的に英仏の砲撃戦は、一五四五年にイングランド海軍の基地があるポーツマス沖海戦で展開されている。こうした変遷は海軍戦術にとって重要な意味をもつ（とはいえ、真に効果的な海軍の火力展開は、次の世紀まで待たねばならなかった）。戦術の変化は、基本的に大砲のプラットフォームとしての軍艦の開発を、さらに促していくことになる。

しかしながら、艦隊は軍艦に特化した船ばかりを追求し続けていたわけではない。たとえば、オランダは一六世紀後半に艦隊を用いて強い影響力を行使したが、河川や浅い海での戦闘に向いた軍艦もあったし、相変わらず武装商船もみられた。一五八一年にアゾレス諸島のテルセイラ沖で発生した戦いは本質的には砲戦であり、それに関与したフランスとスペイン船のかなりの兵力は混合タイプであった。すなわち、様々な有力な史料から武装商船と私掠船が構成していたとされる。概して「戦列艦」という言葉は一六世紀よりもむしろ一七世紀に当てはまる。確かにフランスやイングランド、スコットランドの王は一六世紀の前半に多くの軍艦を建造したが、それは機能的な軍艦というよりむしろ王室の力を誇示するもので、ファッションでさえあった。

とはいえ、変化の兆しもみられる。一五七〇年代の新技術に沿ってイングランドでは目的に応じた軍艦を建造していたが、それは基本的にイギリス海峡を支配する防衛用としてであった。しかし、臨時に商船を襲うような場合、エリザベス女王はそうした軍艦を使うこともあった。ポルトガルは似たような大きさと力をもった船を建造しており、それを大西洋船団の護衛に当たらせている。一方、一六世紀末にスペインでは同クラスの王国の軍艦、たとえば「十二使徒」を建造した。デンマーク、スウェーデン、それにハンザ同盟都市のリューベックでは大型の軍艦を建造している。それらは一五六〇年代のバルト海での海戦時に砲戦を展開したが、同時に互いの艦船に乗り込むことも行われていた。

さらにまた、いくら大砲を用いて効果的に敵艦を沈めることができても、強力な「艦船キラー」軍艦を開発すれば海戦に革命が起きるといった技術的仮定は、避けることが肝要である。[16] そうではなく、陸上での戦争についてみると一五世紀の進化のほうが重要であり、よって次の点に焦点をあてることが必要である。すなわち、それは「技術的、戦術的な進化の過程であり、陸上での火砲の出現をもって始まる。ついでこうした火砲が船に搭載されるようになって、それが対人兵器として海軍での作戦行動に用いられた。その大きさと数は次第に増大していき、最後は技術革新によって現代の基準でも効果的とされる兵器類を生産すべく、陸上用兵器とは別個に分化していった[17]」。初期の大砲は舷側砲ではなく、艦首と艦尾に配置された。[18] イングランドの旗艦メアリー・ローズは、フランスのガレー船に搭載された大砲によって穴をあけられ、そこから浸水して一五四五年に沈没した。海軍革命が今もなお続行しているとすれば、焦点を船におくべきなのかそれとも兵器なのか、それもまたはっきりしない。前者であれば、一四世紀と一五世紀の造船と設計の変化で、特にマストの数およびマストあたりの帆の数が増えたことで、また帆の形状が多様化し、船尾舵が普及したことで[19]、一六世紀のものより重要性を増したといえるのかもしれない。

大砲の導入は実に難しい過程であった。鍛鉄製の大砲は危険で信頼性に乏しかった。これは一六世紀半ば以降、あまり使われることはなくなった。デンマークやイングランド、スウェーデンの海軍に残る資料によれば、それはおそらく一六世紀末にはスクラップとなり、海軍においては「青銅製」の大砲が代わっていった。大型鋳鉄製兵器の製造は、最初のうちは当時の技術水準では手に余るものであった。しかし、一五世紀半ば以降、大型の鋳型開発と、さらにより軽く耐久性をもった実用的な「真鍮」のおかげで、火力は増大していった。具体的に青銅は、銅と錫の合金である。こうした大砲は多量の火薬を装填してもその圧力に耐えうるだけの厚さをもち、砲口から高速で鉄を発射できるため、強い貫通力をもっていた。初期の大砲で用いられた石は、もはやみられなくなっていた。大抵のヨーロッパ系言語で、青銅製の大砲を銅というのが一般的なのは、おそらく錫の含有率が他の青銅製品と比べて、はるかに少ない比率であったからだろう。また、大砲の外観がおそらく銅によく似ていたからでもあろう。

鋳鉄は一五四〇年代からイングランドでつくられるようになる。それは比較的安価であった。イングランドから輸入された鋳鉄製の大砲は、一五六〇年代からデンマークで使われるようになる。オランダは一六〇〇年代には鋳鉄製の大砲を生産できるようになった。しかし、こうした大砲は商船には好まれても軍艦では利用されなかった。速射による過熱で破裂することもあったからである。スウェーデンでは、外国人、特にワロン人（ベルギー人）技術者によって鋳鉄技術が発達し、起業家として活躍した王族（カール伯、後のカール九世）もいた。一六一〇年代にはワロン生まれのルイ・ドゥ・ジープが、有望な事業として鋳鉄技術に関心を示し、他方、スウェーデンでは国家がその企業を貸与、ないし売却する用意ができていた。その後、生産活動は拡大していくが、重要な影響は一六四〇年代まで確認されることはなかった。国内で鋳鉄製の大砲を生産可能な、イングランドおよびスウェーデンでさえ、海軍では一七世紀半ばまで依然として「銅製」の大砲が主流であった。その後決定的な工夫がなされ、銅製の重砲（一八～三六ポンド砲）も鋳鉄製へと代わっていった。

鋳鉄製の大砲は、一六五〇年になってやっと海軍の中心的大砲となっていく。一五九五年にイングランド軍艦の大砲装備状況をみると、その八〇パーセントが真鍮であり、わずか二〇パーセントが鋳鉄であったにすぎない。初期の鋳鉄砲は通常小さく、せいぜい中型の口径であった。危険海域での交易にイングランドやオランダの武装商船が、特に地中海や東インドで急速に成功していった。それは安い中小型サイズの鋳鉄砲の普及と密接に結びついていた。もっとも、一六五〇年以降、仮に安価で大口径の鋳鉄砲がなかったならば、大艦隊が成長するには高い出費を強いられていただろう。買い手からの需要と鋳鉄技術の進歩は相互に作用しあい、目的と能力の関係というその典型的な事例を示した。さらに、海軍の大砲の改善と進化の過程は、特にコストの大きな低下は、ヨーロッパ人を世界規模での海軍力において比較優位に立たせ、その意味で重要な役割を果たすことになった。同時に火薬の顕著な進歩が、大砲の射程距離を増大させた[20]。しかし、ヨーロッパ海軍が大きく伸張していくその背後には、重要な原動力があった。すなわちそれは政治である。政治とは、艦隊決戦を含む戦争によって決せられる強い力のぶつかり合いであり、制海権を通じて得られる国益を確保しようという、強大な組織の集合体でもある。

船具や先込め式鋳鉄砲、舷側の重砲などの発達が、すべて一時期に起こり、相互に影響しあいながら進化したと考えないことが大事である。事実、一五世紀半ばにガレー船は、大砲を搭載すべく建造されていたし、一五一三年のブレスト沖海戦では、イングランド艦隊を破る撃沈能力を備えていたことが、明らかにされている。

地中海での戦争

長らくスペイン無敵艦隊以前（一五八八年）の海戦における仮定は、地中海でのガレー船による戦争であった。それはガレー船が勝敗の課題となっていたというだけでなく、ヨーロッパの二大海軍国であるスペインとオスマン（トルコ）を含んでいたからでもある。オスマン帝国は一四五三年に攻撃をしかけたとき、コンスタンチノープル（ビザンチン帝国や東ローマ帝国の首都、今日のイスタンブール）解放を促すべく艦隊を築き上げた。初期には一四一六年、オスマン艦隊はダーダネルス海峡付近でヴェネツィア艦隊に撃退されている。一四五三年、ひとたび陸上攻撃で街が陥落すると、オスマン帝国はそこを首都に定めた。コンスタンチノープルは港湾都市として発展していくが、そこでの供給体制は航路に依存しており、それが結果的に海軍の役割を増大させるところとなった。事実、オスマン艦隊はエーゲ海で急速にその強大な力を増大させていき、ミチレーン（一四六二年）およびネグロポンテ（一四七〇年）での水陸両用攻撃の際に、その支援で決定的に重要な役割を果たした[21]。

結果的にオスマン帝国は、エーゲ海を越えて遠方で作戦を展開する艦隊を構築した。大砲を搭載して、一四九九年のゾンキオの海戦では効果的に大砲を使って、ヴェネツィア軍を撃破している。しかし、大砲に焦点を当てる前に注意しておかなければならない。つまり、現代ではゾンキオの海戦に対して、岩石とおそらく石灰の混入した筒を戦闘楼から投げ込み、同時に投げ槍と矢も使用されていたと考えられているのである。船が燃えたとき戦闘は終息したが、それは石を打ち出した大砲によるものではなかった。

一四九九年から一五〇二年にかけてのヴェネツィアとの戦いで、オスマン帝国は強力な艦隊を結成することに成功した。それはヴェネツィア軍よりも強大であった。重い攻城砲を海上輸送していたように、戦闘というより水陸両用作戦を支援する意図であった。その結果、ペロポネソス半島（ギリシアの南部）の基地からヴェネツィア軍を駆逐することができた。レパントは一四九九年に陥落、また「ヴェネツィアの目」モドンとコロンは、一五〇〇年と一五〇三年に陥落し、ヴェネツィアは和を請うようになった[22]。

一六世紀、ガレー船での火力に重点をおいた戦争が増加した[23]。この大砲は前方に搭載され、舳先に取り付けられていた。大砲は鋭く突き出た金属製鋭器による攻撃を補助した。この鋭器は敵船の櫂を損傷することもあり、敵船に乗り込もうとする場合、そこに押しつけて乗り移ることが可能であった。強化された長い船首は、敵船に接近・乗船用スロープとしての機能も果たした。もっとも、この鋭器は消滅した古代の兵器の衝角（水面下にある）のようには、船を沈めることはできなかった。この鋭器に似て大砲もまた、乗船用として敵船の航行を不能にする用途で使われたものであった。

ガレー船による戦闘に変化がなかったわけではない。大砲の導入を別にしても、ガレー船は一六世紀半ばには漕ぎやすくなっており、一人の漕ぎ手が自分の櫂で漕ぐ（典型的ガレー船は三人がベンチに座って各自の櫂を漕ぐ）方式は、「ア・スカロッチオ」という一つの大きな櫂が各ベンチに与えられ、それを三人から五人で漕ぐ方式に取って代わられた。この変化は漕ぎ手が志願して申し出た熟練者から、犯罪者や奴隷に移行していったことを反映している。この結果、漕ぎ手の数が増えていき、さらに効率性の面で妥協することなく、熟練者と未経験者が融合することが可能となった。この櫂と漕ぎ手の仕組みが成功した要因として、熟練者は長らく無関係とされていたが、それは軍事技術を競う価値観を評価する場合、注意する必要がある。

地中海における卓越風〔訳注、地域的・季節的に最も優勢な風〕や海流、気候の影響で、航海は北岸付近から開始するのであれば容易であった。こうした風の結果、帆走は通常いくつかの航路に限定されるため、それが戦術上、操艦上の選択肢に影響し、この航路上に結節点をつくるよう圧力がかかるようになった[24]。兵士を輸送することは、ガレー船の水と食糧の消費を著しく増大させ、そのため活動範囲にそれが影響を及ぼすことになった。大半の港と投錨地では、大勢の部隊を輸送する大規模艦隊の補給や、避難場所としての受け入れができない状態にあった。それが作戦方法や戦略的目的に影響している。

オスマン帝国のエジプト征服は迅速であった。特に重要な港アレクサンドリアを一五一七年に征服したのは、パレスチナ側からの陸上攻撃の結果であった。そして、結果的にこのエジプト征服によって、オスマン帝国の海軍力と海洋交易は、大きく進展していくことになる。コンスタンチノープルとアレクサンドリア間の交流は、古代ローマとアレクサンドリア間のように海洋によってのみ可能であり、それがまたオスマン帝国を地中海支配に向かわせる要因となった(25)。キプロスは一五一七年に属国となり、ロードス島は長期にわたる攻城の後、一五二二年に陥落している。オスマン帝国はまた北アフリカ沿岸にも支配権をのばし、ハイレディン（西側ではバルバロッサで知られる）と同盟した。彼はアルジェリアを支配し、オスマン帝国の支配者スレイマン大帝（在位一五二〇〜一五六六年）から提督に任ぜられている。

オスマン帝国は、ジェノバおよびヴェネツィアの海軍力が凋落したことで恩恵をこうむった。どちらも独自で強い抵抗を示すことが、もはやできなくなっていたのである。結果的にキリスト教国家の海軍力は、中世後期になるとかつての都市国家、海洋帝国とは変質してしまった。このようなジェノバおよびヴェネツィアの弱体化で、オスマン帝国がエーゲ海を支配し、その島々を攻略できるようになった。カルパトス島と北スポラデス諸島（一五三八年）、ナクソス島（一五六六年）はヴェネツィアから、サモス島（一五五〇年）、キオス島（一五六六年）はジェノバからそれぞれ奪ったものである。ヴェネツィアもジェノバもこうした露骨なやり方に対抗することができず、それは中世に両国が享受した制海権（黒海にまで及んだ）からは程遠いものであった。

オスマン帝国の拡張に対して、ヴェネツィアとカール五世（ハプスブルク家のオーストリア・スペイン支配者）、それに教皇が連合艦隊を結成し、一五三八年、アドリア海でオスマン帝国と対決した。しかし、九月二七日のプレヴェザ海戦で彼らは敗れる。ここには海戦での戦術的問題の重要性が示されている。すなわち、オスマン側は要塞砲で援護してガレー船を岸まで引き上げ、一方、ガレー船の前方の大砲を海に向けた。それはたちまちジェノバ提督アンドレア・ドリアから主導権を奪うことになった。これは港外の洋上で拠点を維持しようとしたため、乗員が食糧と水を消費してしまったからだとされる。彼には定点からオスマン軍を攻撃するという選択肢もあったが、オスマン軍は安全な退路を確保し安定した砲座から撃てる状況にあった。あるいは、部隊を上陸させて不適切な攻城具ではあるが外壁を攻め、要塞を襲撃するという方法もあった。ただ、どちらの方法も成功の見込みがほとんどなかったため、現実的な選択肢は撤退のみであった。しかし、撤退を開始するときドリアは、自軍の帆船をオスマン軍のガレー船にさらし、肉薄しつつ勇猛な兵士を乗り移らせた。この戦闘の説明をすることは有益であるし、様々な説明が可能である。概してそれは当時の海戦（陸戦）の実態をよく表しているが、有効な戦闘能力に結びつく固有の要因を判断することは難しい。同盟国間の非難の応酬には、見解の相違が反映されている(26)。

一五四一年、カール五世はアルジェリアに向け聖戦を開始するが、それは兵站上の優れた業績をもった、大規模な水陸両用作戦であった。しかしながら、同年末の攻撃でその艦隊が秋の嵐で手ひどい損害をこうむり、遠征は失敗に終わっている。一五四二年から一五四四年にかけてハイレディンは、一一〇隻のガレー船を率いてフランスと同盟しつつ、カール五世に対抗する。カタロニア襲撃（一五四二年）、ニース占領（一五四三年）、そしてイタリア沿岸を略奪して回った（一五四四年）。トリポリ（現代のリビア）はオスマン軍に一五五一年に落とされ、一五五二年にフランスのアンリ二世がカール五世を攻撃したとき、オスマン軍はおよそ一〇〇隻のガレー船を地中海西部に送り込んでいる。一五五六年とさらに一五五八年までの毎年、オスマン帝国は大艦隊を派遣し続けた。もっとも、兵站上の理由で毎冬コンスタンチノープルに帰らなければならなかった。この帰還は敵に海を「共有」する機会を与えることになり、一五五三年、オスマン軍がコルシカに侵攻し艦隊が撤退したとき、ジェノバだけは艦隊の再編が可能という状況であった。ロードス島攻撃（一五二二年）やマルタ島攻撃（一五六五年）と異なり、オスマン軍は恒久的な地歩を築きつつ征服を重ねていくという遠征を行わなかった。もっとも、スペイン帝国とその地域の沿岸社会に深刻な問題を発生させており、明確なメッセージを送っている。一五四〇年から一五七四年にかけて戦われた、主要交戦国による地中海での水陸両用作戦の数と規模は、極めて大きい。輸送した兵士の規模、移動距離、輸送速度は、すべて著しく増加している。また、競争力は艦長と兵士たちの経験に大きく依存していることが、強く示唆されている。

一五六〇年、カール五世の子どもであるフェリペ二世（在位一五五六～一五九八年）は、トリポリ奪回に向け遠征隊を派遣するが、オスマン艦隊にジェルバ島で遭遇し、悲惨な結果となったことに衝撃を受けた。結果的に一五六五年、スレイマン大帝は一四〇隻のガレー船とおよそ三万の部隊からなる強大な遠征隊を、地中海におけるキリスト教徒の私掠船の拠点基地であり、オスマン帝国の交易を脅かすマルタに派遣した。海軍力としてパワー・プロジェクションを発動したが、指揮権が分裂していたこと、特にオスマン側の陸海の指揮官が協調的、効果的な指令体制と計画を遂行することに失敗したことから、さらに夏の酷暑と飲料水の供給を含む兵站上の問題から、オスマン軍は強固な防衛を突破することができなかった。

とりわけセントエルモ砦に籠城する人々による、極めて英雄的な行為のため、オスマン軍の侵攻は二週間遅れることになり、それが攻略する際に兵站上の決定的な問題となった。さらにそれはまた、スペイン軍が救援に向かう十分な時間を与えることになった。防衛軍は攻撃をひたすら跳ね返し続けた。防衛側は出撃するほどの強さをもたなかったため、スペイン軍はシチリア島から救援に向かった。二度悪天候に妨げられつつも、一万一〇〇〇人強のスペイン軍は最終的に上陸に成功した。オスマン攻城軍は新手の敵に不本意にも直面した結果、撤退を余儀なくされた。オスマン帝国は再びマルタを攻撃することはなかった[27]。

付近の基地から海上を使った救援が功を奏したこともあり、効果的な抵抗はマルタを救うことになった。もっとも、それは海戦ではなかったが。一五六五年のスペイン救援軍の強さは、一五六〇年代初頭における地中海でのフェリペ二世の功績（北アフリカ沿岸での活動も含む）によるところが大きい。たとえば、ジェルバ島遠征以外にも、一五六三年にスペイン領オランの封鎖を突破したことや、一五六四年にペニョン・デ・ベレス制圧に向け遠征軍を派遣したことなどを指摘できる。

キプロスはオスマンにとって、マルタよりも容易な征服目標であった。そこはオスマンの勢力拠点に近く、ヴェネツィアの支配力は弱いと考えられていた。一五七〇年、スレイマンの後継者であるセリム二世は、一一六隻のガレー船と五万の部隊を派遣し、すばやくキプロスを奪取した。しかし、かなりの数の守備隊がファマグスタを死守し続けた。その防衛はマルタと同じようなものであった。また、イングランドのリチャード一世（獅子心王）が、一一九一年の第三次十字軍の際真っ先に目標地点として定めたように、そこは地中海東部で最もよい港の一つであった。攻城戦の際、火薬の備蓄が少なくなっていったものの、ヴェネツィアの救援船が供給を行うべく包囲を突破していったので、そうした背景からも都市は持ちこたえるだろうと考えられていた。オスマン軍の砲火は城壁の破壊に失敗し、地下道を掘る作戦に出ざるをえなくなった。オスマン軍は降伏という言葉は使わせないことを、籠城側では理解していた。よって降伏は考えられず、救助に向かう救援船が攻城の帰趨を決する可能性を秘めていた。

一五七一年五月、教皇ピウス五世はオスマン軍の攻撃に対してスペイン、ヴェネツィア、教皇による神聖同盟を結成した。キリスト教艦隊はフェリペ二世の異母弟ドン・フアン・デ・アウストリアに率いられ、ギリシア西岸のレパント沖でオスマン艦隊を発見した。オスマン軍はアリ・パシャに率いられ、推計で二八二隻から二三六隻前後の船を保有していたと考えられている（最近のトルコの研究によれば一三〇隻程度と少ない）が、大砲の数は七五〇から一八一五門と少ない。オスマン艦隊は病人だらけであった。一方、ドン・ファン側は火砲の有効幅を広げるため船を改修していた。一〇月七日の戦いに参加した兵士は一〇万を超えた。これは強さが船舶数の関数であったとき（帆船と蒸気船の軍艦を比較してみても、まさにそうである）、海軍力の条件が主に動員数であることを想起させる。蒸気船の場合でも船舶数と動員数は帆船と程度は異なっていても、依然として重要な条件であった。

レパントでドン・ファンは、もっぱら船をぶつけて勝利への道を確保した。他方、彼はまた予備の小艦隊を保有していたことで恩恵を受けていた。それによって沖合いのオスマン小艦隊の攻撃に対抗できたからである。優勢なキリスト教軍の火砲、スペインとヴェネツィア双方の船に乗ったスペイン歩兵隊の火力および戦闘技術、さらにオスマン軍の火薬の消耗など、これらはみな四時間の戦闘で圧勝を導く要因となった。ヴェネツィアのガレアス船六隻の大砲は、特にオスマン艦隊を混乱させるのに重要な役割を果たした。このガレアス船は、三本マストで大三角帆をつけていた。また、商船用ガレー船を改装し、通常の大砲よりも長く重いものを装備していた。さらに、船尾と船首に砲座を備え、ときに舷側に備えているものもあった。その高さもまた、敵を上から撃ちおろすことが可能であったため、それが大きな優位となった。もしも敵ガレー船の舷側にぶつかることができれば、あるいは櫂をなぎ倒すことができれば、その重さによる衝撃は通常のガレー船よりもはるかに大きくなった。オスマン軍の攻撃力を粉砕したガレアス船の展開には、相当な戦術的革新がみられるが、特に予備の小艦隊と結びついたときそれが発揮されている。

洋上での戦闘にかかわる両軍の意志も重要である。オスマン軍はレパント要塞砲の下で撤退する気ならできたし、そのうえでキリスト教軍を危険な水陸両用攻撃に追いこめた。士気の高さと断固たるリーダーシップは、両軍共通にみられた。そして、これが両軍の司令官が下した、危険な選択へとつながっていくのである。戦闘に陸戦での視点を取り入れたやり方は、キリスト教軍のガレー船艦長が普段なら警戒したであろう。しかし、ドン・フアンのカリスマ的で強いリーダーシップにより、それも打ち消されてしまった。犠牲者の数には大きな開きがある。それはオスマン側の出典が極めて限られていることによるが、深刻な問題となっている。しかし、一般的な見解としてオスマン軍のほうにはるかに甚大な損害が生じていたとみられており、おそらく三万人以上が死んだ（その中には提督も含まれる）のに対して、キリスト教軍は九〇〇〇人とされる。結果的に、一万五〇〇〇人にのぼるガレー船のキリスト教徒奴隷が解放された。それはオスマン海軍の漕ぎ手の消失を意味し、その影響は甚大であった。オスマン軍は約一一三隻のガレー船を撃沈され、一三〇隻を捕獲されたうえに、大砲と軍需物資も失っている。これに対して、勝者側はガレー船をわずか一二隻程度失っただけであった[28]。

戦いはヨーロッパのキリスト教世界を熱狂させるほどの、恐るべき仇敵への完勝であった。しかしながら、この海戦は海軍力の複雑さがいかに重要であるかを、改めて想起させてくれる。特に陸戦同様に戦闘による勝利は、必ずしも戦争での成功につながらない。レパントの海戦は年の後半に勃発したが、キプロスの回復一つとってみてもそれは成功しなかったし、ドン・フアンが期待したように、十字軍の最終目標であるパレスチナの解放も達成できなかった。控えめにみても、一五七二年のモドン港の奪回も失敗している。オスマン軍は一五七二年と一五七三年の戦いを避けつつ、すばやく新海軍の再建に取り組み、独自のガレアス船の建造も行った。一五七二年四月には、およそ二〇〇隻のガレー船と五隻のガレアス船が行動できる準備を整えていた。オスマン艦隊の火力を向上させるべく、艦隊で働かせる兵を招集し、とりわけ銃を使う技量に長けた者を重視した。

同盟軍側の政治力学的な役割もまた極めて重要であり、それは海戦でしばしばみられる。たとえば、英仏による第二次百年戦争中の（一六八九～一八一五年）、オランダとスペインの立場がそうである。レパント海戦の結果は、キリスト教側からみて失望的なもので、それはヴェネツィアがオスマン帝国との単独講和を請う決定を下したことで、決定的に損ねられた。一五七三年、ヴェネツィアはキプロスを手放すことを承認したのである。チュニスは一五七〇年にオスマン帝国が陥落させて、スペインが一五七三年に奪還することになるが、翌年には再びオスマン帝国が奪い返している。彼らは二八〇隻のガレー船と一五隻のガレアス船を展開した。[29]特に北海沿岸の低地帯で、強い圧迫に対してオランダ人が反乱を起こしたことから、フェリペ二世はオスマンに対抗することができず、スペインは一五七八年に休戦協定を結んでいる。レパントの海戦は、地中海とアドリア海での、オスマン帝国による進出の再開を阻止したが、そのことはキリスト教軍の軍事的優位よりもはるかに大きな意味をもつ。さらに、熟練オスマン兵の損失も重要である。結果的に、地中海での勢力をスペインとオスマン帝国とが、事実上それぞれ半分割するような体制ができあがっていった。

オスマン帝国と地中海キリスト教勢力との大規模な海戦は、一七世紀半ばまで再発することはなかった。オスマン帝国とオーストリアは、一五九三年から一六〇六年まで交戦状態にあったが、大規模なかたちでの海戦はみられなかった。また、スペインがオスマン攻撃に際し、オーストリアに強く加担することもついになかった（一六〇一年におけるアルジェ攻撃の失敗ということはあったが）。このように衝突が回避されていたということは、地中海全域でガレー船による海戦が沈滞していた証拠とみなされている。[30]しかし、海軍力を語る際に常に引き合いに出されるとおり、交戦国と潜在的交戦国という別の要因も重く考える必要がある。こうした要因を究明することで、たとえばなぜスペインのガレー船艦隊が地中海で衰退していく一方で、一六四五年までオスマン艦隊が私掠船退治などの防衛的任務に集中していられたのか、その点を説明する手がかりとなる。つまり、大がかりな戦力の投入が必要なかったのである。[31]

一六四五年、これとは対照的にオスマン帝国は、ヴェネツィア支配のクレタ島に侵攻している。一〇万以上の兵とおよそ四〇〇隻の大艦隊を派遣した。しかし、わずか一〇六隻が軍艦だったにすぎず、残りは輸送用船舶「カラムセル」であった。島の大半がすぐに占領されていったが、首都カンディアはなかなか落ちず、一六六九年まで持ちこたえた。ヴェネツィア軍は三万三〇〇〇のドイツ人傭兵を含む増援部隊を送っている。他方、政治的な分断がオスマン側の戦争効果を損ねていた。ヴェネツィアはまた、海軍力を前方に展開して対抗した。一六四八年にはダーダネルス海峡（コンスタンチノープルへの関門）を封鎖し、それがスルタン・イブラヒムの凋落を促し、一六五〇年からまた封鎖を再開した。封鎖を突破したオスマン艦隊は、一六五一年のナクソス沖の戦いで破れた。さらに、一六五六年、ヴェネツィア軍はダーダネルス沖でオスマン海軍を、散々に打ち破った。しかしながら、資源を動員してこれを用いる際には、しばしば指摘されるようにリーダーシップがカギとなる。勇敢なメフメト・キョプリュリュが帝位に就き、艦隊を再建した結果、一六五七年に封鎖は打ち破られた事実がそれを物語っている。

北方七年戦争

他方、一五六三年から一五七〇年にかけての間、最初の近代的な帆船による海軍戦争が、ヨーロッパの海において勃発している。これはデンマークとスウェーデンとの間で、バルト海の侵入ルートの支配権をめぐって戦われた。ドイツの半独立都市リューベックから支援を受けたデンマークは、かつてのような強大なシーパワーをもった国（ジェノバやヴェネツィアのように）ではなかったが、依然として一定の重きをなしていた。両国とも敵艦隊を撃滅しようとして、一五六三年から一五六六年にかけて七回の海戦が展開された。戦闘は極めて早いテンポで進み、その後のヨーロッパの戦争からみると異例の展開となった。とはいえ、第二次世界大戦での太平洋における日米戦でも、こうした速い展開がみられている。全般的にスウェーデン軍は、クラス・クリステルソン・ホーンの下で近代的な青銅砲を使った、組織的な遠方攻撃を行い、デンマーク側の乗り込み戦術を阻止した。しかし、オーランド海戦（一五六四年五月三〇、三一日）でスウェーデンは新しい旗艦マルスを、デンマーク・リューベック軍の波状攻撃で失っている。マルスは戦闘の二日目に敵側に乗り込まれ、火をかけられて爆発した。

両国の海軍とも大きく躍進し、一五六〇年代末にはスウェーデン軍は当時最大の帆船艦隊を所有するようになった。それと同時に戦闘では、海軍力の限界が露呈することになる。陸上との共同作戦が困難であることが実証され、さらに、天候に軍艦は弱いことも明らかになった。一五六六年にデンマーク・リューベック軍がビースビュ沖に停泊していたとき、そのうちの何隻かが嵐に遭遇して座礁したのである。もっとも、バルト海で激しい夏の嵐が来ることは、極めてまれであった[32]。続いてデンマーク海軍は、クリスチャン四世（在位一五八八～一六四八年）の下で大いに勢力を伸ばし、バルト海での優位をめぐってスウェーデンと争うようになっていった[33]。

大西洋での戦争

地中海でガレー船が大規模な戦闘をくり広げていた時代、大西洋上でも海軍による作戦活動が展開されていた。たとえば、一五四〇年代と一五五〇年代の英仏間の海戦、エドワード六世の治世中（一五四七～一五五三年）に起きた、イングランドによる対スコットランド水陸両用作戦などである。その最大のものはエリザベス一世（在位一五五九～一六〇三年）時代の一五六〇年、スコットランドのメアリ女王（フランスのフランソワ二世の妻）に反旗を翻したスコットランド教会をフランスが弾圧しようとした事件である。これに対してイングランド艦隊は、スコットランドでフランスを打ち破るべく、決然とした姿勢を示した。ウィリアム・ウィンター率いるイングランド軍は、リース封鎖を成功させる前に、ファース・オブ・フォース（フォース湾、ファイフでの作戦を放棄させるべく、フランス軍をここに導いた）におけるスコットランド側との連携を断ち切った。イングランド軍は陸上攻撃には失敗したものの、海軍による封鎖によってフランスは、自軍の撤退を交渉を通じて模索するようになった。

経済戦争および海軍力への派生的需要といった性格を想起するものとして、低地地域を支配するハプスブルク家が、一五五〇年代にアムステルダムおよび諸州と共同で、フランスとスコットランドの私掠船から自分たちの船を守るため、艦隊活動の展開を確保しようとしたことを指摘できる。(34) 当該地域の潜在的海軍力は、オランダの反乱時に示されている。一五五九年にフランスと講和を結ぶと、フェリペ二世は自らのオランダ海軍を売却してしまい、その結果、一五六八年から始まったワーターフーゼン（「海の乞食団」）による私掠に対抗することができなくなっていた。ある意味この失敗は、海洋権力の潜在性と脅威に対して、彼が鈍感であったことを示唆している。もっとも、フェリペはスペイン（モリスコス革命）と地中海（オスマン帝国によるもの）で案件の処理に当たっていたため、総督アルバ公が低地地域における秩序を回復してくれるものと考えられていた。

一五七二年の危機は、ワーターフーゼンがブリル港を奪回し、オランダ革命が拡大していったのが始まりである。しかしながら、スペインでは武装商船を借りあげたり、徴発したりという制度に頼っていたため、その欠陥が露呈していた。アルバ公はこの方法によっていたが、アムステルダムにおいて特にそれが顕著であった。ただ、スペイン側の軍艦は敗北を喫しており、中でも一五七三年の戦いでスペインは、オランダでの制海権を完全に失うこととなった。これを受けてフェリペ二世は、一五七四年にスペイン北部に艦隊を集結させたものの、病気が兵たちを襲ったためにそれは計画倒れに終わった。このようにスペインの海軍力が欠如していたために、一五八五年にパルマ公が主要港のアントワープを奪回するのに、多大な労力を払うことになった。

一五七四年の艦隊行動が、スペイン海軍としての最後の計画というわけではなかった。他の問題と選択肢が前面に出てきたためである。中でも一五八二年から八三年にかけて、大西洋でスペインが実行に移した主要計画は、大西洋に浮かぶポルトガル領アゾレス諸島の攻略であった。一五八五年に勃発したイングランドとの戦争では、今やスペインも、決定的攻撃が海上でしかできない敵が出現したことを思い知らされるようになった。フェリペはイングランド侵攻に乗り出す決意をする。しかし、サー・フランシス・ドレーク率いるイングランド艦隊が、一五八七年にカディスでスペインを撃破したため、その計画も延期せざるをえなくなった。スペインは膨大な準備を迫られるようになり、そのため計画は延期を余儀なくされた。

無敵艦隊

一五八八年の無敵艦隊は、スペインと大西洋遠征に向けた極めて重要かつ、まったく新しい組織であった。スペインは周到な準備の結果、考え方を制度的な海洋志向へと変えていき、一五八〇年にアイルランドに上陸したような小規模な軍事力（イングランド軍にたやすく敗北した）に代わって、イングランドに対して大規模で集中的な作戦計画を大胆に企画するようになっていた。イングランド対スペインの海軍同士の対立は、フランス宗教戦争における海軍力の傍流的役割とは対照的である。しかし、一五八八年にフェリペは二つの異なる計画を適切に調整することに失敗する。一つは、メディナ＝シドニア公の艦隊によるスペインからイングランドへの水陸両用作戦、もう一つはパルマ公の軍隊によるスペイン領ネーデルラント（今日のベルギー）からの海峡横断である。最終計画は無敵艦隊にイギリス海峡を侵攻させ、パルマ公の上陸作戦を援護するはずであった。だが、二つの要素をいかにして共同させるかの詳細がうまく機能しなかった。

フェリペはパルマ公が直面する問題を過小評価していた。作戦の延長期間中、上陸用舟艇に部隊を乗せたままにしておくことができず、彼らを船に収用するのにかなり手間取った。イギリス海峡を哨戒するイングランド艦隊、それにパルマ公の乗船港を封鎖しているオランダ船をひとたび無敵艦隊が壊滅すれば、時間が確保できるとパルマ公は想定して作戦に当たっていた。オーステンデとスライスの両港周辺の浅海で、無防備のままさらされた舟艇が、オランダ艦フライボーテの襲撃を受けることになるのだが、まったくフェリペはこれを顧みなかった。

一五八八年五月二八日、一三〇隻の軍艦と一万九〇〇〇の部隊を乗せた無敵艦隊は、リスボンを出発した。嵐による被害によりコルーニャで修復の必要が生じたため、その緩慢な動きの艦隊がコーンウォール沖に出現したのは、やっと七月になってからであった。脆弱な艦船を保護すべく密集した隊形を維持しつつ、スペイン艦隊はついでカレーに向かったが、イングランドの長距離砲撃に攻め立てられた。この砲撃ではあまり効果はみられず、九日の間スペイン側はこの隊形を維持した。優れた帆走技術と砲撃精度を高めた小型の四輪砲座のおかげで、イングランド艦隊は軽微な損害ですんだものの、弾薬と食糧の不足に悩まされている。これとは対照的に、スペインの大砲の多くは、陸戦用の重い砲架にのせられていた。

メディナ＝シドニア公はカレー沖に停泊しているとき，彼はパルマ公がイングランドに向け部隊を乗船させる輸送用舟艇を集結できるとみていた。しかし，イングランドとオランダによる封鎖小艦隊を突破して，やっとのことで抜錨し出航が可能となった。とはいえ，スペイン艦隊はイングランドの焼き討ち船による夜襲で混乱を来たし，さらにイングランド艦隊はグレイブラインズ沖の追撃戦で，敵にかなりの損害を与えた。戦いの矢面に立たされたのは，スペイン側についていたポルトガル海軍のガレオン船で，遠距離からの砲撃を受けることになった。強い南西からの風に煽られ，無敵艦隊は北海に押し流されていった。パルマ公の乗船計画が失敗した後，もはやはっきりした戦術目標がなくなり，失望したスペイン艦隊の艦長たちは，危険なブリテン諸島を周る北周り航路でスペインに帰るよう命令した。しかし，艦隊がスコットランドの北側とアイルランドの西海岸を南下したとき，激しい季節はずれの嵐が連続して艦隊を襲った。二八隻の船が沈没ないし岸に座礁し，わずかに一部だけがスペインに到達したにすぎなかった。

熟練した経験者を多数失ったことは，スペイン側にとって深刻な打撃であった。だが，制度的な能力として重要なことであるが（特に資金の確保とその支出という意味で），レパント海戦後のオスマン帝国同様に（既述），艦隊は急速に回復していった。一五八八年にスペインは多大な損害をこうむったものの（この点は時に誇張されがちであるが），決して人員と資材をすべて失ったわけではないのである。新装成ったスペイン艦隊は，一五七四年にチュニスを奪還したオスマン艦隊ほど強力でも，実戦力があったわけでもなかったが，スペインはイングランド海域およびその近海での戦いに備え，一五九六年（大半がブルターニュに向けられた）と一五九七年には，艦隊を整えることができるようになっていた。もっとも，両遠征とも秋の嵐で中止を余儀なくされている[35]。

他方イングランドでは，継続的に海軍が勝利を得ることは困難とみられていた。一五八九年，エリザベス一世はフェリペ二世に反撃を試みる。しかし、一五八八年に艦隊に対し巨額の出費を行ったため、その結果資金不足に陥り、遠征は共同出資事業として資金提供を受けることになった。この出資は多くの海軍（陸軍）作戦に固有の、目標のぶつかり合いが生じたうえ利害が対立していたことから、いっそう確執は激化した。エリザベスの目標は、スペイン残存艦隊の撃滅であったものの、それに関しては艦長たちの間でも意見の食い違いがみられた。他方、ポルトガル王位を狙う人物が、ポルトガルからスペイン勢力を駆逐することを申し出て、リスボンでの商業権益を得ようと画策していた。この野望の裏側には、ロンドン財界の実業家たちも多額の出資をしていたという動機があった。結果的に最悪の妥協を招いたうえ、最終的に何ら実質的成果も得ないままに、この計画は終わることになった。

女王は無敵艦隊以降、大規模な造船計画を支援するようになり、それがイングランドのロイヤル・フリートにまで成長することになる。しかし、エリザベスは海戦をそれ自体で賄おうとする姿勢を維持しており、それは「前近代的」海軍の政策および調達目標とみなされている。イングランドによる海軍建設の試みは、政府と民間の海洋利害を不安定ながら協調させていくことにあった。この協調体制は一五八八年には効果的に機能したが、異なる目標が顕在化する攻撃作戦の場合にはうまく機能しなかった。しかし、私掠船に頼る方法は、イングランド海軍にとって重要な相乗効果をもたらした。戦争に欠かせない高い能力をもった指導者と、戦闘経験豊富な水兵を提供することになったからである。スペインにはこれに匹敵する頼りにできる人材がいなかった[36]。もっとも、一五九〇年代にはスペイン側も堅固な防御を備えた特化した軍艦を配備したため、イングランド側は何度も接近したにもかかわらず、フロータ（スペインの宝物船団）の捕捉に失敗している。

スペインとイングランドの動きが再開するのは、一五九六年から一五九七年にかけてであった。スペイン無敵艦隊の脅威に対しては、一五九六年のイングランド・オランダ連合軍による大規模な水陸両用作戦として、スペイン沿岸への先制攻撃となって現れた。スペイン艦隊は嵐によって散り散りになってしまったため、イングランドは幸運であった。これは大航海時代に繰り返しみられる重要な要素であり、また、海戦で得られた最も重要な成果であった。奇襲によって、イングランド艦隊はスペインの新鋭ガレオン船とガレー船（カディスからの援護砲撃も受けていた）を奮戦して打ち破りつつ進み、敵前上陸に成功し、町を猛攻した。これはかなりの壮挙であった。しかし、上陸に集中するあまり、入り江に避難していた商船隊をスペイン側が焼き払ったため、遠征軍の貴重な戦利品の多くを失うことになった。町からの略奪品も莫大なものであったが、指揮官らは各自の部隊を制御することができず、女王は戦費を賄うはずの分け前を得ることができなかった。またしても海軍力を構成する利害の衝突で、目標が食い違ってしまったことが大きな問題となったのである。

ドレークとホーキンズは、西インド諸島で似たようなことを試みたものの、サンファンおよびプエルトリコでは、機能性を高めた海軍と防御力ゆえに、その目的を妨げられている。もっとも、カンバーランド伯は迂回上陸による攻撃で、一年後にサンファンを落としている。成功を持続させることの難しさとして記憶すべきことは、プエルトリコのカンバーランド伯もカディスのエセックス伯も、占領した町で守備隊を維持しておくことができなかった点である。それは一六世紀の兵站能力の限界を超えていたのであり、したがって、総合的成果としては最低限のものしか得られなかった。この結果、戦利品の分配をめぐってエリザベスと激論になった。一五八九年に関してみれば、こうした水陸両用作戦は恒久的成果を残していない。

イングランドには、アフリカやインド洋でポルトガルがつくったような基地もなければ、一三四七年から一五五八年にかけてカレーに建設したような基地もなく、さらにそれをつくろうという計画もなかった。しかし、スペイン遠征軍およびアイルランド同盟軍に対抗した、一六〇一年のキンセール戦での勝利にみられるイングランド海軍の成果ゆえに、アイルランドでのイングランド支配に対する強い抵抗は終わり、戦略的結果として大きな影響が及ぶことになった。

スペインとの戦争は一六〇四年まで続いた。それはこの時期の海軍力の限界を露呈しており、とりわけ嵐への脆弱性と共同作戦の問題、さらに大艦隊が要求する大量の補給は、顕著にそれを物語っている。無敵艦隊の撃破はまた、イングランドとオランダの操艦術並びに海戦術の向上を示しており、優勢な海軍の砲術とそれに派生する適切な戦術およびリーダーシップの重要性が、強く示唆される。

オランダの海軍力

一七世紀初頭、総合的にヨーロッパの海軍力は大きく発展する。特にユトレヒト同盟諸州（今日のオランダ。ホラントは最も重要な州）がそうであり、ヨーロッパにおける主導的な海軍国となった[37]。この海軍力はオランダに対し、スペインとの戦争において圧倒的な優位をもたらす。その一つは、一六〇七年のジブラルタル沖でのスペイン艦隊に対する勝利にみられる。もっとも、スペイン海軍の抵抗を過小評価すべきでなく、スペインでは一六一〇年代末と一六二〇年代初頭に海軍再建を果たしている[38]。オランダの海洋力は相当なものであったため、他の国々でもその軍艦を求めて、オランダから傭船を試みた。一六二五年、フランスは自国艦隊の一部としてオランダから一二隻を傭船し、ユグノー（フランスのプロテスタント）海軍をフランス海域から駆逐しようとした。これはユグノーの拠点ラ・ロシェルに圧力をかける際の決定的なステップとなる。

オランダの勢力は大半をその海洋力と機動力においていた。ユトレヒト同盟諸州は、ヨーロッパおよびグローバルな交易ネットワークの拠点であったため、その比較優位がオランダに利益をもたらしていた。経済的な強みはパワーの根源となるが[39]、この富は結果的に他国がオランダを魅力的な標的とするところとなった。さらにまたこうした国々が商圏の拡大と海洋力の相乗作用によって、オランダとその海軍力に果敢に挑戦していった。

海軍同士の戦闘に対応するのと同時に、海戦上の能力として、商船襲撃の役割に重きをおくことも不可欠である。それは特にオランダの敵対国にとって重要な要素であった。交易と漁業を絶たれると海洋活動が終息してしまうことから、スペイン船はそのどちらにおいても格好の攻撃目標であった。このことへのスペインの対抗力は（特にフランドルからオランダ産品を提供する航路上でスペイン船は）、有り余るほどの船を展開できるという脅威を相手側に誇示できる点にあった。ダンケルクは北海におけるスペインの港であったが、大型艦を多数停泊させるために建設されていた。ここはスペインにとって私掠船の主要基地であったのみならず、大艦隊の港にもなりうる海上攻撃の要であった[40]。

しかしながら、初のグローバルな海戦においてオランダは[41]、世界中のスペインとポルトガルの利益や富に対し、一連の大がかりな攻撃に乗り出しただけではない。それだけでなく、ヨーロッパにおいては自国の沿岸と航路を保護し、スペインとスペイン領ネーデルラント（ベルギー）間の海軍の航路を遮断しようとしたのである。オランダによる海上交通路への攻撃は、一六三九年九月一六日、ダウンズ海戦での勝利において絶頂に達する。この海戦は、スペインとオランダ間の戦略的状況を変えるための、決定的な艦隊行動になるとスペイン側では考えていた。戦いではオランダは距離を保って、スペイン軍が接近して乗り込み戦術に出ることを阻止した。この結果起きる砲撃戦でオランダは大きな損害を与えたが、それは優れた指揮によるところも大きい。しかし、両軍とも弾薬が尽きてしまった。この海戦からは、船の設計が向上したものの、スペインは大砲で戦う海軍戦術を依然採用せず、乗り込み戦術に固執していたことがわかる。この戦争でオランダ軍司令官が、敵海軍の司令官に対して優勢を維持したのも、当然であろう。スペイン軍はダウンズに避難したが、そこで一〇月二一日に攻撃を受け甚大な損害をこうむることになる。限定的な海域でのスペイン船は、焼き討ち船や機動的なオランダ船に対して脆弱であった。

フランス海軍

一六二〇年代にフランスは、一五六〇年代以降初めて恒久的な戦闘艦隊を編成した。しかし、その海軍はオランダにとてもかなわなかった。その理由は主に、王室は海軍に関心を抱いていたものの[42]、フランスの場合関心はもっぱら陸軍におかれていたからである。フランスの敵スペインは、陸上からの攻撃のほうが効果的であった。しかしながら、宰相リシュリューの支援もあってフランスは、地中海西部と大西洋に戦力投入可能な極めて有効性の高い能力を獲得していった。一六二六年、彼自身が航海通商総司令官（Grand Maître de la Navigation et Commerce）という官位をつくりそれに就任すると、ラ・ロシェル攻撃に海軍を用いた。海軍は国王軍の強化に必須であった。リシュリューが築いた恒久的な国王の艦隊のうち最初の船は四隻の軍艦で、一六二四年にヌベール公から購入したものであった。これは、船舶が領主の支配から、海軍にシフトしていくことを示唆している。フランスは地中海でパワー・プロジェクションできる能力を開発していった。その結果、一六四〇年代には、スペイン国王に対するカタロニアでの反乱を支援したり、イタリアにおけるスペイン勢力へ介入したりできるようになった。具体的には、フィナーレやプレシディオス（スペインの海岸要塞）での攻撃、一六四七年から一六四八年にかけてのナポリへの艦隊派遣などがある。一六四六年には三六隻の常備艦隊を保有するまでになり、その中には五〇〇トン以上で三〇門を上回る大砲を備えたものが一七隻あった[43]。

イングランドの海軍力

オランダとイングランドは、重武装した帆船ではるばる遠方まで次第に規則的な展開をするようになっていった。一五九四年にフェリペ二世はリスボンとオランダとの交易を禁止した結果、オランダはアジアで香辛料を求めるようになった。一五九一年、最初のイングランド船がインドに到着している。東インド会社の独立的機構のおかげで、オランダ、イングランド両国とも陸海軍一緒になって強圧的姿勢を保持すべく、東インド貿易の利益を用いた。

イングランドはこの時期を通じて重要な海軍力を維持してきた。しかし、一六二〇年代におけるヨーロッパの攻撃目標、スペイン（カディス、一六二五年）とフランス（ラ・ロシェル救援、一六二七年）への水陸両用作戦は失敗に終わった。ジェームズ一世（在位一六〇三〜一六二五年）は王室から海軍への支援を打ち切り、また海賊行為と私掠船に対する個人的な敵意から、海軍力の支えが失われることになった。エリザベス一世に比べ治世は四半世紀にも満たなかったが、一六二〇年代の遠征からはイングランドの海軍力が極度に消失し、艦長たちの能力も劇的に低下していったことが示されている。

一六三〇年代、海軍拡張の予算をめぐる議論が、チャールズ一世への不信任を加速した[44]。しかし、共和政の「臀部議会」〔訳注、残部議会ともいう。長老派議員を追放し、独立派が指導権を掌握した一六四八年一二月以降の長期議会〕では、ピューリタン革命後チャールズ一世を廃し、強力な海軍力の構築に力を注いだ。一六四九年から一六六〇年にかけて、約二一六隻が艦隊に加えられた。多くは拿捕艦船であったが、半数近くは造船計画の成果であった。大型商船に依存する初期のやり方は、大規模な国有海軍の建設に伴い終息し、一六五三年にはほぼ二万人近い人員を雇うようになっていた。一六五〇年にはイングランド海軍は、世界最大となっていたのである[45]。

この六年前、これとは対照的に強国の運命が、必ずしも海軍活動を伴わないことを想起させる事件が起きている。中国で明朝が国内の反乱および国外からの侵略によって倒れたのであるが、このどちらも海軍という特徴を帯びていない。侵略は平原部から中国北部にやって来た満州族によるものであった。この点は海軍史では関係ないように思われるものの、背景として海軍力を想定する必要性を強調すべきであろう。

一六五二年から一六五四年にかけてイングランドは、オランダと第一次英蘭戦争を戦う。これは伝統的な説明によれば、重商主義者による交易上、植民地上のライバル同士の大々的な争い、ということになっている。しかし、最近この争いの見方は、あるプロテスタントで共和制の国家が、さほどその制度に熱心でない国に対して抱いた敵意であった、という観点から多く論じられるようになっている[46]。ヨーロッパの海での艦隊行動による戦争は、商船への襲撃や植民地での攻撃と同じように大砲が使われた。交易路を保護ないし破壊しようとする試みは、二国間の財政および軍事面での実効性を高めるうえで必須であり、戦争において主要な役割を果たした。イングランドの勝利は、イギリス海峡でのオランダによる交易を締め出すことになり、これによりオランダは講和を請うようになっていった。もっとも、イングランドの軍艦はオランダのものよりも大きかったため、オランダの港を封鎖することはできなかった。他方、船体が大きく、オランダよりもトン当たりの大砲搭載率が高かったため、イングランドの軍艦は極めて効率的であった。一六五三年のオランダ唯一の主な勝利は、地中海のリボルノ港沖でのイングランド小艦隊撃滅であり、これは艦隊行動の範囲を明らかにした戦いであった[47]。両軍とも大型新造艦で、大いにその海軍力を増大させていた。

臀部議会となってオリバー・クロムウェルは和平交渉に進んで応じたが、結果的にはイングランドの海軍力をいたるところで用いた。ロバート・ブレイクはこの時期を代表する提督であり、チュニス沖のポルト・ファリーナ（一六五五年）では最小限の損失でバーバリ海賊の小艦隊を撃破し、テネリフェ島を占領している（一六五七年）。より長期的にみると、イングランドはスペインからジャマイカも奪い取っている。さらに、海軍力によってイングランドは、バルト海の好敵手デンマークとスウェーデンに対しても、一定の役割を演ずるようになった。とはいえ、スウェーデンによるダンツィヒ封鎖（一六五六年）とコペンハーゲン封鎖（一六五八年）をオランダが打破したように、オランダの介入は極めて重要であった。

オランダが一六三九年のダウンズ海戦で取り入れた、軍艦の単縦陣戦術という発想は、当時の戦術を変化させる重要なものであった。一六五三年、イングランド艦隊は相互に援護するように命令を受けていた。これは単縦陣での命令ではなく、側面の攻撃力を最大限に生かす陣形を取ることが奨励されていた。密集陣形が強調されたことは、個別艦船の一連の戦闘方法の一つとして、戦闘から離脱可能であることを意味する。イングランドの場合まさしく、単横陣は陸戦モデルが海戦に移行していることの反映であるといえる。陸戦経験をもった艦長たちが、その教訓を適用しようとしたのであり、戦闘中に統制と協同とを許す陣形を工夫しようとしたものであった。ただ実際のところ、海戦での性格としてひとたび接近戦になると、密集陣形を維持していることは著しく困難であった[48]。

英蘭戦争は海と植民地で戦われた。ヨーロッパにおいては、両国間の陸戦はみられなかった。当時のシーパワーの行使という意味では、戦闘は結果として例外的な部類に入る。もっとも、有力な規範がなく、様々な戦法が存在していたことも同時に議論しておく必要がある。今日のようにシーパワーは、陸戦への直接支援として機能すると想定されていたが、当時はそういう傾向がより強い。そして、このことは二つのやり方となって現れる。一つは、すべての陸上戦力が船で輸送される攻撃や侵略であり、一五九六年のイングランドによるカディス攻撃がそうである。もう一つは、陸上攻撃を支援する艦船の用法であり、イタリアに対する大半のフランス軍の作戦がこれである。一四九四年、フランスのシャルル八世は陸路イタリアを侵攻したが、フランス艦隊はラパロ沖でナポリ軍を撃破後、マルセイユからジェノバに海路フランスの攻城砲列を移動させている。しばしば船は陸上輸送に適さない場合に（今日でも空輸の場合にそうだが）、強力な積載能力を提供してくれる。とはいえ、フランスは海軍が優勢ではなかったため、イタリア侵攻時には陸上輸送に頼らなければならず、それは一六二〇年代、一六三〇年代、一六九〇年代、一七〇〇年代、一七四〇年代、一七九〇年代、そして一八〇〇年代の各時代に確認される。

一六五〇年代における地中海でのイングランドおよびオランダ小艦隊のプレゼンスは、長期的な流れの中の一コマであった。そして、兵器と装備、帆走方法の向上により、ガレー船でなく帆船が地中海での戦争に重要性を増すことになった。もっとも、一六四六年六月一四日のオルビテロ沖で衝突したフランスとスペインの船は、風が凪ぎだったためガレー船で曳航されている。一九世紀の帆船に対する蒸気船と同じように、ガレー船はたとえばエーゲ海のように、内海では機動性が高かったのである。一六六〇年代、タンジール沖でモロッコ海賊に対抗したイングランド船は難儀を極めたため、それが地中海でのガレー船使用への関心を高めた。一六六三年、フランス海軍による歳出の半分は、ガレー船へのものであった(49)。

しかしながら、帆船の登場で軍艦は各地の基地に依存することから解放され、ガレー船よりも多くの大砲を積むことができるようになった。帆船のおかげで悪天候の影響を受けにくくなったとはいえ、蒸気船はその能力をさらに向上させている。イングランドとオランダの帆船（ベルトーネ）は、地中海に新たな手法をもたらした。そして、それは地中海周辺諸国に模倣されていった。最初は北アフリカのバーバリ諸国で、特にアルジェリアにおいて顕著であった。そこでは一六世紀末から一七世紀半ばにかけて、イングランドとオランダの私掠船がもっていた大西洋の海軍技術を採用していた。ヴェネツィアでは一六一八年に一二隻の武装オランダ商船を傭い入れており、ヴェネツィアもオスマン帝国も双方ともに、オランダとイングランドの武装商船を、一六四五年から一六四九年の戦争に際して傭い入れている。実際のところこの戦争におけるヴェネツィア艦隊は、傭い入れた商船を次第に帆船艦隊としていったのが実態である。一七世紀半ばまでにヴェネツィアは、また徐々にオスマン帝国も、ガレー船という戦力構造からの脱皮を図った。オスマン帝国は戦争でヴェネツィアが示した優位な点に影響を受けている。しかし、マルタの支配者であるマルタ騎士団は、一七〇〇年まで小艦隊に水兵をおくことをしなかった。初めて二つの小艦隊がトゥーロンで任命され、マルタに航行していったのは一七〇四年のことであった(50)。大西洋の海軍力に関しては、異なる戦略文化が海軍力の行使に影響を与えている。たとえば、一六五〇年からマスカットに拠点をおいたオマーン人のように、バーバリ船は本質的に商船襲撃が主体であったが、これに対してヨーロッパ海軍は敵の殲滅を目標として設計された、重く足の遅い船をそろえた、組織化と標準化がなされた艦隊であった。こうした艦隊は、大西洋海域での作戦というよりも、特にヨーロッパ海域の海岸部で用いるためにつくられていた。

海軍革命？

ヨーロッパの軍艦は一七世紀になると、重い大砲を装備するようになった。改装された商船に依存する代わりに、イングランド、フランス、オランダは次第に専用の軍艦を用いるようになるが、重武装していたため頑強な船体となっていた。このように専用の軍艦に重点をおくことにより、海軍士官としての専門意識や上部階級、下部階級といった階級差が生まれることになった。のみならず、軽砲を積んだ艦船（第一次英蘭戦争〔一六五二～一六五四年〕におけるオランダのように）が旧式艦となってしまうのであるが、こうした重武装の軍艦の登場は、一九〇〇年代の「ドレッドノート」革命（第五章参照）を暗示させるものであった。

この艦隊は国家活動の所産であり、ほぼこの時代を通じて移行が進んでいく。その重要性は強調されてよい。国家活動は最先端の近代海軍力を規定するものであり、相当な物量を展開しうる地域支配者の手に、海軍力は集中していったのである。確固たる海洋拠点をすでに磐石な海軍の伝統として有している場合、それがこうした財政力と結びついたならばそれは極めて有益である。とりわけ艦隊では多数の水兵を雇用する必要があるため、なおさらである。レパントの海戦時、スペインのガレー船のうちおよそ四分の一がジェノバの企業家からの傭船であったのも首肯される。

しかしながら、一六五〇年にはこのような都市も、大規模な海軍力に限ればそうした展開はあまりできなくなっていた。この傾向は都市が軍事的独立性を失った土地において顕著であった。たとえば、バルト海でみるとリューベックは、デンマークとスウェーデンによる軍事力との覇権争いの前に影が薄くなってしまい、他方地中海ではジェノバと特にヴェネツィアが海軍のプレゼンスを示していたものの、国有艦隊の前には存在感が薄くなった。[51] ジェノバの場合、一四五三年にそれが劇的に進んだ。コンスタンチノープル陥落でオスマン帝国皇帝メフメト二世が、ペラにあったジェノバの伝統ある海軍工廠を没収したからである。次世紀までにペラはさらにその能力を増大させ、ガリポリに代わってオスマン帝国の一大海軍工廠となり、およそ二五〇隻のガレー船を造船し維持できるまでになっている。[52] これに対してジェノバは、一五五九年に国有海軍を維持するための恒久的機関（Magistrato delle Galere）を設立している。しかし、計画していたような大型ガレー船をつくることは、不可能であるとわかった。[53]一六八四年にフランス艦隊によって砲撃を受けると、一六八九年にジェノバは最後のガレオン船を売却してしまった。

この新たな動きを領邦君主の存在として強調しすぎると、それは誤りであろう。国家による関心を集めた艦隊は、一四九四年以前にも重要な役割を果たしていたし、有名なところでは古代ローマがそうである。とはいえ、艦隊が常備され、はっきりと国家の支配下におかれるようになったのは、近代初期になってからである。海洋権益と国家の関係が変化していったのである。たとえば、スペインでは国王が、一五九八年から造船を一段と強力に支配するようになる。この結果、国王が傭船で所持していたり、しばしば接収したりしていた私有船を使うのでなく、制度的に国家政策的な用途としてそれを使うようになっていった。一六〇四年でみるとイングランド海軍の管理規模は、チャタム海軍工廠だけでも事務員が使用する紙類、インク、ワックス、砂、羽ペン、計算器などに二二ポンドを消費していた。[54]

同時に国家の管理や支配ということを、あまり強調しすぎないことも重要である。実効性を伴う海軍を育成するため資源を動員する際に、大きな政治単位を構築する重要性をジャン・グレテは強調する。しかしその一方で彼は、通商保護の問題解決をヨーロッパの国有海軍と民間とで比較してみると、海軍が普遍的な成功を収めたとはとうてい言いがたい、とも主張する。さらに、個人的関心から緊密に管理された海軍は効果的であったものの、国家間には質的に大きな隔たりがあった、とも指摘している。事実、オランダとイングランドでは民間船のほうが、地中海においてスペインの海軍力よりもしばしば優位を示したことが知られている。また、オランダとイングランドの武装商船（上位クラスの相当数の大砲を装備した専用船）は、ポルトガルの軍艦とインド洋で戦って頻繁に勝利を収めている。

さらに、常備軍としての海軍は財政面で困難に陥りやすいため、国家や民間の他の組織より必ずしも優れたものではない、とカーラ・フィリップは示唆する。フィリップはまた、海軍は国家を弱体化させることなく、こうした支援を確実にしなければならないが、そのためにはどうしたらよいのかはっきりしていなかった、とも指摘している。[55] この点は今でもまさしく適合する。

繰り返しになるが、実際のところ、新たに海軍資源をつくり維持管理していくのは、近代初期のヨーロッパ諸国にとって難儀なことであった。相変わらず個人的な関心に依存し、国家による一貫した包括的支援が欠如していた時代にあってみれば、それも驚くに足りない。世界規模での影響がどうあれ、一六世紀と一七世紀初頭のヨーロッパでの陸戦の変化が軍事革命に結びつかなかったのか、この点については様々な議論がある。たとえば、ユトレヒト同盟諸州（オランダ）の場合、一五九八年以降五つの海軍本部が別個に存在しており（ホラントに三、フリースラントとゼーラントに各一）、大将ないし提督と同格の階級のオラニエ王家でも、州のもつ圧力や利害よりも影響力は小さかった。さらに、国家と海軍本部の財政赤字、特にその双方の調整不足によると見込まれていた歳入不足が大きかったため、一六三一年以降別のかたちで官民の協力体制が構築され、それは一六五九年まで存続した。一群の商人たちは、軍務に就いて船を護衛するため、重武装の商船に改装し始めている。[56]

しかしながら、こうした制度と問題点は海軍の弱さと同義ではない。それは、オランダが一六三九年にスペインを破った事実にはっきりみてとれる。総じてオランダ海軍は実効性という面ではかなりの水準に達しており、一七世紀半ばには海軍本部間の海軍活動も調整されるようになっていた。オランダ海軍は極めて大きく、それは対人口比のみならず、大国と比べてもそうであり、保護を要する商船の規模は他のヨーロッパ諸国とは比較にならなかった。さらに、関税収入によってオランダ海軍は一七世紀半ばまでにヨーロッパ随一の海軍となり、全ヨーロッパの海岸における商船を保護するまでに成長していた。通商保護を民間で行うことはヨーロッパで普通にみられており、この点を過小評価すべきではなく、それどころか商業上の競争という面では、どの国もある程度武力に訴えることが普通に行われていた。ヨーロッパにおけるすべてのオランダの通商を護衛することで、オランダは時代の最先端にあったのである。イングランドがオランダに倣うのは、一六九〇年代のウイリアム三世の下においてであった。オランダの「民間海軍」は海軍本部の所有する艦隊の補充にすぎなくなったものの、国家間の戦争にとっては有益な付随物であった。

オランダは国家の機構と活動面では理想的存在とはいえない。しかし、当時の国家と比較すれば、西欧と非西欧とを問わず、実効性という面では模範的であった。事実、一六二〇年代と一六三〇年代、一六四〇年代において専用の帆船軍艦を保持するオランダ海軍は、常に世界第二位の規模であり、一六四〇年のスペインとポルトガル解体後の数年間は世界最大であった。オランダの商船隊は巨大であり、オランダの通商利益に反する戦争をしかけても、実力差が大きいためオランダ船隊は完全に保護されていた。英海軍が巨大な存在であったときのイギリス商船隊でさえ、このような攻撃をすれば損失を免れなかった。

第一次英蘭戦争（一六五二～四年）を戦ったイングランド海軍も、強力な海軍であった。イングランド海軍は事実上一六六〇年代に西欧海軍のトップの座にあり、さらに一六九〇年代にはいっそう強大になっていった。それは計画的に大国の海軍になろうとしたというよりも、ひたすら開発を進めた結果であり、また従来とは異なる実用的方法を持続的に工夫できた、ヨーロッパ人の能力の結果である。そう考えるほうが適切であろう。アラン・ジェームズは一六五〇年代のフランス海軍に関するポイントとして、海軍は王室の政策を効果的に遂行する手段であること、さらに海洋についてのコンセンサスづくりを可能としたこと、の二点を実証しているが、これは一般論としても適切な指摘である。

英蘭戦争が特徴づけた海軍による戦争という新しい時代の幕開けは、状況を一変させることになった[57]。実用的とされていた一七世紀初頭の制度も、世紀半ばには役に立たなくなっていた。こうした評価は、一五〇〇年から一八〇〇年の間だけに限っても、かなりの軍事的変化が起きており、時にいわれる「軍事革命」という重要な進化が、一七世紀の後半に発生していたことを示唆する[58]。この議論は一六六〇年から一七六〇年が発展的性格の時代であったことから、そこに起因する一七世紀半ばの分岐点の存在を示している。もっとも、海軍力の場合にこの時期は、一六五〇年代から始まるとみておくべきである。

他にも海軍力に関し政府管理が進歩した側面としては、海賊との戦いがあげられる[59]。たとえば、スペインやジェノバ、トスカナでは、イタリア西海岸を特に北アフリカの海賊の襲撃から防御しようとした。この戦いはオスマン帝国やフランスの利害を満たす、私掠船と海賊に対抗するという、広い国際的な文脈に位置づけられる。しかし、海賊行為に対峙するのはまた、海軍力を支配者が幅広く管理しようとすることでもあり、あるいは少なくとも自国の領域内に敵の海軍が侵入してくるのを防ごうとする試みでもある。たとえば、一六二一年における独立派ユグノーにみられた海軍本部の機構は、フランス国王に対する挑戦であった。この点で特に顕著なのは、同年一〇月にユグノー艦隊が国王側のブルターニュ艦隊に勝利した作戦であった。

国家が海軍の戦争を支配しようとする試みへの大きな挑戦は、国際的性格を有する準独立系の海軍力から発せられている。バーバリ海賊や北アフリカの海賊は、オスマン帝国と結託したが、これに対してその敵方はロードス島から、また後にはマルタから聖ヨハネ騎士団が挑戦している。アドリア海においてはセニの海賊ウスコチがあげられる。このような襲撃者たちは極めて暴力的な傾向にあった。さらに、初期の海賊バイキングのように、戦いは彼らの経済と存在意義とに一体化していた。セニの経済はほぼすべて略奪に基づいていた。町への供給には、ウスコチの場合常に利益の大きい略奪品が必要とされていた。あるいは、交易を通じた属国からの恒常的な支払いもそうであった[60]。ウスコチおよび聖ヨハネ騎士団はどちらもキリスト教徒の船員がいたにもかかわらず、ヴェネツィア船がオスマン帝国と交易をしていると判断した場合には、ヴェネツィア船を進んで攻撃した。

これと同様にドニエプル川流域のドン・コサックが、一六世紀末から黒海のオスマン帝国の要地を襲撃するようになった。ここでは喫水の深い船では限定的な利用価値しかなかったこと、また、船数により海軍力は測れないといった問題点が、一般的な事例として指摘されている。コサックは平底で竜骨をもたない小型の手漕ぎ舟を使ったが、それはオスマンのガレー船より浅い海でも利用することができた。この性能は一六一四年から一六一五年にかけたコサック追撃戦のときに大きな効力を発揮した。この結果、一六三〇年代以降オスマン帝国ではコサック舟をまねるようになった。一方、イングランドの私掠船に対抗したスペインがそうだが、要塞化もまた河川でのポジションを強化するうえで重要な役割を果たしており、オスマン帝国がアゾフ海を再び奪取し、オチャコフを再強化したのもその現れである。[61]

バーバリ海賊やウスコチ、コサックによる襲撃は、オスマン帝国軍やスペイン軍の作戦規模とは比べようもないし、国家に対抗するというより、いずれも海賊の同類とみなされていた。しかし、近代初期の海軍の戦争は、あまり厳格に定義しないことが肝要である。それと同時に別な見方として、海での強奪行為や海賊行為は地中海同様にイギリス海峡でも、キリスト教徒の間ではおそらく普通に行われていたであろう。また、国家や州、宗派間での戦争において海賊行為は、戦争状態にある証拠というよりも、むしろ海洋交易に伴う不可避の障害であったと考えられる。[62] さらに、ヨーロッパの反乱と内戦では、海賊行為でもある私掠行為の許可、つまり他国商船の拿捕免許状を発行できる多数の公的機関の存在を許している。たとえば、一六四〇年代、ランドルで私掠フリゲートを有したアントリム伯は、アイルランド海軍の二倍の規模であったと記録されている。[63]

ヨーロッパ近代初期の軍事革命の概念は有益であるが、それは陸戦よりもむしろ海軍に適切に当てはまる。この二つを扱う問題は、あたかも同じパターンに従っているかのようである。しかし、同時に一六四〇年代と一六五〇年代に確認された、一七世紀半ばの世界的な危機の時代における私掠行為の実態をみれば、国営海軍に向かう変革の度合いを強調しすぎることの危うさが窺われる。たとえば、一五七〇年代のフランスの場合、反乱と内戦はまた、通商と歳入を保護し、海賊行為を抑える国家の能力を大いに減退させてしまった。その結果、包括的な数字は存在しないものの、ヨーロッパにおいては遠洋航海に適する船舶数が、相当落ち込んでしまった可能性が高い。大規模な変化があったどころか、一五六〇年代のイギリス海峡の状況も一六五〇年代も、似たようなものであった。一五六〇年代にはユグノーのコンデ公、イングランドのウォーリック伯、オラニエ公らはいずれも私掠船に「他国商船拿捕免許状」を与えていた。一方、イングランド西部地方や、ラ・ロシェル、ブルターニュ港、それにゼーラントの船乗りたちは意欲十分で、誰も彼らをとどめることはできなかった。

私掠船を政府がどの程度奨励するかは、自分たちの敵に対する商業上の戦争の機会にどこまで反応し、さらに自身の弱点である商品をどこまで保護するか、ということを示していた。それは、極めて限定的な支配力の犠牲によって、確保しうる軍事的資源を開発しようという必要性の現れでもあった。異なる視点としては、国家が商業上、投資上の利益から協力関係を開発して大艦隊を構築することは、国家の支援する海賊行為による能力も含めて、ある意味でヨーロッパ的思考の独自性を示唆している。それはかなりの傭兵を育成した、その当時軍事を事業とした人々と類似する組織の柔軟性といってもよいが、そこには歴史的にみた場合、重要な示唆が存在していた。

戦術的問題に目を向ければ、包括的な戦闘訓令が一五九〇年代には存在していた。たとえば、一五九六年のイングランドによるカディス遠征時にも、それは確認できる。こうした訓令は、単縦陣戦術が進化するにつれ着実に洗練されていったが、一五八八年のイギリス海峡における無敵艦隊との海戦では、教練と隊形密集方式がまだ強い影響力をもっていた。一六五〇年代以降、新たな教練が次第に浸透してくるようになり、より効果的な火力の利用が可能になると、隊形密集方式も新次元へと移行していくが[64]、そこには戦闘訓令と陣形戦術の変化が確認できる。一七世紀末、一連のヨーロッパ艦隊の戦闘において商船が出現することはもはやなくなったとき、この新しい方式は一段と進化していった。しかしながら、こうした状況から判断して昔は組織性を欠いていたと考えないほうがよい。その当時も困難な政治的、制度的条件に直面しつつ国家は、海軍力に固有の資源を確保しようと試み、実効性のある艦隊を構築、維持しようと苦闘していたからである。

第3章　一六六〇～一七七五年

イギリスはヨーロッパにおいて、強大な海軍力を有するようになった。さらに、一六九〇年から一七一五年にかけての間、それは世界的なレベルに拡大していき、第二次世界大戦まで続くことになる。この偉業はイギリス並びに他の国々の政策と優先順位、それに戦争の推移を反映したものであった。したがって、イギリス海軍の歴史がこの章での主要テーマとなる。それは他の国々よりもイギリスのほうがよく知られていることと、海軍力と戦略的関心の相互作用に関する国内面での事例研究として、イギリスは題材にしやすいからでもある。一六世紀、それに一七世紀初頭から半ばにかけて海軍力が成長することによって、イングランドは重要な海軍と海洋力の伝統を備えるようになっていく。この結果、政治的前提や必要なアイデンティティさらに軍事力という点から、イギリス（正確には一七〇七年のスコットランドとの議会合同後）に好ましい政策的影響が及ぶようになっていくのである。

一六六〇～一六九〇年

イングランドはその海軍の実力を、共和制による君主不在期間（一六四九～一六六〇年）に示すことになった。特に最も重要な海軍国オランダと海洋覇権をめぐって、一六五二～一六五四年、一六六五～一六六七年、一六七二～一六七四年と三回に及ぶ英蘭戦争でそれは競われた。しかし、一六六〇年代になるとイングランドの海軍力は、相対的に低下していった。それはフランスとオランダの造船力の向上が背景にあり、イングランドは海軍国としては首位から第三位へと後退した(1)。艦船数で軍艦を論ずるのは誤解を生じやすく、船および船員の質も考慮に入れなければならない。それは今日でも当てはまる問題である。イングランドの海軍力は大規模な造船計画のおかげで、一六七〇年代末になると大いに復興する。しかし、フランス海軍は、一六八〇年代には依然としてイングランドよりも大きい状況にあったし、一六九〇年代初頭においてもイングランドより多くの造船数を誇っていた。

フランス艦隊は一七世紀半ばのフロンドの乱でその数を減少させるが、一六六〇年代から復活していく。一六六九年にジャン・バティスト・コルベールが新ポストの海軍大臣に就任すると、その傾向はいっそう顕著となった。コルベールは水夫の徴用制度を整え、オランダから軍艦を購入するのと同時に熟練した造船技術者を雇っている。さらに、訓練校を創設して海軍工廠と管理制度を開発し、フランス海軍の規模を大いに拡張した。その結果、一六七五年には世界最大の海軍国となった。事実、一六七五年から一六七六年にかけてシチリア島沖でオランダ・スペイン小艦隊と一連の海戦を交えるが、フランスはこれに勝利している。彼はロシュフォール、ラ・ロシェル、ケベック、ブレスト、ロリアン、セットを軍港としてその基盤を整えている。

対照的にスペインは、国内の政治的理由から、大規模でより実効性の高い戦闘艦隊を育成することで主導権を握ろうとはしなかった[2]。海軍の発展に地理的焦点を当ててみると、そこにも変化が出てきた。行政機構の洗練さや兵士の動員力、技術の提供力を基準に判断すれば、一五六〇、七〇年代の地中海における海戦の水準と激しさとは、一五八〇、九〇年代の大西洋および北海での海戦よりも、はるかに進んでいた[3]。しかし、この状況は一世紀後にはまったく当てはまらなくなっている。

一六九〇年代

一六九〇年代末、イングランドの海軍力は、特にフランスとオランダの両海軍国に比べても向上している。一六八九年から一六九八年にかけての間、イングランドは六一隻の重要な艦船をつくっている。状況的には当初の一六八九〜一六九二年はあまり見込みがよくなかった。しかし、新たな建艦を容認した一六九一年の議会法の結果、イングランドは一六九五年からフランスとオランダ両国に対して、新艦に関して圧倒的な優位を示すようになった。一七〇〇年までにイングランド艦隊はフランスよりも規模が大きくなっていた。

さらに、兵站部門での顕著な改善がみられる一方、急速で大がかりな支出を伴う海軍工廠の建設計画によって、イングランド海軍の実力も増大した。ポーツマスはすでに二つの乾式ドックを機能させていたが、さらに拡張して新しく二つの乾式ドックと係船ドックを建設している。プリマスでは海軍施設がそれまで未熟であったが、乾式ドックと係船ドックが新しくつくられるようになった。当初一六八九年にプリマスの乾式ドックは、三等艦だけを受け入れる決定をしていたものの、一六九一年には最大の戦列艦を受け入れられるようドック建設の向上が図られている。[4] ポーツマスとプリマスの施設が拡張されると、それは王政復古時代のメドウェイ川、テムズ川、さらにチャタム、デットフォード、ウリッジに集中していた海軍施設を補充するようになった。メドウェイ川やテムズ川は一六五二年から一六七四年にかけて三回戦争をした敵国オランダに直面したが、他方、イギリス海峡、大西洋の西回り航路はフランスとの戦争時にカギとなった。ポーツマスとプリマスの改善によってイングランド海軍は、一六九〇年代になるとイギリス海峡と西回り航路に対して、強力なパワー・プロジェクションを行えるようになった。[5] これと対照的にチャタムは衰退していき、他方フランスは乾式ドックの数において、イギリスに大きく遅れをとることになる。

イギリス海軍の歳出は、海軍のために使われる資源を向上させたが、それは信用と通商が果たした役割の反映である。イギリス海軍の一般的な財政状況はまた、一六九〇年代から改善している。イングランド銀行（一六九四年創設）に基盤をおき、安定した議会からの支援を得た国家財政となったからである。この財政によって政府債務の利子率を削減することが可能となり、フランスやスペイン、ロシアなどの専制国家に比べて、海軍歳出の基盤がより安定するようになった。したがって、国家間の海軍軍備が似たような状況であった一方で、組織制度の顕著な相違もまた生じていたのである。ドックは決定的に資金に依存するものであるが、必要とされる多数の水夫を確保し、支援することもまた同様である。[6] さらに、ユトレヒト同盟諸州と同じくイングランドでも、海軍を専門職とする人々が登場している。その点がフランス、スペインではあまり顕在化しておらず、貴族の特権が大きな役割を果たしていた。[7]

イングランドの実力が向上したその衝撃は、フランスとオランダの海軍に影響を及ぼし、優先順位の変更が顕著となった。一六八八年のオランダによるイングランド侵攻を取りあげると、イギリスではジェームズ二世に代わり、戦略的な変化を招くオラニエ公ウィリアム三世が即位している。また、オランダでは一六八八年から一七一三年にかけてフランスとの戦争で陸軍に支出が集中したことから、海軍はその影響をこうむった。この結果、一六七八年の軍事条約は不首尾に終わったものの、オランダのイングランドに対する主力艦の比率は三対四に定められた。一六八九年にはこの比率が三対五に引き下げられ、スペイン継承戦争（一七〇二～一七一三年）の間にオランダは、通常の割り当てが半分程度になると、さらに船舶の遅着が目立つようになっていた。これは確保できる資源を反映して軍事行動が縮小する、そういう段階に入ったことを意味する。(8)

さらに、一六九四年からフランスは、イングランド、オランダ、オーストリア、スペインとの戦争では陸軍に、海では私掠船の活動に集中した。フランスは沿岸部を防衛する軍艦を必要としなかったが、それはブレストの要塞化と部隊によって、この任務を遂行できるのが確実であったからである。それに先立ちウィリアム三世は、亡命スチュアート家が原因で、ジャコバイト〔訳注、一六八八年のジェームズ二世の亡命後、彼の復活を支持した人々〕主義による危機が増大し、短期間であったものの厳しい海軍の危機に直面した。一六八九年、決着のつかないバントリー湾の戦い（ハーバート提督と二二隻の戦列艦は、ジェームズ二世を支援すべくアイルランドにフランス部隊を上陸させようとした二四隻のフランス戦列艦を打ち破れなかった）の後、イギリス海峡でポーツマスより西には乾式ドックがなかったため、イングランド艦隊はポーツマスに修繕のため戻らなければならなかった。この状況がフランス側にとって著しく有利であったのは、ブレストとロシュフォールの大西洋基地から出撃すれば、イギリス海峡とアイルランドの海域において、イングランド海軍と立ち向かうことができただけでなく、商船にも攻撃をしかけることができたからである。二カ月後、フランスによる脅威は激化する。有能なアンヌ・イラリオン・トゥールヴィル伯が、ブルターニュ沖でイングランド艦隊の攻撃をくぐってトゥーロン（地中海）艦隊の大半を率いブレストに向かうと、フランスの海軍力が結集したために一大脅威となった。

一六九〇年、フランスはアイルランドに別の部隊を派遣することに成功し、英蘭艦隊を数で圧倒しつつビーチイ岬沖海戦で勝利を収めた。しかし、フランスは侵攻軍を準備できておらず、ルイ一四世はイングランドおよびその同盟国とのスペイン領ネーデルラント（ベルギー）における陸上戦闘にむしろ関心を示していた。事実、ルイ一四世が海上に出たのはただ一度だけである。それは一六八〇年のダンケルク訪問中に、戦列艦アントルプルナントに短時間乗船したときであり、一六六〇年以降彼が最後に船をみた唯一の機会となった。さらに、初期段階で海軍に対する財政的支援の維持に失敗したことから、一六八〇年代半ばから末にかけて制度的弱点が露呈するようになり、一六九〇年には軍事行動上の制約を受けるようになっていた[9]。

加えて、スペイン領ネーデルラントにフランス軍を集中させたことと、フランスの海軍力は同国の最西端に位置するブレストにあったことから、イングランド侵攻ができなくなった。一六九二年、やっとフランス侵攻軍の準備が整ったものの、機密保持ができず、侵攻準備の遅れがトゥールヴィル伯の妨げとなった。数で優っていたとはいえ、海軍力を統合することに失敗し、戦争遂行の断固たる指示を出すことにも失敗し、結局トゥールヴィル伯は妥協せざるをえなくなった。エドワード・ラッセル提督率いるはるかに大規模な英蘭艦隊が、コタンタン半島バルフルール沖でフランス艦隊を攻撃した。ラッセルが主導権を握ったとはいえ、フランスは撤退前にもよく戦いぬいた。二二隻のフランス軍艦が、オルダーニー島の危険な急流を通過してサン・マロ港に到達した。損傷を受けた軍艦の多くはコタンタン半島東側にある、ラ・ウギュ湾のサン・ヴァとタシウー島の砦に避難した。結果的に、サー・ジョージ・ルーク中将が派遣した、小舟による攻撃と焼き討ちで崩れるが、それは当時最も成功した小舟による作戦の一つであった。もっとも、英蘭の大艦隊からはじめに何度も攻撃されていたため、フランス艦隊の中には士気が低下し、分裂をきたしていたところもみられ、それも敗因であった。フランス側では一五隻の軍艦と輸送艦が撃沈されている。バルフルールの戦い後、イングランドの軍艦はアイルランドでの制海権を掌握する。しかし、そこではすでに海軍は陸軍の支援を受けつつ、重要な役割を果たしていた。すなわち、ロンドンデリーの解放や、マールバラ伯ジョンを援助してコークとキンセールを占領したり、リムリックを封鎖したり、ダンカノン・カースル奪還では共同作戦を展開していたのである。この活動は、陸上での作戦行動に影響を与えるという点で、海軍力の可能性を反映しており、一七世紀はじめのアイルランドの状況を再現しつつ、アイルランドでのジャコバイト敗退を決定的なものとした（本書、五六頁参照）。

バルフルールはフランス軍侵攻の野望を砕いたのみならず、ヨーロッパ海軍史のうえで大きな節目となった。トゥールヴィル伯は一六九三年から一六九四年にかけて大艦隊を編成したが、みるべき成果はほとんどなかった。アイルランドでの戦争はウィリアム三世の勝利に終わり、フランスによるイングランド侵攻はほぼ見込み薄となり、一六九四年、トゥールヴィル伯には地中海の活動でさえできることはほとんどなくなった。一六九三年から一六九四年にかけて財政に打撃を与えた経済危機の圧力の下で、直近の海軍活動からは限定的利益しか受けていなかったため、フランスはその海軍戦略を見直すことにした。すなわち、戦闘方法を小艦隊による戦闘から、私掠船による通商攻撃を最優先することにしたのである。特に一七〇二年から一七一三年にかけてのスペイン継承戦争においては、顕著にそれがみられる[10]。

こうした攻撃は極めて大きな打撃を与えることが可能である。イングランドの通商は大きな損害を受け、経済と財政に影響が及んだ。一六九六年に財政危機を引き起こし、それが悪化したのもこれが原因であった。この三年前、ポルトガルのラゴス沖でフランス艦隊によりスミルナ船団が捕捉された際には、イングランドとオランダの八〇隻を上回る商船が沈められた。しかし、私掠船による活動はイングランドの海軍力に真っ向から立ち向かえるものではなく、事実、一六九〇年にフランス艦隊が与えた脅威ほど深刻ではなかった。第二次世界大戦中イギリスの通商ルート破壊に当たった、強力なドイツ潜水艦とは比較にならない。逆に一九四〇年のドイツによる侵略の脅威は、一六九二年のフランスのものよりも弱かった。

フランスの優位によるこうした変化は、イングランドの海軍力増強と自信をつけることに影響しただけでなく、問題もまた引き起こすこととなった。海戦で通常イングランドが打ち破ろうとするのは海上のフランス艦隊というよりも、そのためのパワーを承認する、国内での継続的な支持であり、つまり勝利を必要とする政治文化であった。その結果、フランス海軍が弱体化していたためイングランドは海軍力を投入できる準備が整うようになったが、バルフルール海戦後の収拾は困難であった。海軍の発言は政府の楽観論としばしば衝突し、一六九二年の戦争後はラッセルによる指揮を欠くようになった。一六九二年と一六九四年にはサン・マロとブレストでそれぞれ水陸両用作戦が展開されたが、成功しなかった。続いてカレー（一六九六年）、サン・マロ（一六九三、一六九五年）およびダンケルク（一六九五年）といったフランスの港湾を砲撃する、費用をかけない政策が打ち出された。しかし、このような砲撃は限定的な効果しかなく、陸上活動の主要地であるスペイン領ネーデルラントからフランス軍を駆逐することはできなかった。この点は海軍力の周辺的（悪い意味で）、間接的（よい意味で）な戦略的影響ということを想起させてくれる。

一六九四年に地中海に派遣されカディスで冬を過ごした、ラッセル率いる大規模なイングランド艦隊のほうが、はるかに戦略的利益が大きかった。スペインは当時イギリスと同盟関係にあった。[11] 一六九四年と一六九五年の両年、カタロニアへのフランスによる圧力にスペインが抵抗すると、これをイングランド艦隊が強化しスペインの交戦状態を支援した。[12] 西地中海はヨーロッパ外交の決戦場であり、そこではオーストリア、フランス、そしてスペインの利害が交錯していた。一六九四年以降の半世紀間、そこはイギリス海軍の主要

表1　海軍の規模：排水量

（単位：1000トン）

	1690	1695	1700	1710	1720	1730	1740	1745	1750	1755	1760
イギリス	124	172	196	201	174	189	195	235	276	277	375
オランダ	68	106	113	119	79	62	65	65	62	58	62
フランス	141	208	195	171	48	73	91	98	115	162	156
スペイン	30	25	20	10	22	73	91	55	41	113	137

（出所）J. Glete, *Navies and Nations: Warships, Navies and State Building in Europe and America, 1500-1860* (Stockholm, 1993).

表2　ヨーロッパ海軍の総規模に対する海軍の相対規模

（単位：パーセント）

	1690	1695	1700	1705	1710	1715	1720
イギリス	25.1	25.6	25.8	25.9	26.4	29.2	28.3
オランダ	13.7	15.8	14.9	14.2	15.6	14.2	12.9
フランス	28.5	25.7	25.7	23.9	22.4	15.7	7.8

（出所）同上

活動領域であり、海軍力を公式に想定する場合の基本パターンとなった。イングランドの軍艦は当該地域に以前派遣されたことがあり、中でも特に一六五〇年代のブレイクによるものが知られている。その後、北アフリカのバーバリ海賊に対するイングランドの通商保護に当たるようになったが、一六九四年以降こうした海軍の展開は、他のヨーロッパ諸国との戦略的対立（主にフランス、他にオーストリアやスペイン）と密接に関連するようになった。

イングランドの海軍力は、一六九〇年代に多様性を増した。一六七九年には小艦隊がカリブ海に派遣されている。しかし、病気が司令官とすべての艦長、それに半数の水夫たちの命を奪ってしまった。イングランド海軍の活躍は様々であるが、機先を制して攻撃をしかけイングランドの通商保護に当たり、フランスの通商を破壊するといったことが共通目標となっている。イングランド海軍の活動の多様性は、一六九七年の和平交渉後も維持された。小艦隊がニューファンドランド島に、イングランドの通商保護のため派遣された。

この新しく体得した自信は、一七〇〇年にスンドへの英蘭連合艦隊の派遣となって出現する。そこではスウェーデンのカール一二世によるデンマーク攻撃を阻止し、デンマーク・スウェーデン両国の争いを決着させている。

スペイン継承戦争（一七〇二〜一七一三年）

スペイン継承戦争時、イングランドの海軍力はフランスとはほとんど比較にならなかったが、これはフランスの場合支出の大半が、依然として陸軍に対して行われていたことによる。この戦争に一七〇二年から一七一三年にかけて参戦したイングランドは、この戦争を利用してフランスからの侵略計画を阻止し、対仏大同盟の中心である低地地域への海路を支配し続け、さらに、地中海を中心としたパワー・プロジェクションが可能になった[13]。しかし、イベリア（スペインとポルトガル）で戦争が起きて、特にイングランド海軍が一七〇二年のビーゴ湾の海戦で勝利を収めた結果、この海軍力をポルトガルが脅威と感じたからこそ、ポルトガルは一七〇三年にフランスとの同盟を放棄することになるのである。リスボンで港湾の確保が可能となったことから、サー・クロウズリ・ショベル率いるイングランド艦隊は、一七〇三年に地中海に入った。そして、それはサヴォイア公ヴィットーリオ・アメデーオ二世がルイ一四世を見限る一因となった。海軍力はこのように強い乗数効果を生じたのである。

フランスはイングランド海軍の優位に対抗すべく、一七〇四年、ジブラルタルにおけるイングランドの新拠点を攻略しようとしたが、フランスはマラガでの戦いで阻止されてしまった。船は一隻も沈むことなく双方犠牲者が続出し、イングランド船の中には弾薬が尽きたものもあった。この戦いは作戦的にはっきりしない様相を呈したが、戦略的にみると決定的に重要であった。結果的に当該地域におけるフランス艦隊の活動を、大いに制約することになったからである。これは一六九二年のバルフルールと同じ効果をもたらしたといえる。

共同作戦もまた重要である。一七〇五年、イングランド艦隊はバルセロナ奪回を支援するため、大砲と兵士を上陸させて成功を収めている。翌年、イギリス艦隊の到着によってフランスは、バルセロナの奪還を放棄せざるをえなくなった。フランス艦隊はイングランド艦隊と戦うために逗留するようなことはしなかったからである。このように、イングランド艦隊は陸上での戦争にも強い影響を及ぼし、フランス軍は近辺で冬を越さざるをえなくなった⑭。一七〇六年、イングランド艦隊はアリカンテ、マジョルカ島、イビサ島の奪取を支援すべく出発する。翌年、ショベル率いるイングランド艦隊は、トゥーロンを経由してオーストリア＝サヴォイア軍のバール川渡河を支援し、後にその撤退も援護している。トゥーロンは占領できなかったが、フランス軍は湾内にいた大半の自軍の軍艦を破壊したため、イングランド海軍の位置づけは一段と向上するようになった⑮。加えて一七〇九年以降フランスでは、戦争中に戦列艦を一隻も建造していない。これまでの戦争と同様にイングランド艦隊はまた、フランスの私掠船による略奪から通商を保護し、フランスの通商破壊に当たるため、多くの労力をその任に費やした⑯。

この海軍優位の時代に問題がなかったわけではない。とりわけオーストリア＝サヴォイアの同盟国が提起した期待がそうである。それは海軍力に頻繁にみられる側面であるが、政策よりも戦闘に焦点を当てる文献では、軽視される傾向にある問題といえる。一七〇一年、イングランドで次官を務めるジョン・エリスは、ウィーン駐在の大使ジョージ・ステプニーに、オーストリア保有のアドリア海の港を使用する可能性に興味を示し、次のように述べている。

地中海での海軍力抜きに、その地域ではたいしたことは何もできないだろう、という貴兄の意見に賛成です。海岸部の諸侯と住民からの敬意を手に入れ、フランス・スペイン連合艦隊による不安と緊張から彼らを解放するためにも。[17]

しかし、翌年イングランドはスペイン支配下のナポリに海軍を派遣して欲しい、というオーストリアからの要請を拒否したほうがよいと考えた。オーストリアが征服をもくろんでいると判断したからである。イングランドは様々な関与を調停する必要性に迫られていたが、その部分に焦点を当ててみると、イギリス海峡で海軍の優位を保持する必要があったことが窺われる。その一方で、影響力を有する戦争大臣ウィリアム・ブラスウェイトは、小艦隊の派遣問題に関心を寄せて、トゥーロンでフランスの艦隊温存主義（fleet in being）がもたらす脅威に関連して、「我々の堂々たる艦隊の権利と、水兵の数をあなた方はとやかくいうようだが、しかし、地中海で犠牲なしに一二隻の帆船をあえて派遣するなど、とうてい考えられない」[18]と発言している。代わりにイングランドは、新世界からの宝物を積んだスペイン船を襲うことにした。こうして彼らはイギリス海峡と大西洋に艦隊を展開し、アイリッシュ海とイギリス海峡での航行を脅かす、ブレストのフランス艦隊に目を光らせていることができるようになった。

一七〇〇年代、海軍戦略と同盟政策の要件を備える作戦の統合が、いかに難しいか明らかであったとすれば、戦争はまたその埒外で行動する海軍が直面する問題も示唆している。同盟は様々であり、しばしば難しい対応を迫られるうえ、イングランド陸軍とも歩調を合わせる必要があった。これは二一世紀にも当てはまることである。たとえば、一九四四年の太平洋戦争時にアメリカ海軍と陸軍とがみせた確執は、その好例である。一七〇三年、ブラスウェイトはイングランドが豊かな仏領西インド諸島を攻撃した際のことを、次のようにステプニーに書簡を送っている。

コドリントン艦長指揮下でのグアダループ攻撃は、今のところ不首尾に終わっています。島の大半を略奪、破壊した後、フランスがマルティニークから新たな援軍を受け入れたため、英領の島に撤退しなければならなかったからです。これはもっぱら、陸軍の将軍と海軍の提督との意見の相違によるといわれております。クロムウェル時代（一六五五年）から先の攻撃にいたるまで、イスパニョーラ（今日のハイチとドミニカ共和国）遠征は破滅的であったわけですが、常にそう仕向けてしまう海軍本部の影響が大きいと思います。[19]

副提督ジョン・ベンボウ率いる二一隻の軍艦が、一七〇一年にカリブ海に派遣された。スペインはもはや九年戦争のときのように、イギリスの同盟国ではなかった。宝物船を捕獲するということは、海軍の艦長たちには利益を、イギリスには金を、そしてブルボン朝の財政には混乱をもたらすことを意味した。一七〇二年、はるか北のニューファンドランド沖では、また違った経済戦争として、イギリス軍艦が漁獲量の多いフランス漁場を荒らしまわっていた。一七一一年にはカナダのフランス拠点ケベックで水陸両用作戦が展開されたが、セントローレンス川をうまく航行できなかったこともあって、それは失敗に終わっている。一八世紀半ばにイギリスが企図した水陸両用作戦の経験は、時期尚早でうまくいかなかった。[20]

これとは対照的に、北欧での大北方戦争（一七〇〇〜一七二一年）では、スウェーデンとその敵国ロシアによる水陸両用作戦が、狭い範囲とはいえ成功を収めている。新首都であり海軍基地でもあるサンクトペテルブルクを擁するロシアは、基本的に新興海軍国であった。海軍の育成はピョートル大帝（在位一六八九～一七二五年）のビジョンと決断に負うところが大きかった。あるいは、西欧の海軍技術を模倣し、資源を確保し続ける場合にも、彼の能力に追うところが大であった。ピョートルはバルト海東部でのスウェーデン海軍の優位を覆し、海軍力を用いて対スウェーデン陸上作戦を支援し、スウェーデン海岸の襲撃に成功している。

英仏同盟（一七一六～一七三一年）

労力を成果に転換するうえで、問題に直面していたにもかかわらず、イギリスは最強の海軍力を保持していた。そして、それはフランス海軍の弱体化と英仏同盟（一七一六～一七三一年）によるところが大きい。さらに、スペイン海軍はフェリペ五世（在位一七〇〇～一七四六年）の下で復興を遂げつつあったとはいえ、スペイン継承戦争の渦中にあった。一七一八年にケープ・パサーロ沖でイギリス海軍が決定的勝利を収めると、それはイギリスが地中海最強の海軍力を有する証しとなった。この勝利でイギリスは、サー・ジョージ・ビング率いる二〇隻の戦列艦と二隻のフリゲートが、拙い展開をしていた一三隻を超える軽砲戦列艦と八隻のフリゲートを殲滅し、七隻の戦列艦を捕獲する。それは、イギリス海軍の有能さをまざまざとみせつける結果となった[21]。

ロンドンのホイッグ党系新聞『ウィークリー・ジャーナル』は、一七一八年一〇月一八日（旧暦）付けで次のように主張した。「これまでも常に英国王がイギリス海域を支配していると認められてきたように、この行動によって地中海の主でもあると知らしめるところとなった」。この時代の海軍活動の説明は、一七三九年の当該紙に掲載されたその三度目の記事に顕著にみられるように（その年は再びスペインとの戦争が勃発した年）、誤って戦勝気分に浮かれていた。「シチリア戦では大英帝国艦隊が華々しく活躍し、この島の命運はひとえに英海軍の活動にゆだねられることになり、両国とも征服も鎮圧もしないことで同意した」。

当時イギリスがどれくらいの海軍国であったかは、イギリスが直面した最も厄介な問題にみてとれる。ロシアのピョートル大帝が海軍を戦わせることを拒んだため、イギリスはこれを打破することが困難になったのである。これは一八五四年から一八五六年のクリミア戦争中、ロシア海軍がとった戦略を予想させるものであった。バルト海における問題は、イギリス海峡の支配をめぐって英仏間が争った、一六九〇年から一六九二年にかけての状況とはかなり異なっている。しかし、一七二〇年代になるとイギリスは、英海軍がロシアによるバルト海支配と、イギリス同盟国（デンマークおよびスウェーデン）への攻撃を阻止しうると過信していた。イギリスの海軍力をもってすれば、困難な外交問題も解決できると考えていたからである。ジョージ一世の治世下においては二度、海軍を使って遠方の争議に介入しようとしたことがあった。すなわち、一七一八年にビングを地中海に派遣したことと、一七一九年から一七二一年にかけて外交攻勢で海軍を用いる決定をし、ロシアとスウェーデン両国の和平の一環として、スウェーデンから獲得した領土を一部返還するよう迫ったこと、この二つである。どちらのケースも海軍が介入した場合の影響を誤算し、海軍主導者に共通する欠点をさらけ出した。

一七一八年、イギリスの行動が及ぼす脅威が、スペインのシチリア攻撃への抑止になると英政府では期待していた。しかし、ピョートル大帝と同様にフェリペ五世も、海軍力こそパワー・プロジェクションと地政学的利益にとって不可欠であると考え、イギリスのはったりに挑戦してきたのである。フェリペはケープ・パッサーロ沖で艦隊を喪失し、そのためシチリア再征服を断念することになったものの、スペインは再び似たような状況が出現すると今度はポーランド継承戦争（一七三三〜一七三五年）中にシチリアを脅かし、そこへ侵攻して成功を収めている。イギリスは一七一九年のオーストリアによるシチリア奪回に、ほとんど有効な支援ができなかった。それどころか、スペインとの戦争でイギリスは財政的、政治的問題を抱えるようになっていた。これをイタリアとドイツ両国からの攻撃下にあった、一九四一年の地中海におけるイギリス海軍の軍事行動力と戦略的制約に対照してみると示唆的である。

一七一八年から一七二〇年にかけて地中海で発生した危機は、一七三三年から一七三五年、さらに一七四〇年から一七四一年の時期とも関連しており、地中海に常設艦隊がいなかったため、イギリスの介入は遅きに失する傾向にあった。一七四一年、イギリスは地中海においてスペインがイタリアに艦隊を派遣することを、阻止できなかった。外交政策による関与、特に条約は南欧の場合、海軍力によって初めて担保されるという性格であった。しかし、政治家が考えたように速やかな海軍の動員と展開は、海軍においても戦争の準備が整っていなかったため実現できなかった。これは技術的な問題ではないが、前世紀から引きずっていた問題であった。この問題が発生したのは、先の陸軍司令官たちが重要な政治ポストを占めていたこともある。ジョージ一世、ジョージ二世、さらにスタンホープやハリントンらの国務大臣がそうだが、海軍出身者にはこうした政治家がいなかった。

さらに、政治的な期待に沿った有効な海軍戦略では、小艦隊が常駐し修繕を完全に行い、適切に食糧を供給できる地中海の基地を必要とした。ジブラルタルもミノルカも（それぞれ一七〇四年と一七〇八年に獲得。一七一三年のユトレヒト和約でイギリスに割譲）、どちらもふさわしくなかった。ジブラルタルは小さく湾の中にはスペインの砲火にさらされるところがあり、ミノルカはフランスのトゥーロン艦隊による攻撃に脆弱という状況で、どちらも穀物をバーバリ諸国（モロッコ、アルジェリア、チュニス、トリポリ）からの当てにならない供給に依存していた。イギリスは外交政策上必要とされた、地中海における好立地でよく整った海軍基地をみつけることができずにいた。また、この外交政策では連合国の陸上での兵力が効果的に用いられることを前提としていた。対照的に一九世紀および二〇世紀初頭の場合では、イギリスはマルタ（一八〇〇年から）とアレクサンドリア（一八八二年から）に有用な基地を有していた。

ロシアによるバルト海制覇の再開も、問題を多く生じさせた。海軍の行動は、英外交戦略の遂行上不可欠のものとみられていたが、しかし、海軍の意見は逆であり、ある政治家はこの点に関して次のように嫌悪感を示している。「サー・ジョン・ノリスは、その点について反対の立場である。現在彼は一七隻の戦列艦を保有しているが……威張り散らす人にありがちなとるに足らぬ男である」[22]。この批判は公平でない。ノリスはロシア艦隊を撃沈できたはずだといった期待は、ピョートル大帝が参戦に消極的だったため、しぼんでしまったからである。さらに、一七九一年の英露オチャコフ危機での主要目標が、イギリス商人の倉庫であったのと同様に、海岸部の都市を砲撃することは的外れな行為であった。実際のところ、とるに足らぬ男は閣僚たちのほうであり、彼らは間違った方向に交渉をもっていき、海軍ができることに十分な注意を向けられなかったのである。近代でも類似の状況がみられる。

外交界では海軍力に依然かなりの信頼がおかれていた。一九世紀のパワー行使を世界規模でみると、何人かの外交官は砲艦外交が完全に実行可能であるとみていた。一七一七年から一七一八年にかけて、イギリスはボローニャで教皇側に捕捉されたピーターバラ伯を救出するため、チビタベッキアの教皇港を砲撃しようとしたが、そのときと同じように一七二七年、スチュアート老僭王「ジェームズ三世」が、教皇領アビニョンに避難していた際にも、同じ考えを再び思い浮かべた。ジョン・ヘッジズはジェノバ政府との論争中に示唆している。「もしも一〇隻ないし一二隻ほどの軍艦を派遣すれば、グレイト・リップ（ハプスブルク家）以外にも世界中に人がいることを思い知るだろう」。リスボン駐在大使ジェームズ・オハラも、力による効果の強い信奉者であった。一七二九年、彼はポルトガルを説得すべきであると主張したが、それは「手荒な方法」つまり海軍による攻撃によるべきだと主張した。加えて、ポルトガルには同盟国がいないため、ジョージ二世が「この国を灰燼に帰すつもりである」ならば、誰もこれに介入できないと主張している[23]。

一八一五年からのイギリスの政策をみると、一九四五年と一九九一年以降のアメリカの政策と状況的に似ている。国際的対立に海軍力が制約されていなかったこの時代にあっても、現実のイギリス艦隊の用例は極めて慎重であった。むしろ、ロイヤル・ネイビーは海賊と戦い、密輸を阻止するということに用いられていた。多くの小型快速船が自海域を哨戒するために建造されており、一方、軍艦はカリブ海などで海賊捕獲に投入されていた。イギリスにとっての海軍力とは、海を監視するという理解であった。一六七〇年代から一六九〇年代にかけて、都市が襲撃されたときのカリブ海で展開された大規模な海賊攻撃は、一七一〇年代と比べればはるかに小規模なものであった。しかし、海賊行為が相変わらず横行していたのは、とりわけそれが利益の大きなものであったからである[24]。

さらに、イギリスにとって軍備と戦力の投入に関して最重要な要素は、依然として海軍力であった。一七二六年、イギリスがオーストリア、ロシア、スペインと冷戦状態にあったとき、海軍は実に効果的な力の用い方をしている。しかも世界のいくつかの地域で展開していたにもかかわらず、数的にも兵站上でも際立った動きを示していた。いかなる敵国もそこが同盟を組んでみても、この力にはかなわなかった。バルト海では英艦隊の影響で、ロシアによるスウェーデン攻撃が阻止されたが、それはスウェーデンとの同盟を全うするためであった。他方、自国海域ではスペインとオーストリアによるオーステンデ港侵攻を、艦隊による威嚇で防いでいる。カリブ海では小艦隊が、ポルト・ベジョでスペインの宝物船を妨害している。北方担当大臣のチャールズ子爵は、満足げに次のように書いている。

まことにこれは大英帝国の栄光と我が海軍の名誉を高め、国王陛下を大いに満悦させるものである。陛下の艦隊は、野心的で悪意に満ちた帝政ロシア皇后（エカチェリーナ一世）を牽制し、北方の平和に貢献する一方、西インド諸島ではスペインの宝物船を捕獲し、皇帝（カール六世神聖ローマ皇帝）およびスペインが南部の平和を乱すのを阻止している。第三艦隊が出航したとの知らせは、オーストリア領ネーデルラント（ベルギー）で、まさにこうした混乱が引き起こされていることの警鐘である。スペインは財政状況が相当に悪化しているが、それは派兵および海港都市の要塞化に関する出費ゆえである。[25]

海軍の高度な行動は翌年も維持された。一七二七年、イギリスはスペインが支援するジャコバイトの侵攻を恐れ、和平交渉において妥協しないスペインの姿勢に立腹し、カディス沖に強力な小艦隊を派遣し、さらにサー・チャールズ・ウェイジャーは、イギリスにスペイン艦隊が向かうようなことがあれば、これを撃破するよう命じられていた。[26]一七二九年、強力な小艦隊が準備され、スピットヘッドに駐留し、スペインに向け出航の準備を整えていた。[27]とはいえ、この艦隊はオランダ小艦隊による補強を受けていながら、出航することはなかった。そのコストに加え、行動と実効性の欠如は、反対派から嘲笑されるところとなった。[28]

こうした準備状況にもかかわらず、政府は慎重に行動を回避し、対決を刺激するような艦隊の常駐を中止している。一七二六年と一七三〇年、オーストリアのイタリア領には陸海とも攻撃はなく、一七二七年、イギリス船はバルト海から撤退し、長らくそこに再び出現することはなかった。一七二九年、タウンゼンドはウェイジャー艦隊の出航を見合わせている。実際に国家間が対峙しているような場合、海軍戦略とは海軍力がみせつけるある種の威嚇であり、ここでもまた近代との類似性が確認される。一七二九年七月一九日（旧暦）付けの「ウィークリー・メドレー」は次のように主張している。「出港せざる我が英国艦隊は、きわどい交渉よりもはるかに早く結論に向けて、物事を比類なく解決してくれる」。三年前、タウンゼンドと同僚の閣僚トマス・ニューカッスル公は、一七二六年のサー・ジョン・ジェニングス提督の小艦隊をカディスに派遣したのは、敵意を示すわけではないが、大きな効果を与えただろうと考えていた。「問題となっている海にその艦隊が出現するだけで、間違いなく警告を発することになり、今当該艦隊がおかれている不確実な状況において、考えうる最善の結果を生ずるであろう(29)」。

しかしながら、海軍力の実効性についてヨーロッパでは懐疑論もあった。マカートニー卿が一七九三年に北京を訪問し、乾隆帝に軍艦の模型を提供することになったとき、英国海軍の力に皇帝はさほど関心を払わなかったが、これは予想されたことであった。他方、ロシア軍の攻撃を恐れたプロイセンのフリードリヒ・ヴィルヘルム一世は、一七二六年にイギリス大使に語っている。「貴国の艦隊は、私には何ら益するところがない(30)」。パルマ公はジャコバイト派を率いてイギリスを怒らせたが、一七二八年、「イングランド恐るるに足らず。自分を捕まえにパルマまで艦隊が出てくるようなことはない」と喧伝している旨報告されている(31)。さらに、ジャコバイトおよびそのシンパは、一七二五年から一七二九年にかけての間、オーストリアとスペインに対し、イギリス海軍は自国海域の制海権を確保できないと説得し、イギリス侵攻の支援をさせようと試みた(32)。

近代社会では紛争に艦隊を用いないというまさにその考え方が、潜在的な力に神秘性をもたせ、外交手段としての価値を高めることになっている。しかしながら、このやり方はまた、海軍力に対して大衆に非現実的な期待をもたせることにもなり、特にスペイン帝国の一部を苦もなく奪えるとの話が長らく語り継がれるところとなった。こうした政策がもしも計画されて実行に移されていたならば、その作戦の兵站上の困難は疑いようもない。また、原始的な国家と陸海の戦争をしていたならば、スペイン領西インド諸島の強さを再検討しなければならなくなり、大衆としても海軍戦略に対する姿勢を改め直すようになっていただろう。イギリスにおける国内事情とは対照的に、スペインやその所領の西インド諸島では整合性のある公共政策を有しない。イギリスにおける大衆の姿勢には、海軍力とシーパワーを維持するブルーウォーター（外洋）戦略に対して変わらぬ信頼があった。他方、政府には一七三〇年代まで維持された海戦のリスクとコストに懐疑的、消極的な姿勢が存在していた。他国の海軍がもつ力と計画への恐怖が、イギリス国民の期待を醒ますまで、一九世紀末にもこうした状況は繰り返されることになる。近年ではこうした期待は、エアパワーのほうに集まりつつある。

ブルボン朝との戦い（一七三九～一七四八年）

二〇〇〇年代初頭に中国・ロシアとアメリカとの関係が悪化したが、それに似て一七三一年に英仏同盟が崩壊すると、イギリスにとって海軍をめぐる国際関係は突然変化した。海軍の戦闘能力は政治情勢に依存するからである。すぐに現れた反応は、ジャコバイトを支援してフランスが侵攻してくるという戦争の恐怖であった[33]。長期的な結果として、仮にフランスとの協議が不調に終われば（ありそうなことだが）、海軍の優勢と戦略的安全保障の観点から、フランスとの戦争が必須であることは明らかであった。強大な陸軍をもたないためイギリスは危険な状況にあり、侵攻を防ぐため自国海域に艦隊を温存しておく必要があった[34]。この状況ゆえに、フランス海軍の壊滅は高くつくとみなされるようになった。これに軍は屈辱と不満を感ずるようになっていき、結局この政策は失敗に帰する。しかしながら、帆船時代の海軍運用の本質は、消極的な敵を劣勢のまま戦わせる点にあった。

フランス艦隊の存在は、相変わらず大きな影響力をもっていた。一七四五年、チャールズ・エドワード・スチュアート（ボニー・プリンス・チャーリー）の率いるジャコバイトが、スコットランドやイングランドに侵攻した時点では、戦略的に致命傷となるおそれもあった。このフランス艦隊の存在は、海洋大臣モウレパスの下で一七三〇年代に編成が進んだ結果であり、一七四四年にイギリス海峡および地中海でチャンスがあったにもかかわらず、イギリスがフランスを打ち破ることができなかったのは、この艦隊ゆえであった。ロックフォールシュ率いるブレスト艦隊は、予定されていたイングランド侵攻を支援するべく、イギリス海峡に進出した。一方、イギリスによるフランス艦隊の迎撃は嵐のせいで挫折する。しかし、この嵐は双方の艦隊に損害を与え、さらにイギリス海峡付近の港湾に停泊していた侵攻用の輸送船も沈めてしまった。

一七四五年の時点ではフランス海軍は強大な存在感をもっており、そのためイングランド南岸へのフランス軍による上陸の危険性は、依然として大きかった。一七四五年八月、ニューカッスル公の個人秘書アンドリュー・ストーンは次のように記述している。「イギリス海峡に早く強力な小艦隊が来てくれればと思う。しかし、よくわかっているつもりだが、頼りになる艦隊の配置はいつになるかわからないし、かなり遅れているので当てにはできない」。同年一一月、エクセターの牧師スティーブン・ウェストンはいう。「したがって、北東風か北西風が吹いてフランスの西岸部の港を壊滅してくれるよう、祈らねばならない。南東風か南西風では敵を乗せてきてしまう。同時に我が友軍の助けを控いてしまう」[35]。このような恐れは一部実現することになる。カンバーランド公による撤退中のジャコバイト追跡は、イギリス海峡を越えて敵が侵攻してくるかもしれないという恐怖で、束縛を受けることになったのである[36]。

しかし、イギリスは自国の東岸に部隊を配置したり、あるいは撤収したりするのに北海を移動させるというように、海を利用することを当然視できた。そこから陸軍の大半が外国に出払っていても、侵攻に発する多くの問題を回避し、イギリスの南北両海域ですぐにその存在感を示すことが可能であった。イギリスの海軍力はまたもフランスによる侵攻計画を阻止することとなったのである。[37] 一七四五年の危機に匹敵するような事件は、二度と勃発することはなかった。その後一七五九年、一七七九年、一八〇五年のフランスによるイングランド侵攻計画では、もはやイギリス国内からの親仏的活動はみられなかったため、戦略的状況は先のときとはかなり異なっていた。

オーストリア継承戦争の残存期間に（イギリスの場合一七四三～一七四八年）、低地地域における同盟軍側のはかばかしくない戦闘進捗状況と、増大するイギリス海軍の優越性との格差は明らかであった。この結果、スペイン継承戦争中の状況とは対照的な、大陸での敗北を埋め合わせる海軍への期待感が膨らんでいった。この期待が海軍に新たな政治戦略的な負担を生むようになるが、今度は海外の権益を確保する意味で、海軍に期待がもたれるようになったのである。これは強大な海軍と陸軍を海外に派遣しうる、自国海域とヨーロッパ海域の覇者に必要な義務ともいえる。ある意味でこうした考え方は昔から存在しており、伝統的な国民の海軍力への楽観的な評価を反映している。しかし、海軍への政治的必要性という点では、その起源は一七四五年に発する。一七四二年から一七四三年にかけてみられた、大陸でフランスを散々に撃破するという期待は、特に一七四三年のデッティンゲンの戦いでの勝利以後、フランスを陸戦で破ることは困難であるという現実的認識へと転換していった。こうした状況は一七九五年から一八〇二年、さらに一八〇三年から一八一二年におけるイギリスによる対仏政策の前兆となるものであったが、ヨーロッパでの惨禍を認識したにもかかわらず、フランス植民地を征服できるという期待の前にその認識もかき消されていった。

一七四五年、サー・ピーター・ウォレン率いるイギリス軍艦の支援を受けた、ニューイングランドの入植者勢力に対し、フランスはケープブレトン島とそこにあったルイスバーグ海軍基地を失った。和平条件の一部として戦争前の状態に基づき、オーストリア領ネーデルラント（ベルギー）におけるフランス権益と交換する、という提案がすぐに出された。その結果、ケープブレトン島防衛に向けた、海軍の戦略的、政治的負担が強調されるようになった。そして、その負担の問題は翌年にフランスが再びこの島を奪還しようともくろんだ際に顕在化した。[38] 一七四六年、ニューカッスル公は次のように不平を鳴らしている。

彼ら（フランス艦隊）が北アメリカに行ってそこを征服すれば、我々には平和も戦争もいずれの手段も失われることになるだろう。フランスがひとたびケープブレトンを奪還するか、ニューファンドランドないしノバスコシアを奪ってしまえば（両方ともケープブレトンに匹敵する）、フランスから平和を買うという手段は、我が手中にはもはやないのである。[39]

しかし、アンヴィルの小艦隊は、悪天候による座礁と病気で悲惨な目にあってしまう。[40] 一七四七年からイギリスは、イギリス海峡西部に軍艦を増派するようになるが、それは海戦における帰趨を決するうえで極めて重要であることが判明する。一七四七年五月三日、副提督ジョージ・アンソンは、ケープ・フィニステレ沖でラ・ジョンキエールを破る。アンソンは一四隻の戦列艦を率いて、長期間にわたってケープ沖を航行し、新世界と東インド諸島に向かう船を護衛する命令を受けたフランス艦隊を待ち伏せした。フランス側は帝国の商業的、政治的制度を維持しようと思えば、自国艦隊をブレストにおいておくことができない状況にあった。フランス軍はケープ・フィニステレ沖において、艦船数で完全にひけをとった。単縦陣で戦うのでなく、アンソンは艦長らにフランス軍をできるだけ引きつけ、その後で個々の戦闘行動に出るよう命じ、さらに夜陰に乗じて逃げないようにした。フランス軍艦は捕獲されアンソンは大いにその名声を高め、爵位を授けられた。[41]

一七四七年一〇月一四日、エドワード・ホーク少将は、第二次ケープ・フィニステレ海戦で華々しい勝利を収める。西インド諸島との交易再開に気を取られていたため、マルキ・ド・レタンデュエール率いるブレスト艦隊のうち、八隻の戦列艦が大船団の護衛で出帆しており、ホークは軽砲装備の一四隻の戦列艦でひたすら迎え撃った。イニシャティブをとったことでイギリスは優位に立ち、個々のフランス船に激しい集中砲火を浴びせるため、窮屈な単縦陣をとらなかった。フランス船のうち六隻が降伏を余儀なくされ、さらに四〇〇〇人の兵士を失うと、決定的に海洋力に制約を受けることになった。[42] この勝利をニューカッスル公は次のように回想している。「あらゆる困難が議会で危惧されたものだが、それもこの勝利で打ち消されることになるだろう。フランスのプライドは多少傷つくが、これで同盟軍も大いに鼓舞されるだろうし、防衛と支援のために同盟側が進んでその任を引き受けることを、国王陛下もご覧になられるだろう」。ニューカッスル公はまた、この勝利によってジャコバイトが再び侵攻を企てるような望みも、これで絶たれただろうと確信をもった。[43] フランス艦隊は、仏領植民地に向かう船団を護衛することはもはやできなくなり、このためフランスの帝国主義制度そのものの根幹が破壊されるようになってしまった。

海戦でのイギリスの勝利は、一七四四年から一七四五年にかけてみられた侵攻の脅威や、一七四六年のケープブレトン喪失といった危惧を打ち消した。そして、完全に異なる政治的、戦略的、外交的な状況を生み出していった。戦争初期に特徴的であった海軍政策をめぐる怒りに満ちた議論は終息し、第四代サンドウィッチ伯も一七四七年一一月に次のように書いている。「我が艦隊に大いなる名誉と支援が存在するのは、明白である」[44]。

海軍は輝かしい成功で戦争を終結させ、同時にユトレヒト同盟諸州（ネーデルラント）にフランスが侵攻するようなことは、イギリスの同盟政策と大陸への軍事的関与ゆえに不利益であると、十分得心させることになった。ニューカッスル公は一七四八年初頭に、別の海軍による成功について記述している。「我々にも無念はあるが、しかし敵にもそれはある。彼らの通商は今日まったくもって破壊されてしまったのである」[45]。たとえば、フランス産ワインは一七四八年になると、ベルリンで大変な欠乏をきたすようになった。イギリスによるブルボン王朝の通商に対する圧力は、世界規模のものであった。一七四三年六月二〇日、世界を周航していたジョージ・アンソンは、宝物を積んだマニラからのガレオン船ヌエストラ・セニョーラ・デ・コバドンガを、フィリピン沖で捕獲した。アンティグアのイングリッシュ・ハーバー（一七二八年より海軍基地として発展）を拠点とする軍艦は、一七四六年とその翌年にかけてマルティニーク島の封鎖に成功し、一七四八年冬にはジョージ・ポコック提督が、西インド諸島で三〇隻の商船団を捕獲している。

私掠船は民間人に敵商船捕獲の権利を与えるものだが、一八五六年までは違法とされておらず、愛国心と利益の混ざった性格のものであった。事実、一七〇二年から一七八三年にかけての間に、イギリスであがった拿捕船数は六六〇〇隻以上であったが、そのうち約半数が私掠船によるものであった[46]。私掠船による利益で潤うことは重要であった。英植民地の商業者同士の間から、帝国の戦争を支援することになったからである。スペインの植民地貿易は一七三九年から打撃をこうむるようになった。他方、ブルボン王朝の私掠船による襲撃から、イギリスの通商を保護することも必要であった。一七四〇年代にイギリスの通商は脅かされるようになるが、それはスペインとフランスの双方からであった。カロライナやチェサピークとの農産物貿易や、特にカリブ海の損害が甚大であり、一七四七年と一七四八年におけるブルボン王朝の私掠船によるデラウェア岬沖での襲撃によって、フィラデルフィアとの貿易は中断を余儀なくされている[47]。多くの私掠船を生み出した私的事業と、一七四〇年代にカリブ海の海賊にほとんど成果を出さなかった国家の戦争とは、その対照性が際立っている。しかし、イギリスは通商を戦争に使うという点では、敵国よりもはるかに抜きん出ていた。

一七三九年から一七四八年にかけて勃発した戦争は、イギリス海軍が有効な戦力と行政管理を有し、この実効性がヨーロッパのみならず、それ以外の海洋でも当てはまることを実証した。西インド諸島では、一七四一年のカルタヘナの水陸による大規模な遠征のせいで、イギリスは成果を出せないままにいた。それは食糧供給の問題に直面していたからで、行政的な失策というのではなかった。西インド諸島で活動する難しさは、目新しいものではない。とはいえ、戦争がもたらした大きな変化は、カリブ海で展開する海軍力の規模にある。つまり、必要とされる供給量がかつてとは著しく異なってきたのである。カリブ海での艦隊に対し海軍本部は、適切な人員を配置しておくことに失敗した。それは配置上の問題が全般的にまだ解決できていなかったことを反映しており、この問題は疾病の影響によって一段と悪化した。傷病委員会では要求を受けたあらゆる医薬品を供給するのと同時に、海軍本部も新しく病院を建設することに同意している。疾病に関しては、病気の本質がたとえよく理解されていなかったにせよ、当時の医療水準としておよそ考えられるだけの内容で手当てされていた。船団の護送方法が貧弱であってもそこで人々は、生ずる困難をうまくやりくりするのが普通であった。一般的に西インド諸島におけるイギリス船は、その任務を十分果たすことができ、海軍本部が突きつけた試練にも十分耐えることができた[48]。

さらに、ジャマイカとアンティグアの海軍基地を改修すると、そこは海洋政策を補強するだけでなく、大規模な水陸両用作戦向けの基盤を提供することにもなった。海軍基地が提供する補給と改修用の施設は、海軍力を維持するうえで重要である。しかし、それは特に組織的な動きの一部として、自然に償却していくものであるため、施設を建設して維持するのは困難な事業である。大半の戦列艦の寿命はおよそ一二年から一七年であるが、この場合寿命とは就役からいくらかの最低限度の補修が必要になるときまでをいう。しかし、船は様々な要素の複雑な組み合わせから成っており、まず材木の伐採から始まって、その保管、造船方法、気象条件、船の運用方法、補修中の手当ての仕方など、色々な条件が船の寿命および必要と思われる補修作業の量を決定する。

一七四九年、カリブ海で損害を受けた活動を含め戦争が長引いた結果、良好な状態にある艦隊が相当数減ってしまった。しかし、ドックでは修繕と交代の必要に迫られても、それに対応することができなかった。この問題は一七五〇年代初頭に克服されることになるが、新しく造船するのに民間部門を利用することで、特にこの点は解消していく。長期的には、周期的な遅延という問題は、インフラの整備と造船法の改良で減少していった(49)。

海軍の人員を定常的に適切に戦力とすることもできていなかった。海軍の実効性は、ひとたび動員が下された場合に、船上でいかに戦闘チームをつくれるかで測られる。常設的な海軍は艦船と士官、それに水夫から構成されていたが、相対的に水夫の数はかなり少なかった。確保される船員の比率は、結果から考慮されて提案されるわけではない。一六九六年の登録法では水夫の志願について定めているが、実効性に乏しく一七一〇年に廃止されている。その後立法化しようとしたが、抵抗を受けている。志願兵を登録することは重要であるものの、一八世紀半ばにおける未経験の水夫のうちほぼ大半が志願兵であり、海軍における戦時戦力の三分の一近くを構成していた。海軍の徴兵は依然として強制徴募に頼っていた。法律によってこのやり方は、専門の水夫にのみ適用されることになるが、それも乱用や恣意的な運用が目立った。さらに深刻なことに、この制度はごく一部が成功したにすぎなかった[50]。多くの場合海軍の準備と活動は、水夫たちの不足により苦しめられた。しかしながら、兵役の期間が戦争終結までであった時代に、徴兵を魅力的にすることの難しさを考えれば、また、海軍には何の訓練機関もない状況であってみれば、おそらくそれより上手な選択肢もなかったことだろう。

海軍力とイギリスの政策（一七四九〜一七五五年）

一七一六年から一七三一年にかけて結ばれていた英仏同盟にみられるように、オーストリア継承戦争後のイギリス海軍の潜在力は、その大部分が列強外交の問題に帰せられる。フランス・スペイン関係の悪化は、一七五二年にオーストリア・スペインのアランフェス条約へと展開していくが、それはその後の七年戦争（一七五六〜一七六三年）におけるイギリス海軍の勝利の背景として、最も重要な要因であった。その結果スペインは、一七六二年まで中立を維持することになるからである。こうして先の戦争でイギリスの柔軟性を制限していた海軍内の対立という問題は、決定的に変質を遂げるようになった。そして、それはフランスが最終的にアメリカ独立戦争でスペインの支援を勝ち取る、その決定を説明する際の重要な変化となった。イギリス政府は新たなオーストリア・スペイン連合に対して、海軍による支援を申し出ている。南方担当大臣ホルダーネス伯は次のように書き残している。「国王陛下の海軍で、この強大な連合を支援するというまさしくこの考え方こそ、大きな圧力と制裁を敵に加えることになるのである」[51]。しかしながら、この同盟関係をイギリス外交の成果に帰するわけにはいかない。

一七四九年から一七五三年にかけてイギリス外交の関心は、もっぱらオーストリアとユトレヒト同盟諸州とのいわゆる「旧同盟」を改善することにおかれていた。とりわけマリア・テレジアの息子（後にヨーゼフ二世）に王位を継承させることが主眼であった。この問題は、オーストリア領ネーデルラントの問題を決着させ、またドイツ諸国の大半を構成する同盟制度を築き、オーストリアとハノーバー朝に対するプロイセンの攻撃を和らげることで、解消するはずであった。基本的に海軍力は、この外交戦略にとって必要ではなかった。特に、イタリアにおけるオーストリアの防衛と攻撃に関する利害は、一七〇〇年代と一七一〇年代、一七三一〜一七三三年、一七四二〜一七四八年にかけて同盟が実効的に機能していた期間中、イギリスとオーストリア関係において重要な役割を果たしたが、それも地中海での英海軍による支援があったからであった。しかし、スペインとの和解によってこうした問題も決着された。とはいえ、イギリス政府は艦隊の力が大陸の列強に及ぼす影響を確信しており、それは圧倒的な海軍力を有するイギリスが、常にもっていた考え方であった。海軍論者が繰り返しその考え方を主張していたのは、もちろんである。一七五三年、ニューカッスル公はウィーン大使ロバート・キースへ書簡を送っている。

平和の時勢において国王陛下の艦隊（多大な犠牲を払ったが）は、かつての状況から立ち直りつつあります。国王の海軍が有する優越は、先の戦争で大きな効力を発揮し、平和をもたらすことになりました。平和の維持にはこの艦隊を維持していくことが、いかに不可欠で有効であるかが示されたことと思います。

これにキースは律儀に返事を書いている。オーストリア宰相カウニッツ伯は、「国王陛下のロイヤル・ネイビーが良好な状態にあり、あらゆる局面で我々に海洋の優位を約束してくれると聞いて、たいそうお喜びになりました。伯爵はわが海軍の重要性をよく認識されておられる。また、昨今の平和をもたらすのに、それがいかに多くの貢献を果たしたか、さらに、我が艦隊を保全しておくのがいかに不可欠で重要なことであるか、こうしたことについてもよくご存知です[52]」。現実には中欧と東欧の列強（オーストリア、プロイセン、ロシア）は、イギリス海軍にさほど感服も関心も示しておらず、それどころか、列強相互間の実力を過信していたため、イギリス海軍の能力を再評価しようともしなかった。

海軍力は明らかにバルト海において重要であり、そのためイギリスはバルト海外交で中心的役割を果たすようになった。特に、一六五八年と一七〇〇年のデンマーク・スウェーデン間の戦争や、一七一五年から一七二一年にかけた大北方戦争における最終段階、あるいは一七二六年から一七二七年にかけてもそうであった。一七一六年、ロシアとデンマークによるスウェーデン侵攻を、イギリス海軍が支援する可能性があった。一七四七年にはロシアのスウェーデン攻撃に際し、ロシアはイギリス海軍の支援を強要したが、イギリスが「バルト海に小艦隊を派遣」すれば、ロシアは「フィンランド側からスウェーデンを攻撃するだろう」と、ヒンドフォード卿は報告している。政治的な側面支援として、対私掠船作戦で海軍力を行使する可能性に関し、ヒンドフォード卿はバルト海にフランスが私掠船を派遣すれば、大北方戦争中の一七一五年から一七一六年にかけてスウェーデンで実際に発生したように、それは偽装工作であると続けている。彼は後年次のように記述している。「ロシア宮廷には、スウェーデンから王位継承者とすべてのフランス追随者を駆逐しようという心積もりが大いにあると私はみている。ロシアを支援して、陛下がバルト海にわずか五、六隻の軍艦を派遣してくだされば、女帝陛下のロシアも事に着手してくださるだろう[53]」。

とはいえ、バルト海における外交手段としての英海軍力の限界は、ピョートル大帝の一七二〇年と、さらに一七九一年にも、海軍による攻撃の脅威に直面しても、ロシアがこれに譲歩しなかったとき表面化することになった。一七四七年にロシアはスウェーデン攻撃に出るとみられていたが、それはイギリスが数隻の軍艦さえ派遣できないからであった。神聖ローマ帝国（ドイツ）の場合、バルト危機が終息すると一七五〇年にそこは外交活動と思惑の拠点となっていったが、英海軍力はほとんど存在感を示せなかった。一七五三年、パリに駐在するプロイセンの外交官は、フリードリッヒ大王に対して、イギリスとの海戦は恐るるに足らず、ハノーバー（イギリス国王のドイツの出身地）選帝侯の陸上攻撃のほうがむしろ脅威であると報告している。[54]この著しい格差ゆえにイギリスはこうなった。

事実、ドイツ外交においてイギリスは、海軍力を前面に出したり、脅威を与えたりすることはせず、財政的誘引や利益の共有といったことに比重をおいていた。イギリスの閣僚や外交官らは、オーストリアとロシアに軍事的支援をほのめかし、特にもしもフリードリッヒ大王がハノーバーに侵攻するようなことがあれば、両国にもプロイセンを攻撃するよう示唆している。そこには海軍力に値する役割はなく、たとえば一八世紀前半にみられたような、イギリスとピエモントの協調体制を維持していくといった、重要な役割は存在しなかった。[55]

イギリスの閣僚はそれでも海軍力の重要性を確信し続けていた。しかし、ブルボン家の植民地と海軍行動に対抗する適切な措置をとりそこない、彼らはしばしば非難されていた。実際、フランスとスペインは、オーストリア継承戦争後も、さらに七年戦争後も、その艦隊数を大幅に増大させていた。反対派はこうした流動的な状況を利用して、国益を保護することに政府は失敗し、これはその証拠であると主張した。さらにまた、大陸外交への過剰な関与が招いたものであると、補足的に批判を加えている。一七四九年九月九日付けの『リメンブランサー』（*Remembrancer*）紙はいう。「ヨーロッパにおける諸列強に、我々は完全に消耗してしまったし、まったく関与できなくなってしまった。我々が戦ってきた大陸での勢力均衡は泡と消えた。

世界的な通商と航海や海洋の主権が、我々の基本目標であったはずだ」。こうした文章は野党の政治家からも発せられており、一七四九年にバーノン提督は、サー・フランシス・ダッシュウッド（同僚の国会議員）宛の書簡で次のように記している。

私はこの国の運命が、速い時代の流れに引き込まれているような気がします。フランスがイギリスに対して優勢な海洋パワーをもつようになれば……フランス人がそう思うようになれば、その最初の一撃は、豊かな砂糖を産出する植民地からの収奪になりましょう……その自然な成り行きとして、同じようにイギリスに帰属するアメリカ植民地も失うことになりましょう(56)。

反対派がいかなる批判をしようとも、現実の政権はフランス海軍の展開を注視しており、ゆえにフランス海軍はイギリス人スパイの格好の目標であった(57)。一七九〇年代と一八八〇年代、一九三〇年代の状況を考えてみると、イギリス海軍は要求に対してすべて等しく対応するわけではない、という認識があった。しかし、ニューカッスル公が一七五三年にハーグ駐在の外交官ジョセフ・ヨークに書簡で述べているように、「国王はフランスの地位が保全されるようなことは、お許しにならないでしょう。戦争になった場合でも、陛下の艦隊は世界中どこであれ、優越性を示しているのですから」という状況にあった(58)。

七年戦争（一七五六〜一七六三年）

七年戦争でイギリスは先の同盟国と袂を分かち、唯一プロイセンとだけ同盟を結んで戦った。外交的には失敗であったものの、これによって海軍戦略は同盟政治から解き放たれることになった。もっとも、バルト海に向け海軍力を介入させるよう、フリードリッヒ大王から強い圧力が加えられた。大王はこれでロシア・スウェーデン両国とイギリスに戦争をさせようと、もくろんでいたからである。大王の要求はカンバーランド伯により支持され、一七五七年、閣僚の一人ホルダーネス伯に次のような書簡を送っている。

このようなことをいうのは残念ですが……三つも大艦隊が派遣されるとは(すなわち、西部、地中海、ホルボーンによる北米への増強)。フランスからの確度の高い情報によれば、フランス海軍との遭遇はどこにもない模様です。この三つの艦隊からほんの少しを割いて小艦隊をつくれば、北方(北欧)における国王陛下の存在感を回復できたでしょうに。北方でのフランス軍の規模が優勢であるのは、あまりに明白です。

ただ、ホルダーネス伯の答えは、外交上の義務の前には海軍の優先順位を二の次とし、また、水夫の数を重要問題として考えなければならない、というものであった。さらに、ホルダーネス伯はフランスの海軍力とイギリスの海軍力を、特定の分野で均衡させる計算に没頭していた。そして、その計算は一七八一年に北米での戦争において、イギリスへの致命的結果となって終わった。

バルト海に強力な小艦隊を送る効用は、日々いっそう明らかになっています。しかし、それに必要な、追加の人員が確保される見込みが大いにあると、思わせぶりなことをいうつもりはありません。トゥーロンからの最新の情報を信用するのであれば、四隻はアメリカに派遣されているはずでいないのですから、そこに停泊している戦列艦はわずか八隻です。そうなると、地中海に向かう（イギリス）海軍の軍艦も、数を減らしていいと思います[59]。

この分析は、スペイン継承戦争やオーストリア継承戦争、四カ国同盟戦争（一七一八〜一七二〇年）からだいぶ時間がたっている。当時は、イギリス海軍が重要な政治戦略的関与を果たしたときであった。すなわち、イタリアでの同盟計画をさらに深化させるべく、地中海西部での支配と、スペイン継承戦争でスペインの支配を目指していた時期である。七年戦争中はこうした関与がまったくなかったので、イギリスはその海軍力をフランスに集中できるようになった。また、海軍の整備と政策に関する議論は、海軍力をいかにフランスに向けて行使できるか、という観点からなされるようになった。大陸での問題点はほぼ皆無に近い状態にあった。一七二〇年代、政治家たちは基本的に海洋問題を抱えていないオーストリアとロシアからの行動に対し、英海軍が影響を及ぼせるかどうかをめぐって議論していた。七年戦争とは対照的に、中心的課題は海軍力の直接的影響という点におかれた。ナポリやリガを砲撃することが、政策に影響を及ぼすかどうかを検討するのでなく、特定のフランス植民地を獲得するための現実的意味合いを議論することが、可能となったのである。作戦の実現に向けたこうした変化によって、英海軍力の本質と可能性をより楽観的に評価できるようになったとしても、驚くに足りない。

今までの戦闘に比べて七年戦争では、イギリス海軍の水陸両用作戦がうまくできるようになった。それだけでなく、その活動と勝利が特にイギリスの合目的性を促すためのものであると、明確に規定されるようになった。次第に影響力を増す世論との関連で海軍力が論じられるようになると、合目的性ということが極めて重要な意味をもつことになった[60]。七年戦争中のカナダ沖での海軍作戦の支持率の高さと、オーストリア継承戦争中の地中海での作戦との対照性は明らかであり、それは果たした役割の成功度を比較してみるまでもない。七年戦争のうち不首尾、ないし部分的成功にとどまった作戦のうち、イギリス国内で支持が低かったのは、ヨーロッパでの作戦であった。それとは対照的に、植民地での作戦は概してはっきりと国益に沿うものであるとみなされていた。

結果的にこうした作戦において、イギリスは連合国の意見を聞かなかったが、この点は重要である。スペイン継承戦争と四カ国同盟戦争では、植民地での作戦に関して相談しなければならなかったからである。しかし、連合国の意見やハノーバー侯の利害に屈することでこうむる被害は、ヨーロッパでの作戦の社会的評価をしばしば損ねてきたが、七年戦争以後はそれがなくなった。この状況は当時も、あるいはたとえば後世一九四〇年のイタリアとの海戦でもみられたように、イギリス海軍の活動を国民が支持し、政治的支援を促すうえで極めて重要である。アメリカ海軍は一九四一年から一九四五年にかけての日本との戦争で、連合国に依存せず戦ったとみなされている。そこから得られた利益は、対独戦略が当事者間で論争が絶えない性質であったことと対照的である。

それゆえ一六八八年から一七六三年にかけての、外交的、戦略的緊急性を反映したイギリス海軍による関与には、大きな変化が出現している。そして結果的に、海軍力への期待を形成する政治状況にも影響が出ている。ヨーロッパからの撤退によって、海軍力の行使をめぐって異なる政治状況が生まれると、ロイヤル・ネイビーの政治的、海軍的な能力と弱点にも警鐘が鳴らされることになった。海軍は常に国民的な評判、あるいは政治的評判によって支えられてきたが、それには連合国からの支援もある程度必要であり、この点で陸軍とは対照的であった。オランダの海軍力が次第に弱体化していくなかで、その傾向はいっそう促進されていくことになる。七年戦争の頃にはこの傾向はさらに強まり、戦後の海軍の行動はただ、イギリスとブルボン家の関係においてのみ想定されるようになり、また海洋での保護を支援する計画に主眼がおかれるようになった。海軍は実に英国的とみなされたが、それはその組織のみならず、目標においてもそうであった。ただ、もしも海軍力を行使したとしても、ピョートル大帝にスウェーデン占領地の返還を迫って失敗したように、オーストリア、プロイセン、それにロシアによる、第一次ポーランド分割（一七七二年）も防げなかったであろうし、オチャコフ危機（一七九一年）の間ロシアを脅迫しても結果は同じであっただろう。しかしながら、海軍は国民が国家目標とみなすことを支持するために設計され、また通常は国家目標のために用いるべき武力であると、明確に認識されるようになった。国家目標とは、すなわちイギリスおよびその植民地の安全保障、それに海洋覇権を意味した。

海軍の優越を確保、維持するためには、巨額の支出もいとわないイギリス国民の意思は、政治状況から説明することができる。これに対してフランスとスペインではそれに類する考え方はなく、またそれを支持する国民も存在しなかった。イギリスではこうした意思が存在したことから、新造艦や艦船の維持、ドック、さらに装備への出費に対する説明も可能となる。現実的にこれが作戦運用と戦術的効果における進歩を促す、持続的な支援体制となった。また、こうした政治状況から、海軍におかれている目標も説明可能である。

イギリスのグローバルな勝利は海軍力に依存していた。一七六二年には海軍はおよそ三〇〇隻の艦船と八万四〇〇〇人の人員を抱えていた。その規模は政治的な支援や、商船保有数、人口、経済、財政規模の増大、さらに七年戦争中の大幅な造船計画などの要因を反映したものであった。商船保有数が多かったおかげでイギリスは、フランスよりも訓練された船員を多く抱えることができるようになり、その後多くの軍艦を展開できる結果となった。一七五〇年代の海軍委員会は、必ずしも改革を歓迎しないときもあったが、海軍はリーダーシップも強かった。熟練した手腕をもった提督ジョージ・アンソンは、一七五一年から一七六二年にかけて海軍卿を務め、他方、ボスカーウェン、ホーク、ポコック、ロドニーらの提督は、勇敢で能力の高い司令官であった。フランス船の優越性は、イギリス人の卓越した操船技術の前に圧倒されるようになっていった。

海戦

かつて戦争でイギリスは敵艦隊を撃滅する必要に迫られていたが、それはフランスとスペイン両国が、その海軍力を増大させていたためであった。一七四六年から一七五五年にかけてフランス・スペイン両国とも、全部で排水量約二五万トンの艦船を新規に就役させている。これに対してイギリスは、新造艦はわずか九万トンしか就役させておらず、ブルボン家による共同勢力の前にかつての優位を失いつつあった。イギリスにとって幸いであったのは、スペインが一七六二年まで参戦せずにいたことで、その時分にはフランスは海戦で敗退しており、およそ五万トンの軍艦をイギリスに対して失っていた。敵船の捕獲や新造艦のおかげで、一七六〇年にはイギリス海軍は排水量で約三七万五〇〇〇トンを保有しており、その当時それは世界最大の規模であった。しかし、敵国の連合海軍力は潜在的に侵攻の危険性をはらんでおり、そのためイギリスはブレストを中心とする主なフランス海軍基地を封鎖する必要性に迫られていた。幸い海上で食糧の再補給を受ける技術が向上し、さらにトーベイで給水施設が改善されたため、封鎖も可能となった[61]。

当初海戦はイギリスに不利に展開していた。一七五五年、ボスカーウェンはカナダに増援に向かったフランス艦隊を撃退しそこなった。一七五六年、大いに屈辱的なことに、フランスはミノルカの英地中海植民地の侵攻に成功し、他方、英艦隊の大半はそのとき自国海域にあって、フランスによるイングランドへの恐るべき侵攻に備えていた。イングランドはこうして停泊中の護衛船団のようになっており、提督たちはもっぱら防衛に当たっていた。ただ、護衛船団と違って影響は戦術的にとどまらず、戦略的な広がりをみせた。自国海域における海軍力への懸念ゆえに[62]、ビングに率いられた一〇隻の戦列艦隊だけが地中海に派遣された。ジブラルタルから三隻を増強してビングは、五月二〇日にミノルカ島南東三〇マイル付近で、ラ・ガリソニエール指揮下の同規模のフランス艦隊に攻撃を加えた。戦闘は決着がつかない状態であったが、フランス側が撤退した。ビングは自国にこの攻撃に増援を迫ることもなければ、フランス軍を追撃することもしなかった。その代わりジブラルタルに退くのだが、この結果、ミノルカ島セントフィリップ要塞の英守備隊は攻撃を受けて降伏してしまう。これを受けて政治家たちは激昂し、政府は非難を浴びせられ、ビングは軍法会議の結果銃殺刑に処せられてしまった[63]。こうした処罰は、勇敢なリーダーシップを植えつける効果的な方法と信じられていたのである。

一七五七年、イギリスはケープブレトン島のルイスバーグ攻撃を計画した。しかし、それは放棄されたうえ、フランスのロシュフォール港への襲撃も失敗している。ただし、フランスの通商は、ヨーロッパ海域と遠方海域の両方でイギリス軍艦によるたび重なる圧力を受けていた。たとえば、メキシコ湾ではニューオリンズに向かう船の大半が捕獲され、この結果、仏領ルイジアナは弱体化していった。中でも特にアメリカ先住民の間で不満が高まったことから、その傾向は一段と顕著になった。彼らがフランスを支援する動機は交易品にあったが、それがほとんど与えられなくなってきたからである。

一七五八年、イギリス海軍の能力が攻撃的軍事力とフランスへの通商制限の両面で、存分に示された。ルイスバーグは水陸両用作戦で陥落し、他方、チャールズ・ホームズ司令官はエムス川を遡行して、エムデンのフランス守備隊への供給を遮断した。この結果、フランス軍は撤退し、それがイギリスにヨーロッパ大陸での上陸港を提供することとなった。その後ホームズは、ドイツにおけるイギリス軍の部隊展開を支援している。フランスの通商は一七五八年末までに枯渇し、一方でイギリス海軍による捕獲船舶数の増加は、大半の欧米海域でのイギリスによる優位をみせつけることになった。

ヨーロッパ海域ではイギリス海軍が執拗な圧力を加え続け、それに対して個々のフランスの軍艦は脆弱さをさらけ出し、さらにその累積的効果でフランス海軍は弱体化していった。イギリスが捕獲した多数の軍艦は英海軍に組み入れられ、それが海軍力の均衡に影響を及ぼすうえで大きな役割を果たすようになった。この組み込みがイギリス海軍の性格を変えていくことになり、ブルボン家の大型二層船をまねるようになる。これは小型の三層船（八〇～九〇門艦で一八世紀初頭には極めて重要であった）よりも機動性に富んでいた。艦砲の高さは決定的に重要な要素であった。小型の三層船では風に逆らって攻撃に出る際、低層部分の大砲を使えないことが多かったが、それは艦砲があまりに水面に接近しすぎるせいであった。同じ問題は小型の二層船でも発生しているものの、それは規模の割に多くの火砲を装備できたので、護送艦としては有効であった。新造艦は帆船としても機能が向上し、火砲の威力も増している。また、機動性が高く、単縦陣での激しい砲戦時にも持ちこたえられたのは、長距離砲撃を好んだフランス海軍とは対照的に、接近戦を好んだイギリス海軍にとって有利であった。[64]

一八世紀中盤の海軍にとって決定的に重要な勝利が、一七五九年に起きている。フランスは一〇万の部隊を動員してイギリスに大打撃を与えるべく、侵攻を企てたのである。そのフランス軍の半分が上陸しただけでも、イギリスにとって深刻な問題が突きつけられることになるわけだが、ブレストとトゥーロンの港にいるフランス海軍分艦隊は、必要な支援軍を結集させることが困難な状況におかれていた。封鎖に当たるイギリス小艦隊が、フランス分艦隊をそこにとどめおこうとしたためであり、フランス側では特にル・アーブル港侵攻を阻止することに気をとられ、イギリス侵攻の準備が損なわれた。トゥーロン艦隊はラ・クルーの下でまず港を脱出し、そのうえで地中海に逃れようとした。しかし、八月一八日と一九日にポルトガル沿岸のラゴス付近で、ボスカーウェン率いるイギリス追跡艦隊に敗北を喫することになる。最後尾にいたフランス艦サントールは頑強に抵抗しイギリス艦船を引き離すと、この間にラ・クルーは残存艦を中立海域に航行させてしまった。しかし、翌日ボスカーウェンはポルトガルの中立を破って襲撃に成功を収める。致命傷を負ったラ・クルーは艦を岸に座礁させそれを焼き払い、イギリスによる捕獲から逃れようとした。数で優っていたもののフランス側は全部で五隻を失い、三隻を捕獲され二隻を破壊されている。最終的にラ・クルーの残存艦は、タホ川で封鎖されてしまった。

悪天候でホーク（緊密な封鎖の主導者）は、一七五九年一一月にブレストの封鎖を解除してトーベイに引き上げた。しかし、コンフラン率いるフランス艦隊は、アイルランド西岸経由でスコットランドへ到達しようとするが失敗する。コンフランはスコットランドに直接航行することができなかったのである。彼はまずモルビアンでボルドーとナントからの輸送に対応しなければならず、これが致命的な遅れを招くことになった。この結果、コンフランはブルトン沖にいたホークのわなにはまってしまう。彼は浅瀬の多い海域と強いうねりがホークの艦隊を妨げることを期待して、キブロン湾に避難した。イギリス人たちは湾岸部の岩場に関する知識が乏しかったからである。しかし、一一月二〇日、ホークは大胆な攻撃に出る。およそ四〇ノットの風が荒れ狂っていたにもかかわらず、トップスル〔訳注、トップマストに支えられた帆〕を張って狭い湾の内側に入り込んでいき、フランス軍の後尾に肉薄し、強いて通常どおりの攻撃に移った。イギリスの砲撃と操艦術は、この混乱した行動において優位を示し、フランスの戦列艦七隻を捕獲するか、沈めるか、座礁させてしまった。ユトランド沖海戦（一九一六年）同様にこれは、戦争の行方を決定した戦闘であり、この戦闘いかんでイギリスは、戦争に負けたかもしれなかったのである。

フランスによるイギリス侵攻の可能性は、この二つの決定的勝利によって全面的に粉砕された。キブロン湾では大きな名誉を得るところとなり、他方、一七五九年のラゴスの戦いによって、政治家、海軍将校ともに大いに安堵できるようになった。フランスのイギリス侵攻がいっそう困難なものとなったからである。ホークによる勝利の後、ブレスト艦隊の大半はヴィレーヌ川やさらにキブロン湾にも避難するようになり、そこに残存艦を停泊させた[65]。フランスでは海軍に対する政治的援助も、財政的援助も減退した[66]。この結末は一六九二年のバルフルール海戦に似ている。

イギリスは他の国々のような財政的問題を抱えておらず、海洋での主導権をとりうる立場にあった。事実、一七六一年のイギリスによるブルターニュ沖のベル島攻撃を、フランス海軍は妨げなかったし、一七六二年のポルトガルへの英部隊派遣についても阻止できなかった。どちらもブルターニュに拠点をおく海軍にとっては、あやうい企てにすぎなかったにもかかわらず、フランスはこれを阻止できなかったのである。ケッペル指揮下の小艦隊はベル島遠征を援護し、一七六二年、ジブラルタルを拠点とするソーンダズ艦隊は、大西洋と地中海の合流点にあるブルボン海軍を牽制した。イギリスの軍艦は広くフランスの私掠船による活動を制限し、フランスの通商に打撃を与えることに次第に成功するようになっていった。

海上での勝利は水陸両用作戦の成功とあいまって、海軍が比較的小規模の軍隊の割に大きな威力を発揮することを証明し[67]、戦略的状況を変化させていった。ブルボン家は一七六三年に終わった戦争後でも、大々的に海軍の再軍備計画を実施することが可能であった。しかし、戦争中イギリスが植民地を征服したことで、パワーの地政学と基盤がイギリスとは顕著に異なっていることが明らかになった。カナダは一七五八年から一七六〇年にかけてフランスから奪ったものであり、フロリダは一七六三年にスペインから獲得している。

このように北米はもはや完全にイギリスの掌中にあった。一七七〇年から一七七一年の間、フォークランド諸島をめぐってブルボン家と戦争が起こりそうになったが、北米の保全をイギリスが心配する必要性はもはやほとんどなかった。一七五四年から一七五六年とは、状況がまったく異なってきたのである。

一七六三年から後の二〇年の間には、新しい戦略的課題も出現している。ブルボン艦隊の再建、バルト海でのロシア率いる北欧列強の同盟、インド南部でのフランスとマイソールの結託、そして最も顕著なのが一七七五年から始まった北米一三植民地の反乱であった。しかし、一七六三年になると事態は好転を思わせた。一六九〇年代にイギリスがフランスに対する海軍の比較優位を維持するためには、一国では無理でありオランダの支援を仰がなければならない状況にあった。しかし、七年戦争では海上に限れば、イギリス一国でもフランスとスペインを撃破できたのである。

イギリス海軍の成功は兵器の優位にあったわけではない。あるいは、船舶や装備が本質的にブルボン海軍と異なっていたわけでもない。ただ、イギリスにはより多くの乾式ドックと、遠洋航海に熟練した船員が存在していたのである。フランスと異なる決定的に重要な要因は、まず、常に大がかりな関与と支出があることが、普通であり必要であるとの理解が得られており、それゆえ海軍力は決して崩壊しないとされていた点である。第二に、戦術的攻撃に加え戦略上、作戦上で国民が反発するようなことがあっても、その本質と政策を繰り返し説いたことである。第三に、海戦と海軍技術の制約内における、当時の軍艦の効果的用法である[68]。イギリス海軍では艦長たちが一般的にイニシャティブをとっていたため、好都合な戦況を確保できるよう配置されていた。本質的にイギリスは勝つために戦うのであり、他日を期してひたすら生き残るためではない。そして、その質の高さは勝利によって明らかであるし、その勝利によってこそイギリスは、ヨーロッパで支配的地位につくことができたのである。

第4章　一七七五～一八一五年

軍事的変化に関する議論は、とくに一七七五年から一八一五年の間に起きた近代的ないしすべての戦争についての議論は、西洋世界の陸上戦闘に焦点を当てており、特に米独立戦争とフランス革命およびナポレオン戦争が中心である。対照的に海軍の発展に関する重要性は無視するか、軽視されている場合が多い。こうした考え方は残念ながら世界規模でもいえることであり、西洋諸国の場合の海軍力〔特に重要で効果的な水陸両用作戦の戦闘能力〕でも同様である。しかしながら、本書で扱うこの時期全体を通じてのもっぱらの関心は、西洋海軍の例外論〔訳注、政治上の例外的状況が、予想される推移を妨げるという説〕である。さらに、数十年もいかに苦労を重ねてきたとしても、勝利は数時間の行動で決する。その勝利が世界への道を切り開いたが、世界は西洋によって支配されただけでなく、西洋固有の価値観によっても支配されていった。

非西洋世界の海軍

仮に西洋列強の陸戦能力が非西洋世界と互角であるとしても、海上での状況は異なる。西洋人だけが海軍力を保有していたわけではない。北アフリカ諸国を含め、西洋以外の国々でもむろん保有していた。オスマン帝国（トルコ）、ハワイのカメハメハ一世、他にも多くの者が海軍力を保有していた。非西洋世界の海軍に関する文献は極めて少なく、実際のところ西洋の海軍に比べるとまったく不足している。とはいえ、非西洋世界の海軍を一様に論じてしまうのは大きな誤りである。戦闘技法や戦闘環境が大きく異なっており、それは陸軍についてもいえる。たとえば、オスマン帝国は艦隊運用に長けていたのに対して、対照的に北アフリカ勢（モロッコ、アルジェ、チュニス、トリポリ）は、基本的に商船を襲うのに適した私掠船を中心としていた。オスマン帝国と北アフリカ勢は、ヨーロッパ人たちと同じ海洋技術を用いていた。しかし、ガレー船は地中海でその重要性を消失していき、一七四八年、フランスは一七世紀には極めて重要とみなされていたそのガレー艦隊を廃棄してしまった。

しかしながら、大抵非西洋世界の海軍力は、遠洋向きではなかった。その代わり特にアフリカや東南アジア、東インド諸島沿岸では、沿岸、河口、三角州、河川で活動する小型艦艇部隊を管理できるような組織となっていた。[1] こうした船は喫水が浅く、西洋式の船にはできない小さな海域での動きに適していた。また、機動性が高く迅速に水際を移動できるうえ、安価であった。乗員たちは飛び道具で戦うのが普通であり、一八世紀になるとそれがマスケット銃へと発展し、中には砲を搭載する船も出てきた。似たような技術は太平洋やニュージーランド沿岸、北米太平洋岸でも使われていた。飛び道具は乗り込む前に使われたり、あるいは乗り込む代わりに使われたりすることもあった。非西洋世界での陸戦も含め、西洋と際立った違いを示す状況についてみると、人間同士の戦いも動物の捕獲（とりわけ鯨とあざらし）も、武器技術と軍事組織の点で非西洋諸国間には大差がない。

同時に非西洋世界の海軍と水陸両用軍は、捕獲や襲撃の性格を有していただけでなく、戦争での作戦目標を達成することも可能であった。それは、一九世紀初頭のニュージーランドのマオリ間の戦いや、より明確には一八世紀末のハワイ諸島統一にみられる。一七八九年にはカメハメハ一世が、大きな双胴のカヌー上に砲座を設置して安定させた回転砲を用いている。すぐに彼は西欧のスクーナーのように、二門の砲を積んだ大きな双胴カヌーを備えるようになる。こうした船は、島々を横切って彼の勢力拡大に貢献した。カメハメハは一七九一年にハワイの支配権を確立し、一七九五年にはマウイとオアフの両島にもそれは及んでいる。一七九六年と一八〇九年には、オアフ・カウアイ間の航行上の難所と疾病の発生のせいで、カウアイ侵攻計画は断念したが、一八一〇年にはカウアイとニーハウの支配者カウムアリは、カメハメハの配下につくことを承諾した[2]。

戦争の作戦目標のために、部隊輸送と水陸両用作戦がすばらしい戦闘能力を展開している。イギリス海軍の士官で著名な探検家、キャプテン・ジェームズ・クックが、一七七四年に第二回目の太平洋探検でタヒチを訪れたとき、そこの艦隊は近隣のモーレア島に懲罰の遠征をする用意をしていた。クックと画家のウィリアム・ホッジズは、この戦争準備に大いに興味をそそられ、一七七七年に「オタヘイティ（タヒチ）島の軍船」という絵画がロンドンに展示されたとき、一般大衆もまた強い関心を示した。クックはおよそ四〇〇〇人の男たちがこの遠征に参加したと推計している。クックによる三回に及ぶ太平洋航海は、海軍本部からの支援を受けていた。予期せぬ結末になったとはいえ、海軍組織の事例として極めて印象的である。

非西洋世界における海軍の実力は、いずれも西洋の海軍とは比較にならないが、実力という単一の基準で考える代わりに、目標の多様性と実践力が豊富である点に注目してみることも必要である。たとえば、北アフリカ、オマーン、マラータの船は商船襲撃用であり、その重点は速度と機動性におかれていた。[3] これに対して西洋海軍の重く、ゆっくりとした大型の戦列艦は戦闘用に設計されており、攻撃力に重点をおいている。しかし、こうした比較は結果的に、戦列艦の仕様と目標の多様性に着目する必要性にいきつく。[4] さらに、西洋海軍には戦列艦以外にも船の種類があり、それは特に早く、機動性を発揮して海岸付近を走ることができるよう設計されていた。たとえば、税関はカッターを密輸業者との絶え間ない攻防に用いていた。これはドラッグの密輸に今でも想定できる戦いである。今日ではより大規模で遠方のパワー・プロジェクションには、特にエアパワーの支援がみられるように、海軍のプレゼンスは広範である。

西洋の軍艦の強さは、すでに一六世紀初頭において明白であった。インド洋におけるインドやエジプト、さらにオスマンの艦隊とのポルトガルの勝利にそれはみられる。戦闘における比較優位の均衡は、西側に傾いていた。一八世紀の地中海におけるオスマン帝国との戦いも、次第にそうした傾向が強まってきており、時代が下ると黒海でもそうなっていった。この優位を単に火力の違いとみなすのは誤りである。一六五〇年から一八一五年にかけての、非西洋勢力に対する最も劇的な西洋海軍の勝利は、一七七〇年に起きたエーゲ海キオス沖のチェスマ海戦である。これは基本的に密集隊形で係留していたオスマン艦隊に、ロシアが効果的な焼き討ち船を使ったことによる。この方法も結果も極めて異例であり、およそ一万一〇〇〇人のオスマン兵が戦死した。もっとも、ロシア側はエーゲ海の島々からオスマン勢力を駆逐し、状況を好転させることには失敗している。

はるか遠方においても、海軍力は西洋世界の関心を補強している。一七二五年、フランス人商人がインド西岸のマヘにある拠点から駆逐されたとき、小艦隊がポンディシェリ（インドにおけるフランスの要地）から派遣された。それは商人たちの利益を擁護し、新しい商業的利益を保全することになった。イエメンのコーヒー積出港モカでもフランス人の交易に反発する動きがあり、やはりポンディシェリから小艦隊が一七三六年一〇月に派遣された。翌年の一月にモカ沖に到着すると、フランス軍は港を砲撃してこれを奪回し、部隊を上陸させて商業的特権を回復させている。しかしながら、ポンディシェリは一連の戦争において、イギリスの攻撃に弱いことが明らかになった。オーストリア継承戦争中の一七四八年、そのときのイギリスによる攻撃には耐えたものの、一七六〇年、一七七八年、一七九三年、それに一八〇三年に（それぞれ七年戦争、アメリカ独立、フランス革命、ナポレオン戦争）、おのおの講和が成立する以前に、占領されている。

これは西洋列強が互いに激しく戦っていることもあったが、非西洋社会との海軍活動には関心が薄かったのも事実である。そして、ナポレオン戦争後までこの状況は変わらなかった。その後はイギリスがはっきり海上での優位を示し、西洋列強は海軍同士の激しい争いと対立はやめている。たとえば、一八一〇年代のスペイン帝国の命運をめぐる問題も、諍《いさか》いなく処理されている。代わって今度は非西洋諸国との激しい衝突が起きるようになった。たとえば、イギリスによるアルジェ攻撃の成功（一八一六年）、イギリス・フランス・ロシアによるオスマン・エジプト艦隊の撃破（一八二七年、ギリシアのナバリノ岬沖海戦）、イギリスによるエジプトのメフメト・アリ攻撃（一八三九～一八四〇年）、イギリスと清との第一次アヘン戦争（一八三九～一八四二年）、さらに黒海でロシアがオスマン艦隊を撃破したシノープ海戦（一八五三年）などがある。一八世紀の西洋列強による沿岸および河川でのパワー・プロジェクションは、期待できない状況にあったが、一九世紀半ばからは対抗できるようになっていた。

このように西洋の実力は相対的に向上してきたが、それは蒸気力の応用によって初めて達成されたものであった。一八世紀において産業が進化していく過程で、定置蒸気機関を利用していたにもかかわらず、これは一七七五年から一八一五年の期間に起きた西洋海軍の紛争には、ほとんど適用されることがなかった。一八一三年、アメリカのロバート・フルトンが、強力な蒸気推進式フリゲートの建造計画を立て、それは意味深いことに「デモロゴス」(「人民の声」一八一四年一〇月完成)と命名された。しかし、こうした開発は依然として未来のものとされていた。[5]

一六〇〇年から一八八〇年にかけての間、西洋艦隊が関与しない大規模な遠洋での海軍の戦いはみられない。この結果、西洋の例外主義や軍事目標の相互作用的な役割、あるいは戦略文化や利害集団などが関心を集めるようになった。非西洋社会は、特に東アジア諸国は、なぜ実効力をもった艦隊を展開しなかったのか(過去にはそうしていた国もあったのに)、それに関する固有の答えはない。なぜそうしなくなったのかは、本質的に探求が困難な問題である。なぜ何かが起きなかったのか、それを評価する場合に思想的な問題をおいても、その研究自体には大きな困難が伴う。

しかし、国家と商業エリートが共同で西洋の海軍開発を行ったという、その点に関する近年の研究を重点的に考えてみるのは、示唆的である。[6] 特に、商人階級からのアドバイスをまず得るといった寛容性や、海軍の要求と財源から相互の利益を引き出す能力といった点が示唆的である。遠洋での海軍力は、広範な資源を供給できる海洋経済に依存する。言い換えれば、政府だけの要求では持続的な海洋基盤を生み出すことにならない。この基盤は効率のよい政府機構と強い海洋経済の双方を要求する。そして、フランスがイギリスと頻繁に衝突した際に実感したように、その組み合わせは極めてまれであるだけでなく、戦争時に強い圧力を受けることにもなる。[7]

西洋の戦闘能力と対照的に、ヨーロッパ以外のユーラシア大陸での状況は異なっていた。アジア人商人は長距離貿易で重要な役割を果たしていたが、エリート商人たちは民族的、宗教的な違いによって、支配階級からは分離されているのが一般的であった。[8] これに関連して、港湾都市と国家との関係はしばしば不安定なものとなり、イギリスの政策を遂行したロンドンの役割を担うようなところはどこもなかった。ユダヤ人やギリシア人、アルメニア人たちは、オスマン帝国とは緊密な関係を有しておらず、それに対して中国は、一七世紀半ばに満州族が征服してから、価値観が海洋にはないエリートが強い支配を行っていた。満州族は明朝の遺臣鄭成功が、政治力の基盤として海軍力を使おうとしたのを封じた。しかし、彼がやろうとしたことは、一六六一年にオランダ人を台湾から駆逐した戦術にみてとれる。[9] 同様に陸上に重点をおく価値観は、インドのムガール帝国にも当てはまるし、ペルシアで一七二〇年代よりサファビー朝を継承した支配者にも当てはまる。

しかしながら、西洋以外の国での政治体制や行政体制がいかなるものであれ、公的な構造が示唆する問題よりも、一般的に調整や妥協、短期的難局からの圧力といった点に多くの力が注がれており、そうしたことに強い関心が示されている。このような状況は海洋活動に実に多くの「余地」を残した。とはいえ、アメリカにみられるように、この海洋活動は海軍力と同義というわけではない。自己資金で商船を襲撃するような場合、こうした「余地」を追求することは比較的容易であり、政府からの支援を要求しない。それは艦隊形式のなかでも、特に艦船の撃破に焦点を当てているようなやり方とは、まったく異なる。アメリカには一八五〇年代まで艦隊が欠如していた。一八六〇年までにアメリカ海軍は世界第四位の規模になっていくが、それは大口径の大砲を掲載した七隻の極めて大型のフリゲートを就役させたことによる。

軍部の機構は強大なものであったが、他方でこうした海軍を作る決定過程を知るには、それぞれの国の戦略文化に焦点を当てなければならない。多くの国でこの国家海軍力に要求される安定性が欠如していた。イングランドといえども、一六五〇年代にこうした力をつけてはいたが、安定とは程遠い状況にあった。さらに、支配者と将軍たちによる政権は、陸上戦力と陸戦に焦点を当てる傾向にあり、それは一八世紀のビルマ、ペルシア、タイ、そしてかのナポレオンもそうであったと広く認識されていた。これに対して、一六五〇年代のイングランドのオリバー・クロムウェルと、一七〇〇年代から一七二〇年代の時期におけるロシアのピョートル大帝は、強力な海軍を支持していた。

日本と中国はビルマ、ペルシア、タイと比べて政権の持続性がずっと高いが、これが海軍力に焦点を当てることには結びつかなかった。日本は典型的な島国であり、もしも戦略文化という言葉に多くの意味があるとすれば、内向きの支配階級にその要因が求められよう。日本で広くゆきわたった保守主義の現れとして、政治、経済、文化、それに知的営みといったものの多くが、既存の制度を維持、強化する方向で働いた。もっとも、一八世紀末には新たな政治的、経済的、文化的形態に対し、強い関心を寄せるようになっていた(10)。

中国では強大な官僚文化（満州族がかねてより維持してきた中国の遺風）が、商業的影響力に対して閉鎖的であったため、むろん西ヨーロッパとはまったく比較にならない。さらに、政策目標（社会政治的前提と戦略文化という意味で）が、海軍の発展を助長することにつながらなかった。一六八〇年代以降続いた草原からの深刻な挑戦に対しては、一七五〇年代に新疆のジュンガルを征服し、ついでカシュガルも征服している。中国は日本に比べると軍事的には平穏な状況に向かっていなかった。次のように一連の戦争を経験しているからである。すなわち、一七六五年から一七六九年のビルマとの戦い（失敗）、一七八八年から一七八九年のトンキン（ベトナム北部）の戦い（失敗）、一七九二年ネパール遠征（成功）などである。しかしながら、こうした戦いはどれも長期の海軍活動を必要としなかった。ビルマは陸上からの攻撃を受けているが、これは一八二四年から一八二六年の英緬戦争でイギリスが部分的に海軍を利用したのとは異なる。

内陸の辺境地に植民地を建設したように[11]、中国の野望はその周辺部に焦点を当てており、遠方にある海ではなかった。中国の国際関係はその覇権を基盤としており、また近隣諸国の朝貢貿易で十分であった。台湾は一六八三年にその支配下に組み入れられている。かつて中国を支配したモンゴル人が、一三世紀に日本を征服しようとして失敗したことから、日本征服の機運は高まらなかった。さらに、一六八九年から一七二九年にロシアとの間で確定された国境は、アムール川流域からロシアを排除したが、これは満足のいく内容とみなされた。一八世紀、北太平洋を横切ってアリューシャン列島とアラスカに拡張するロシアには、中国も日本も挑もうとはしなかった。

ベトナム人やタイ人、ビルマ人の行動と野心は、どれも似て内陸に向けた活動に焦点を当てていた。インドの場合でもそれは当てはまり、マラータのアングリア家もはじめのうちは海への関心を示したが、あるいはマイソールの支配者ハイダー・アリとティプ・スルタンも、幾分海への関心を示したものの[12]、インドでの関心はもっぱら内陸に向かっていた。インドの海軍力はいずれにせよ、イギリスによって中断されてしまう。すなわち、アングリア家（一七五五〜一七五六年）とマイソール（一七八三年）がそれである。ペルシアの支配者たちはペルシア湾で覇権を唱え、ナディル・シャーはオマーンに軍を派遣した[13]。しかし、ペルシアの戦争は、東や北、西の内陸辺境地との戦いに焦点を合わせていた。すなわち、インドの支配者、ウズベク族、ロシア、それにオスマン帝国などであった。アジアでの地域海軍力（近代インドネシアにおけるボネのブギス国やスル諸島のイリャノ）では、重武装したガレー船で東インド会社の軍艦を攻撃しているが、それがわずかに目立つ程度である。しかし、このガレー船を継続的に使うやり方は、ベトナムの阮福映（在位一八〇六〜一八二〇年）においてもみられ、彼は横帆式のガレー船団をつくりあげ、適切にこれを用いていたことが窺われる。よく知られたところでは沿岸部での作戦を指摘できるが、ごく普通に軍事的な課題と環境に応じて継続的に用いている。

非西洋諸国による「近代的」海軍力の開発が、海軍革命を構成するのであれば、それは一九世紀末まで待つ必要があり、中でも最も顕著なのが日本である。一七世紀末になるとオスマン帝国は伝統的なガレー船への依存をやめ、新たに多くの大砲を搭載した帆船式のガレオン船艦隊を建設した。その結果、オスマン帝国は水陸両用の能力を向上させるようになり、それは一七一五年にヴェネツィアからモレア（ペロポネソス半島）を征服する際に、極めて有効に作用した。オスマン艦隊はまた、一六九五年にキオス島沖でヴェネツィアを撃退し、一七一八年にはチェリゴ島沖でヴェネツィア大艦隊を阻止している。いずれもエーゲ海におけるオスマン帝国支配に重大な影響を及ぼしたが、一七七〇年のオスマン帝国との戦争でロシアが収めた勝利とは対照的である。オスマン帝国は最終的に一七八〇年代半ば、フランス人専門家を雇い造船の指導を受けることになった。しかし、黒海においてロシア軍に敗北を喫している。すなわち、ドニエプルの戦い（一七八八年）とテンドラの戦い（一七九〇年）がそれである。西洋海軍に匹敵する勢力は、一九世紀末まで東洋には出現しなかった。

アメリカ

新世界の場合にはヨーロッパ支配（イギリス、フランス、スペイン、ポルトガル）が一七七五年から一八二六年にかけて大々的に崩壊した。高度に特化した艦隊という意味での海軍力は、一九世紀後半まで出現していない。その代わり新しい国々は、その軍事活動の焦点を陸軍においた。この傾向は市民軍の考え方として、軍事力への欲求が海よりも陸に強く傾斜していたことも反映しており、他方、ヨーロッパ海軍や民間からの支援にかなりの部分依存していた。アメリカの場合、一七七八年から一七八三年にかけてはフランスであり、ラテンアメリカの場合では、一九世紀にはスペインの再征服とフランスの介入に備えて、イギリスからの支援が期待されていた(14)。

アメリカでは一七九八年に海軍省が設立され、政権の座にあったフェデラリストが海軍を創設した。最初にバーバリ海賊と戦うため、ついで「擬似戦争」（一七九八～一八〇〇年）でフランスと戦うためであった。イギリスの通商航路をアメリカが維持するという役割に対し、フランスは三〇〇隻を超えるアメリカの商船を撃沈、ないし捕獲してこれに応じた。フランスは中立国の船がイギリス製品を輸送すべきとの主張を受け入れなかった。一七九八年夏から軍艦同士の激突が発生したが、アメリカ側の大々的な勝利に終わった(15)。

ところが、アメリカではトマス・ジェファーソンと民主共和党が、一八〇〇年の選挙で政権を掌握すると、フェデラリストによる海軍建設計画は頓挫してしまう。ジェファーソンは一七九〇年代に建造された外洋航行向きの高価なフリゲートよりも、沿岸で砲艦を配するほうを好んだのである。戦略文化の政治基盤を想起すれば、砲艦に重点をおくやり方は、アメリカの共和主義の市民軍的伝統に適合しており、市民軍は砲艦を沿岸警備のために使うという発想であった。ニューオリンズに拠点をおき、アメリカの砲艦はミシシッピ河口沖（一八〇六～一八一〇年）で、フランスとスペインの私掠船に対抗すべく活動する。その一方、他では一八一二年から一八一五年に発生したイギリスとの戦争で、重要な役割を果たしている(16)。

しかしながら、船員数が拡大したおかげでアメリカでは、訓練された船員を艦隊や当時最強のフリゲート向けに豊富に抱えていた。また、彼らは艦対艦の作業にも熟練していた。とはいえ、戦列艦は保有しておらず、一八一二年に戦争が勃発したとき、米海軍の全保有艦船数はわずか一七隻にすぎなかった。したがって、艦隊行動をする余地に乏しかった。これはジェファーソンによる農民的共和主義の下で発達した軍構造と政策を反映したものであり、一七世紀における共和政時代のイングランドやユトレヒト同盟諸州の商業国が構築し、維持した大型戦闘艦隊とは軍事的に極めて異なった結果となった。

ヨーロッパ海軍

したがって、海軍力に焦点を当てた場合には、断然西洋、中でも特にヨーロッパということになる。西洋の軍艦（と商船）は、熱帯の河口域や三角州、河川で行動するのは確かに難しかった[17]。しかし、世界の海洋で示した西洋と非西洋諸国間の、海軍の実力と支配力は段違いであり、比較にならなかった。海洋で西洋の海軍力に挑む国はどこもなく、それは一七七〇年代から一七九〇年代にかけて劇的に示されている。クック、バンクーバー、ラ・ペルーズ、マラスピナといった艦長らに率いられた西洋の軍艦は、太平洋の海域と沿岸の探検に乗り出すと、海図を作成し、（再）命名しつつ、世界の沿岸部の所有権を主張していった。さらに、オーストラリアや北米西海岸沿いに、西洋の交易拠点（拠点建設のほうが早くから始まった）と植民地建設を進めていった[18]。西洋の軍事力も規範も知られていない地域が、世界にはまだ依然として多かったが、地球上いたるところで国旗をみせつけ大砲で威嚇する軍艦は、世界中で西洋化を強制的に推し進める先兵的な存在であった。

また、既存の技術的制約の中でも、海軍力と戦闘能力の拡大に向けて重要な増強がみられた。たとえば、西洋では一七八〇年代に大々的な海軍競争があった（一七世紀後半にもそうであった）。一七八〇年代、イギリスとフランス、スペインはみな、総トン数を競うように船舶の規模を大きくしていったが、スペインの場合歳出のうち海軍に仕向けた比率は二〇パーセントを超えていた[19]。クリストファー・コロンブスとヴァスコ・ダ・ガマが一四九〇年代に出航したときに比べ、こうした巨大な海軍力は非西洋諸国を完膚なきまでに圧倒していた。ロシアとオランダは世界第四位と五位の海軍力を有するようになり、これに対してデンマークとスウェーデン、ナポリ、ポルトガル、それにオスマン帝国もまた、海軍の規模を拡大させていった。ヨーロッパ海軍の総排水量は一七七〇年の七五万トンから、一七八〇年には一〇〇万トンへと増大し、さらに一七九〇年には一七〇万トンへと飛躍した[20]。このように増大した背景には、フランス革命とナポレオン戦争での海戦を指摘できる。フランス海軍の優位を維持しようとすれば、イギリスに対峙して挑戦する必要があったからである。

インフラ

新たに造船するのと並んで継続的に船を維持し修繕する必要も生ずる。これは船が構造的にもつ脆弱性ゆえであり、特に木材と粗布（カンバス）においてそうであった。軍艦の仕様は比較的変更が少ないため、航行に耐えうる限り数十年も現役でいることが可能である。海軍の建艦、修繕、補強といった計画は、西洋諸国の政府に対し多大な資源を要求した。それだけでなく、軍産複合体の能力も必要となったし、さらに計画や装備の変更に対応できる管理システムの能力も必要であった。艦隊は洗練された強大な軍事システムであり、ドックを拠点とする強い産業と兵站資源によって支えられていた。ドックは世界の建設施設の中でも労働力を含め最大の産業施設に類し、代表例としてはポーツマスやプリマス、ブレスト、トゥーロン、エルフェロール、カディス、カールスクルーナなどがある。最後の地名はスウェーデン南部にある海軍基地であり、一六八三年に建設された。一七〇〇年までに同国で三番目に人口の大きな町になっている[21]。

これらのドックは兵站上で大きな問題を提起するようになる。そこにはアムステルダムの巨大なランツ・ゼーマハゼイン（一七九一年に火災で焼失）のように、大きな倉庫によって支えられていたり、カールスクルーナのパン屋や蒸留酒製造場のように、造船に携わる労働力を支える製造業の存在がみられたりした。海軍工廠はまたイギリスにおいて、最重要で大型かつ贅沢な施設であった。クリストファー・レンの手になるグリニッジ海軍病院は、一七五二年に竣工したが、一八世紀を通じて最も印象的な建物である。一方、一七七六年にはポーツマスに一〇九五フィートの長さをもつ縄製造所が建設され、これは当時世界最大の建物であった。材木などの海軍用の必需品にみられるように、海軍基地にはかなりの投資が要求された[22]。

政府の方針と戦略を受けて、新たな海軍施設が建設されていった。ピョートル大帝（在位一六八九～一七二五年）の下でロシアの海軍力は大幅な成長を遂げる。首都ペテルブルクを「西側への窓口」として建設し、バルト海沿岸は新たに征服するための港となった。一七〇三年、そこにピョートルは自らペトロパヴロフスク要塞の礎石を置いた。翌年、要塞の反対側のネバ川堤に海軍工廠を建設し、一七〇六年には最初の軍艦が進水している。一七一五年には海軍兵学校も創設された。さらに、一七八三年に黒海沿岸とクリミア半島を支配下におくと、ただちにそこへ基地を建設し、中でもヘルソン、オデッサ、セバストポリが重要であった。こうした基地は、オスマン帝国の首都コンスタンチノープルを直接攻撃するという脅威を与え、バルカン半島東部を横断して陸路進出するのとは異なる、戦略的利点をロシアに提供するようになった。その結果、セバストポリはクリミア戦争中（一八五四～一八五六年）同盟軍の最終目標とされたように重要な役割を果たした。力を誇示したエカチェリーナ二世は、一七八七年にセバストポリ訪問時にオーストリアのヨーゼフ二世も訪問している。

軍産複合体の確立はまた、変化を促す力を広く示すことになった。進化したインフラと改善された海軍工廠は、材木や麻、亜麻といった素材からできた船体部品の腐食の問題を、緩和したのである。[23] この他にも非常に多くのイノベーションがみられ、それが上手な用い方をされていった。改良が進んでいくことの重要性として、イギリスの大砲の事例を指摘できる。特に一七八二年四月一二日、サント島沖でフランスと戦って大勝した際に、それははっきりと示されている。このような進歩は、火打ち石式発火装置やスズの筒、フランネルの薬包、反動吸収装置、鋼鉄製圧縮スプリング、発砲による反動の緩和、速射性能、照準性能などにみられる。

海戦

さらに、西インド諸島のグアドループ島の南沖で起きた戦闘は、はるか遠方海洋での活動の重要性を実証するものであった。一七五九年、これとは対照的に、七年戦争中の英仏による主要海戦、ラゴス（ポルトガル沖）およびキブロン湾での海戦は、ヨーロッパ海域で展開されたものであった。問題の核心は、フランスによるイギリス侵攻の脅威（イギリスの海洋作戦に対抗する唯一の方法と考えられていた）と同時に、ドイツでのフランスの利益を積極的に妨害するという、極めて重要な役割にあった。[24] 同様に重要な海戦である、英蘭戦争、七年戦争、スペイン継承戦争、四国同盟戦争、オーストリア継承戦争は、いずれもヨーロッパ海域であった。ビーチー岬（一六九〇年）およびバルフール（一六九二年）での海戦は、フランスによるイギリス侵攻の脅威という問題を突きつけた。マラガ（一七〇四年）、ケープ・パッサーロ（一七一八年）、トゥーロン（一七四四年）それにミノルカ（一七五六年）の海戦は、地中海での水陸両用作戦に影響を及ぼすため、海軍力を行使しようという意図が反映されている。他方、二度のフィニステレ岬沖海戦（両方とも一七四七年）は通商破壊と関連する。

海戦だけが重要なのではない。戦闘なしの戦略的利益が一七四五年から一七四六年にかけて確認される。それはジャコバイト派の支援でイギリス侵攻をもくろむフランスを阻止しようと、イギリス海軍が乗り出した際がそうである。ジャコバイト派に対抗してイギリス海軍はまた、一七四六年にスコットランド東部で行軍中の部隊に補給を行っている。他にもこうした役割が戦闘に結びつくこともあり、一七一六年のダイネクレンの戦いがそうである。ここではデンマーク小艦隊がスウェーデン補給艦隊を撃破したことから、同年のカール一二世によるフレデリクセン要塞奪取という野望はついえた。平和時の列強はまた示威行為として海軍を利用することもあった。フランスによる一七三九年のバルト海への、あるいは一七四二年のカリブ海への小艦隊派遣においてそれはみられる。

技術力の向上

一八世紀を通じて耐航性が向上した。それは初期の不安定で不恰好な船体設計をやめたことにもよるが、それによって軍艦の性能は向上することになった。全天候で封鎖作戦に従事できるようになり、遠洋での作戦にも従事できるようになった。一七世紀末、ヨーロッパでは火力の極大化に重点がおかれ、これが三層構造の船体の開発につながっていく。一八世紀初頭には焦点は代わって、安定性や行動範囲、多目的といった点におかれるようになり、その結果、船体は二層構造へと向かっていった。しかし、三層のものも一八世紀末には海戦で敵艦を壊滅させるため、新たに重要性を増すことになった。

アメリカ独立戦争時（一七七五〜一七八三年）、イギリス海軍は建艦計画を大きく調整することと（建艦能力を高めるべく民間の造船会社を用いたことも含む)、技術的進歩でこれに対応した。銅ぶきにすることでフジツボや海草、フナクイムシが材木製の船体に及ぼす弊害を軽減させ、結果的にその弊害で生ずる速度のロスを緩和し、あるいは修復を早めることが可能となった。銅ぶき化への動きはサー・チャールズ・ミドルトン(海軍統制官、一七七八～一七九〇年)によって、一七七九年二月から進められた。一七八〇年、四二隻の戦列艦が銅ぶきを施されている。政治家たちは新たな可能性について注目しており、第二代ロッキンガム侯爵チャールズは一七八一年に次のように主張している。「船底を銅ぶきにすると、船は快適に走るようになり、劣勢な艦隊に遭遇したならば、出撃して攻撃することが可能であるし、あるいは優勢な艦隊であってもその意図を挫くことができるようになった」。銅ぶきの有効性については疑問の余地もあるが、その管理上の業績には目を見張るものがあり[25]、このため似たような改革が可能であるという認識が促されていった。

新しく開発された軽く短い砲身のカロネード砲は、近接したところでは非常に有効であり、一七七九年にイギリスはこれを導入する。これも重要であり、その有効性は一七八二年のサント島沖海戦で実証されているが、そこでは船底の銅ぶきにもイギリスは助けられている。対照的にフランスにはどちらの装備もなかった。アメリカ独立戦争後、フランスは銅ぶきなどイギリス海軍の革新性を取り入れるようになった。技術力を維持するため組織的対応として考案された方法が、こうした標準化であった。これは一九世紀末にもたらされる変化(蒸気機関と金属による被覆装甲の標準的な採用)に先立ち、次第に顕著になっていった。実際、一七八六年にフランスは艦隊向けに標準船体設計を採用している。

一般的にいって一八世紀末に向けた冶金技術の発達で、イギリスの砲術は向上を示した。その結果、大砲への需要が鉄鋼産業の成長を加速していった。イギリスは優れた操艦術と訓練の行き届いた砲術士たちから恩恵を受けていただけでなく、より強力な大砲をつくる技術も進化させていた。イギリス海軍の砲撃が与えた、敵船体および乗員への影響は、一七九三年から一八一五年の期間に起きた戦争で著しく増大する一方、敵船ともども比較的短時間で座礁することも少なくなっていった[26]。

海軍が能力と活動という面で向上したのは、学習過程の強さということもある。そこでは経験と概念が体系化され、分析されたうえで、適用されていった。この過程を印刷文化が活発に下支えし、概念が伝播する機会が提供されていた。テーマに強い関心を示した出版物によって、利益が獲得されることもあった。ジョン・アーデソイフの『海洋要塞化と砲術への招待』(Ardesoif, J., *An Introduction to Marine Fortification and Gunnery*, 1772)はその一つである。

帆船時代における最後の数十年間で、海軍の発達は引き続き拡大していった。しかしながら、技術開発の結果もたらされる洞察力と並んでこの時代は、人的資源や軍需品、従来の戦法を実現するための資金などを、いかに上手に活用したかという意味からも考察することが可能である。あるいはまた、陸戦でもこうした指摘は当てはまる。

代わって、長期的に海軍では火力に重点をおくようになっていき、それが艦隊の編成に影響を及ぼし続けた。一七二〇年には排水量三〇〇〇トン以上の軍艦は、わずか二隻しかなかったが、一八一五年には海軍力として五〇〇トン以上のうち、およそ五分の一が三〇〇〇トン超となっている。一八〇〇年から一八一五年にかけて二五〇〇~三〇〇〇トンの船はまた、西洋の海軍力上極めて重要な役割を果たしており、これに対して二〇〇〇~二五〇〇トンおよび一五〇〇~二〇〇〇トンのものはその数を減少させていった。この大型艦船は重砲を搭載することが可能であった。一七二〇年における戦列艦の平均砲数が六〇門(一二~二四ポンド砲)であったのに対して、一八一五年の場合では七四門(三二~三六ポンド砲)を下甲板に搭載していた。しかし、この大きな火力は個々の船でも集合戦術でも、海戦で劇的な変化をもたらすにはいたらなかった[27]。

海軍力の向上は他の面でもみられた。一七九〇年代から一八一〇年代の期間にかけて改善が進んだ結果、潜在的に戦術管理がかなり促進されることとなった。改善に向けた努力は数学的思考を基盤とする文化と結びついて、海軍技術に関する専門職が育っていった。それによって、最良のものをつくりだすために、技術上の問題が理解されていくのと同時に、初期的な造船用技術規範も検討されていった。[28] 海軍技術の進歩に向けたこうした取り組みを通じて、木造船も決して不変のものでないことが理解されていった。特に、船体の強化と竜骨の湾曲防止として、はすかい状の補強材を用いた造船システムを工夫したことで、船舶への信頼度が向上することになった。またこの結果、耐航性および耐戦性が増大するのと同時に、八〇～九〇門の砲を搭載できる大型の二層構造船をつくれるようになっていった。

このような進化は旧式船を余剰なものとし、特に戦列艦では顕著であった。しかし、一八一三年から一八三二年の間（イギリス）海軍で監督官を務めたロバート・セッピングスは、一八〇〇年代に初めてこうした原則に完全に則って、プリマスとチャタムで試行的に船（「ハウ」）を建造したが、それは一八一五年まで進水できなかった。このはすかい状の補強は、ナポレオン戦争後の木造船の威力を増すところとなり、蒸気船の登場で大型船をつくる際にもっぱらその重要性が顕著になっていく。より現実的に一般的な進化の過程でみると、器具の開発は早くから始まっていた。たとえば、木製の樽に代わって鉄製の水槽が登場しているし、新型の錨や初のチェーンも登場している。[29]

進化はなお続いていたが、その過程は時間にあわせて着実に伸びていった、というわけではない。むしろ海でのあらゆる事業も戦いも、様々な理由で不安定な動きを示しており、特に平和の影響は大きかった。先の戦争で学んだ教訓の多くは、時期がくればすぐに忘れられてしまうことが普通であった。さらに、将校の指揮技術を訓練する厳格な組織的システムが欠如していたため、この時代を通じて指揮の力量と手法には大きなばらつきがみられた。一八〇五年のトラファルガーでもイギリスは、依然として好ましい状況になかった。進化の過程は緩慢であり、その中で浮き沈みがあったというのが実態である[30]。

効率性という点でより印象的な事例として、西洋ではまた海軍の軍事産業を海外にまで展開し、主要なドックを植民地基地に設置している。たとえば、イギリスの場合ではボンベイやハリファックス、ノバスコシア、スペインはハバナで熱帯産の硬材を利用してことのほか優れた艦船を建造しているが、それはトラファルガー海戦で大型の軍艦として活躍した。こうした基地は帝国の力を制度化するうえでも、また現地経済においても重要な役割を果たした。ハリファックス海軍工廠は一七五八年に創設され、アメリカ独立戦争後英領北米地域において最大の産業拠点となった[31]。西インド諸島でイギリスはアンティグアのイングリッシュ・ハーバーだけでなく、二つの海軍基地をジャマイカに建設した（ポート・ロイヤルとポート・アントニオ）。それらの建設は一七二八年に始まったが、今日でも依然堂々たる施設である。ポート・ロイヤルでは、ここに派遣された大型の戦列艦を修理することができた。

さらに、インド洋においてイギリスの海軍と商船の存在が増大していくが、それはもっぱらインドの造船所に負うところが大きい。そこでは海軍の艦船（幾隻かの戦列艦も含め）のみならず、商船の排水量平均六〇〇〜八〇〇トンと、極めて大きな荷物を輸送できる船もつくられていた。バタビア（ジャカルタ）は東南アジア地域におけるオランダ海軍の拠点であり、フランスの場合はモーリシャスのポート・ルイスであった。

海軍力に起因する広範囲に及ぶ能力は、一七六二年に示されることになる。イギリスの遠征でハバナとマニラを獲得するのだが、これは一八九八年のアメリカのやり方（やはりスペインを破って）を髣髴とさせるものであった。こうした能力は再度一七八〇年に、フランスがインドと北米に遠征したときに発揮される。世界中どこもこうした海軍力にかなうところはなかった。兵站上の問題や病気、風土とあいまって、西洋の基地はあまり確保できない状況にあったため、結果的にヨーロッパ海域以外での西洋によるパワー・プロジェクションは、特に一九世紀末の基準からみて厳しく制限されていた。

ヨーロッパ域外での海軍の作戦は、特にインド洋とカリブ海では（もっとも、決してそこだけではないが）、一七四六年の北米海域にフランスが遠征したときのように、悲惨なものもみられた。その場合、少なくとも病気と風土による影響を強く受けていた。ある分野では進歩もみられたが（イギリスの場合では「傷病委員会」）、海上勤務の一般的状況は相変わらずお寒いままであった。窮乏した生活状況と劣悪な衛生状態をおいても、食糧供給は新鮮な食物や果物、野菜が欠乏していたために、不十分かつ不適切であり、そのためビタミンCの欠乏が顕著であった。これが累積するとその影響は海軍勤務を魅力の乏しいものとし、すでに勤務している人々も大量にやめてしまうという結果を招いた。たとえば、スペイン海軍の場合では、船員が度重なる黄熱病に苦しめられている。

アメリカ独立戦争（一七七五～一七八三年）

イギリス海軍当局は、軍艦が遠方に配置されていても、作戦上の役割を果たすのに十分な組織であった。しかし、イギリス海軍はハリファックスやバミューダ、ジャマイカなどを利用していたにもかかわらず、アメリカ経済に強いダメージを与えられなかった。北米東海岸を効率よく封鎖するための、不可欠な支援ができる基地を欠いていたからである。一七七五～一七八三年、あるいは一八一二～一八一五年といずれの期間もそうであった[32]。事実、アメリカ独立戦争の過程で（一七七五～一七八三年）、海軍および水陸両用軍の限界が露呈することになる。イギリスによる一七七六年のケベック解放につながる戦闘や、ニューヨーク（一七七六年）、フィラデルフィア（一七七七年）、サバナ（一七七八年）、チャールストン（一七八〇年）の各地占領、一七八一年のヨークタウンにおける仏米による対英集中攻撃などはそれぞれみな、少なくとも海軍力による水陸両用能力および関連作戦の開発にある程度は依存している[33]。しかし、どの事例でもこの戦闘能力の展開には、陸上での戦闘に依存していた。一般的にいってイギリスの海軍力はアメリカ陸軍の主力に対して、決定的な勝利を収めることができないでいた、ということである[34]。

この点はまた、一七七八年にフランスが参戦した際にも、戦争の帰趨を決するうえで重要な要因となった。アメリカは潜水艦による新しい海軍技術を実験的に用いたものの、何ら効果は得られなかった。発想自体は極めて画期的なものであったが、それと成功を収められるかどうかというのは、また別の話である。デビッド・ブッシュネルの「タートル」は、一七七六年九月六日ニューヨーク港に停泊中の「イーグル」攻撃時に初めて使われた。しかし、ブッシュネルは海流の影響で航行の際深刻なトラブルに見舞われ、船に爆薬を仕掛けることができずに終わった。二度目の挑戦は一七七六年一〇月五日に「フェニックス」に対して行われたものの、やはり失敗している。ジョージ・ワシントンは装置を十分に操作することの難しさを指摘し、当然ながら、切羽詰っている政府からはほとんど何の支援も受けられなかった。

一七七八年にはフランスが参戦し、一七七九年になるとスペインが、一七八〇年にはオランダがこれに続く。この国々の参戦で海洋での状況は一変する。世界的な海戦の様相を呈するようになり、ベンガル湾での激しい英仏の戦いのように、海戦はすぐに激烈の度を増していき、西洋列強間の従来の戦争に比べ、はるかに強烈な内容となっていった。ニューファンドランド沖の主要漁場で操業を維持するというフランス政府の決意は、また海軍水夫の重要な供給源であった漁業を支援することは、七年戦争の終結を受けてイギリスと平和裏な交渉をする際の重要案件であった。七年戦争後、フランス海軍は愛国的な献金もあって再建を果たしている[35]。

一七七〇年代初頭にフランス艦隊の質は低下していったが、それはもっぱら海洋大臣ブルジョア・ドゥ・ボワーヌ（一七七一～一七七四年）による非協力的な体制へと、政治的変化があったからだが、他にもこの間は緊縮財政を敷いていたことにもよる。しかし、一七六三年以降造船を活発化させたおかげで、一七八〇年にはフランスとスペイン両国合算でイギリスに対し、約二五パーセントも数量的に上回っていた。イギリスはヨーロッパやアメリカの海域で、支配権を握れなかったこともあって、一七五六年から一七六三年の七年戦争の成功を繰り返すことができずにいた。むしろイギリスの軍艦は、アメリカでの戦闘に広範囲に巻き込まれた結果、再配置をしなければならなくなり、アメリカ海域における海軍の均衡は、ヨーロッパおよび明確にカリブ海との相関性を示すようになった。

アメリカ独立戦争は、イギリスおよびフランス、スペインの海軍戦略に重大な問題を提起している。もっとも、そのなかで新しい戦略的問題も出現してはいるが、革新的といえるほどのものはみられなかった。イギリスにとって、大西洋の反対側の部隊に供給をするという兵站上の悪夢はさておき、軍艦数の問題は戦略をめぐる議論と表裏一体の関係にあった。特にフランスの港を封鎖する要求に対しては、イギリスの船舶数が明らかに不足しており、第一海軍卿ジョン・アール・サンドウィッチ伯四世の慎重な議論と衝突していた。彼によれば、海軍力とは自国海域に集中すべきであって、それは単に侵略を防ぐだけでなく、ブレスト近辺に拠点をおくフランス主力艦隊からの深刻な挑戦に立ち向かい、それによって海軍の支配権を獲得するという意味合いもあった。遠方基地にある艦隊（水陸両用作戦を支援し通商の保護に当っていた）の大半を分散させることで、この目標は妥協点を見出したかに思われたが、海軍の支配権をめぐる戦いにはあまり影響を及ぼさなかった。

通信技術が未発達だったため（一九世紀の電信により状況は変わるが、二〇世紀初頭の無線電信の利用まで劇的な変化はみられなかった）、遠方基地の司令官たちが効率のよい管理をすることは困難であった。こうした司令官たちは油断なく自らの裁量権と資源を守るのみで、それはフランスの主導権に対抗するには、いささか硬直的であった[36]。

しかしながら、自国海域での海軍力増強で、フランスの地中海海軍基地トゥーロンは封鎖を免れ、一七七八年にはトゥーロン艦隊はアメリカ海域に進出できるようになり、ニューヨークにおけるイギリスの地位を脅かすようになった。フランス軍艦の到着は、イギリス駐屯兵が戦争を勃発させる最初の予兆であったが、フランス側はその衝撃を本国にうまく伝えることができなかった。

深刻な戦略的、組織的問題にもかかわらず、フランスは七年戦争のときよりも海での活動に成功している。それはイギリス側の動員の遅れにもよるが、フランスの断固たる、実効力のあるリーダーシップの果たした役割は大きい[37]。実際、それはフランス側の戦争に関する努力においてはっきり確認される。有能で精力的な提督ピエール・アンドレ・シュフラン（一七八二～一七八三年のスリランカ沖およびベンガル湾において、イギリスの粘り強く、手ごわく、勇敢な敵であった）とドゥビリエ（一七七九年のイングランド侵攻時の司令官）には際立った違いがみられる。このイングランド侵攻はイギリス海軍の活躍というより、むしろ病気と劣悪な体制ゆえに目的が達成できなかった。

この当時の戦いでは海軍が大勝利を得ることは難しく、その後の戦争でイギリスは、一七四七年、一七五九年、一七八二年、一七九八年、そして一八〇五年まで勝利できないままであった。近代的な規格と深い竜骨をもたなかったため、帆船の耐航性には限界があった。戦闘用帆船の機能的な問題は、蒸気船が直面した問題とは非常に異なっていた。帆船にとって最適な条件とは、風上から風力四～六程度で比較的穏やかな海面を進む、というものであった。うねりのあるときに大砲の射程距離を決めるのは、かなり難しかった。機動性上の制約から船は、火力を極大化するために縦列で展開された。また、縦列隊形や戦闘で船を扱う際の技術によって、機動性と速度をコントロールするために、三本マストの帆でも風のバランスをとることが可能であった[38]。単縦陣による戦術と戦訓が組織的団結を促すため考案され、これによってより効果的な火力、相互支援、柔軟性が、不確かな要素の多い戦闘において確保されるようになった。

しかし、戦術の実践は陸上よりも海上のほうが天候や風が操艦性に影響するため、理論（通常は幾何学的[39]）どおりに行動できることは少なかった。海上での戦闘の本質は、特に操艦の難しい単縦陣の性質上、ひとたび船が緊密な動きになると結束を維持しづらくなり、経験や標準化、設計の向上で効率があがったとしても、相変わらず大きな制約が存在していた[40]。一七七八年七月二七日のウェサン島沖海戦での、仏ブレスト艦隊と未決着に終わった勝負の報告によれば、風向きの影響が大きかったことがわかる。

艦隊に行動を起こさせるには、兵力と同時に風の恩恵を受けられるかどうかが、常に大きなリスクとなる。我が艦隊はいつも同じ機動力があるわけではなく、多くのものごとを決する偶然性が、提督の決断力を無効にしてしまった……現実には、同等の力をもった二つの艦隊が等しい条件で戦闘しない限り、誰が攻撃しようと無限のリスクを負わなければならない。したがって、風上に向かって攻撃をかける風下の艦隊の場合は、危険このうえない操艦を行うことになる[41]。

この戦いの特徴ははっきりしないが、ただいえることは、アメリカ独立戦争においてイギリスは困難な状況のままフランスによる介入に直面した、ということである。逆にいえば、その日勝利していたならば、フランスによる大英帝国攻撃の可能性を制限できたであろうし、さらにフランスはスペインへの依存を高めることになっていただろう。

三年後、グレーブズはバージニア岬沖でフランス艦隊の撃破に失敗する。打撃を与えるという意味では一隻の船も沈まず決着のつかない戦闘であった。しかし、ヨークタウンのコーンウォリス伯籠城軍を救出に向かうイギリス軍をフランスは妨害しており、これがフランス側にとって重要な成功となった。その後コーンウォリスは降伏するが、これがイギリスの政治動向に与えた影響は、戦闘が戦略的な影響力をもっていたことをはっきり示している。ノース内閣は倒れ、和平交渉を主張する内閣に代わった。しかし、これは海軍行動の結果としてみただけで、この降伏が必ずしも倒閣を招いたものではないかもしれない。もっとも、戦闘のニュースが、イギリスでの政治的緊張と互いに影響しあっていたのは、事実である。

フランス革命とナポレオン戦争

イギリスとフランスは、一七八七年のオランダ危機で新たな戦闘の危機に直面する。また、一七九〇年のヌートカ危機では、フランス側にいたスペインと対立した。どちらの危機も海軍が極めて野心的な準備をしており、危機の過程で強固な意志と力をみせつけることになった。しかしながら、二大国とも一七九三年まで再び戦うことはなく、その時点でのフランス艦隊のリーダーシップと管理力は、王政崩壊による影響（フランス革命およびそれに起因する政治的・行政的混乱）を強くこうむっていた。その影響は海軍よりもむしろ陸軍に強く現れていた。将校と兵士の間の関係が崩壊したことをおいても、将校団に派閥主義が出現するようになり、パリと各地の港では政治家たちから逆行する要求がわきあがっていた。一七九三年、イギリスはフランス王党派によりトゥーロンへ招請されたが、ナポレオン（当時はまだ一介の青年砲術将校）が巧妙に設置した大砲を使い、革命軍が適切に対応したことで駆逐された。フランス海軍は内部で不満が高じており、それはイギリス海軍による一七九七年の反乱よりもかなり深刻であった。一九一八年のドイツ海軍の重大な反乱と、その翌年に起きたイギリス海軍での反抗は、同じ海軍でもかなりその深刻さの度合いが違っていた[42]。

イギリスはアメリカ独立戦争のときに比べ、一七九〇年代と一八〇〇年代の場合、艦隊行動で大きな勝利を収めている。特にフランスに対する「栄光の六月一日」（一七九四年）、スペインに対するセント・ビンセント岬海戦（一七九七年）、フランスとのナイル川の戦い（一七九八年）、フランスとスペインとのトラファルガー海戦（一八〇五年）は顕著である[43]。この成功は突然の大躍進というよりも、特徴的な軍事制度内での戦闘能力を反映したものであった。そこでは、よく訓練された砲兵たちや操艦術のうまさ、勇敢なリーダーシップ、そして効率的な司令などが鍵となっていた。事実、ジョージ三世は一七九七年に「イギリスでは欠乏に対応するのに、海軍技術と武勇があり、それには自信があった。あらゆる場面で等しく数をそろえると期待するような、当世風のあさましいやり方を、イギリス人はこれまでやったことがないと確信している」と述べている[44]。

また、海軍力のおかげでイギリスは、フランス革命とナポレオン戦争中でも効率的な護送制度を維持することができた。それによって世界中で商船比率を高めることが可能となり、さらに、フランスとその同盟国が世界市場に食い込むことを阻止できるようになった。総じてイギリスがもつ海軍力および海洋資源の強さと本質ゆえに、一八〇六年以降、ナポレオンによる大陸封鎖令にもイギリスが対抗できたのである。海軍力はまたポルトガルとスペインにおけるイギリスの戦いを支援するところとなり[45]、特にイギリス軍の撤退を支援した事例ではそれが顕著である。たとえば、一八〇九年のコルーニャ、一八一〇～一八一一年のリスボンがそうであり、前者では海軍が使われたが、後者は不必要であったと明らかにされている。

海軍は水陸両用作戦に不可欠とされていた。それによってフランスとその同盟国の海外基地の奪取につながり、その結果、イギリスに挑戦する敵側の能力を一段と弱めることになった。一八〇六年にイギリスはケープタウンを再び陥落させると（一七九六年占領、一八〇二年奪還される）、マルティニーク島（一八〇九年）、レユニオン島とモーリシャス島（一八一〇年）、バタビア（ジャカルタ、一八一一年）と相ついで海外各地を占領していった。一八〇八年、ナポレオンはスペインの海外領土の新世界だけでなく、フィリピンまでも奪おうともくろんだ。この野望はスペインの抵抗によって阻止された。しかし、一八〇三年にハイチで黒人反乱が起きて、フランスはこれを鎮圧しようとしたもののイギリスに阻止されたように、スペインが抵抗せずとも、いずれイギリスの海軍力で阻止されていただろう。

一八一二〜一八一五年の戦争

イギリスの海軍力はまた、一八一二〜一八一五年のアメリカとの戦争でも決定的であった。海においてイギリスは（フランスとの戦争に集中していた時期であった）、最初のうち自信過剰で不正確な砲術に悩まされ、さらに敵側よりもあまりに威力に欠ける悪装備の船にも悩まされていた。しかし、一八一二年の船舶同士の衝突で失った三隻のフリゲートを除き、イギリスの喪失した船はいずれも小型のものであり、イギリス海軍の戦時中の実効力が、大西洋でも五大湖でも実証されることになった。北米全域で行動するためにイギリスは、大西洋横断航路および海岸沿いでの行動力に依存していた。海軍による封鎖は一八一三年以降実効性があがっており、アメリカの海軍活動のみならずアメリカ経済も直撃していた。イギリスの水陸両用部隊はワシントンを占領し、ボルチモアを脅かすこともできたし、さらに手際の悪い指揮と統率のとれないアメリカの攻撃に効果的に立ち向かうため、カナダに増強部隊を派遣することも可能であった。五大湖及シャンプレーン湖において海軍が展開した戦闘の重要性は、特に一八一三年と一八一四年のエリー湖とシャンプレーン湖での、アメリカ側の勝利によって明らかになる。それと同時に、内陸部での水路とそれに派生する戦闘の重要性も、顕在化することになった。

イギリス海軍力

イギリスの海軍力は、高度に発達し、かつ財政規律のある（他国と比較してみるとそれぞれ十分明らかである）行政基盤に存する。世界最大のイギリス艦隊は、極めて多くの、事実、世界屈指の商船および漁船保有数を誇る、その人員力に依拠していた。とはいえ、いつも十分な船員を充足することはかなわず、陸上での戦闘経験のある男たちが海軍勤務に流れていくこともあった[46]。さらに、商船とロイヤル・ネイビーの関係は、陸軍よりも国内経済への統合を強く推し進めた。イギリスの海軍力はまた、広く普及した操艦術と砲術の質を反映しており、それを身に着けた能力のある者たちが任務についていた。また、決断力のある熟練した艦長たちは、優れたリーダーシップを発揮した。この有能なリーダーシップは海の指揮で発揮されただけでなく、ネルソンの革新的な戦術のように、組織的効率性を育んだ効率のよい海軍組織内のリーダーシップについてもいえることであった。たとえば、そのことはアメリカ独立戦争後の艦隊再建において顕著である[47]。

海戦のイメージは様々なやり方で規定され、政治的にも議論された[48]。しかし、イギリスは能力主義的であり、フランスよりも強い海軍の伝統に加え、昇進制度においても顕著な能力主義であった。陸戦よりも海戦に国家資源を多く振り向けたのも、通商と国家的自己イメージが果たす大きな役割を反映した政治的選択の結果である。これとは対照的にフランスでは、効率的な海軍の指揮系統が欠如しており、イギリスに比べると通商は政府およびその政治的土壌にとってさほど重要ではなかった。同じことはスペインやロシアにもいえた。

結果的にイギリスの能力は、帝国と通商のグローバル・ネットワークを構築する独特の西洋の経験に依存していた。すなわち、西洋に特徴的な経済と技術、さらに国家形態が、根底において相互に影響しあっていたのである。特に、イギリスとオランダのもつ、突出した自由主義的な政治制度の影響も大きい。よく知られているように、こうした制度は実効性があり、特に海軍力の開発に有意義な民間部門と資本家、政府の相互間に共生関係を生み、また独自の協調体制をつくることにも成功した。中国と朝鮮、日本では、多くの大型船を建設し、大砲の生産も可能であったが、体制的にかなり中央集権的であった。その経済や文化水準は同時代の西洋諸国に比べても、必ずしも弱体なわけではなかった。しかし、この三国の場合西洋列強とは対照的に、海洋から実益を生み出すことを目標とした経済と技術、国家制度間に相互の影響がほとんどみられなかった。

とはいえ、西洋の海軍は一九二〇年当時と比べると、その潜在力ははるかに小さなものであった。一九二〇年当時は最初の潜水艦が登場し、続いて空母が投入されると、作戦環境と軍艦の関係が変化してしまった。空母は海軍力によるランドパワーへの圧力のかけ方を変えた。より具体的にいえば、水陸両用作戦がうまく展開できるようになったのである。この能力は潜水艦から発射される巡航ミサイルに受け継がれていった。対照的にフランス革命とナポレオン戦争当時の海軍力では、これに匹敵するような影響はみられない。確かに一連の海軍による成功でイギリスは侵略から守られ、水陸両用作戦もリスクを冒して実行することができるようになった。しかし、こうした勝利も作戦の成功も大きな影響はなく、それは陸上での戦闘にもあまり影響を及ぼさなかった。トラファルガー海戦（一八〇五年）後、一九隻のフランスとスペインの戦列艦が捕獲ないし撃沈され、イギリスは戦列艦の完全な優越を誇るようになる。しかし、一八〇五年から一八〇七年にかけてナポレオンは、オーストリア、プロイセン、ロシアに対して勝利し、三帝会戦においてはヨーロッパにおけるフランスの地位が、戦いの開始時点よりも圧倒的に強いものとなったことを示した。

広い文脈からみれば、イギリスがイベリア半島でいかなる作戦的成功を収めたにしても、強大な陸戦力をもった同盟国の支援なしに、ナポレオンを駆逐することはできなかったことになる。状況的にこれは、ロシアがスウェーデンとオスマン帝国の征服に向かうことを、イギリスが防げなかった事態の再現といえる（一七二〇～一七二一年と一七九一年）。ロシアは、ピョートル大帝（在位一六八九～一七二五年）とエカチェリーナ大帝（在位一七六二～一七九六年）が海軍に強い関心を示した当時に比べ、明らかに陸軍に集中するようになっていた。一七九〇年代、オランダと地中海にロシアは水陸両用部隊を展開した。これに代わって一八一三年から一八一四年にかけては、ポーランドからドイツに、ついでフランスへと作戦の関心は移っていった。もっとも、ロシアはフィンランド支配に海軍力を投入しており、一八〇八年にはスウェーデンから奪取している。

海戦に関する限り、イギリスの勝利はその後の作戦、戦略に強い影響を与えた。海軍力の均衡を大きく変えたからである。フランス革命戦争におけるイギリス海軍最初の勝利は、一七九四年の「栄光の六月一日」であった。これによって、フランスが一年前に策定した主要艦隊構築の計画は阻止され、イギリス海域でフランス海軍の脅威を受ける可能性が小さくなった。したがって、イギリス海軍は作戦展開がより遠洋まで可能となり、特に地中海とカリブ海においてそれは顕著となった。フランスが二二隻の船を失ったフランス革命戦争の最初の二年間と、フランスが四隻だけしか失わなかったアメリカ独立戦争での英仏の最初の四年間の状況の違いが、戦闘の命運をある程度説明している[49]。

一七九八年、ナイル川（アブキール湾）の戦いでネルソンは、フランス艦隊に完全勝利を収めた。続いて一七九九年にイギリスは、マイソールでセリンガパタムを占領し、そこでティプ・スルタンを殺害した。さらに、一八〇一年にはエジプトでフランス軍に勝利すると[50]、フランスはもはやエジプト・インド軸に沿って、十分なパワー・プロジェクションを展開できないことが明らかになった。イギリスとの戦争の結果フランスは、獲得していたヨーロッパでの主導権を阻害されることになった。イギリスは海洋での支配的地位を手中に入れたが、それは一七九五年から一七九六年にかけてわずかに崩れる（フランスがオランダとスペインに同盟を強要し、艦隊編成で有位であった時期。地中海からイギリスの勢力が駆逐された）。しかし、一七九七年から一八〇五年にかけてイギリス海軍が勝利した結果、ヨーロッパのフランス同盟国の植民地は、フランス（と同盟国）の手から離れてしまい、海外に勢力展開するためにナポレオンが用意した資源も用いられずに終わった。これはフランス固有の状況で失敗したわけではないものの、ここにはフランスが大陸での活動に対し海洋を重視せず、イギリス海軍の成功さえ重くみない、という事情も反映されている。

しかし、イギリスの海洋における勝利でも、フランス海軍の再建を妨げることはできなかった。一八〇五年のトラファルガー海戦敗北後でさえ、そうであった。このような反応は一般論としても当てはまる。レパント海戦後のオスマン帝国（一五七一年）や無敵艦隊敗北後のスペイン（一五八八年）、ミッドウェイ後の日本（一九四二年）などどれもそうである。しかし、主要艦隊の敗北はバルフール海戦後のように、戦略上の変更を強いるうえで重要である。同時に戦闘が他の海軍作戦と比べて同等か、もしくはより大きな影響力を有するか、というように相対的文脈において考える必要がある。たとえば、七年戦争とナポレオン戦争での水陸両用作戦や、二度の世界大戦中の対潜水艦作戦におけるイギリスの優位がそうである。

一八〇九年までにフランスは艦隊を再建し、トゥーロン艦隊はイギリスの封鎖艦隊と同じ程度の戦力を有するようになっていた。しかし、フランスの海軍力は一連の敗北で大量に船員が行方不明になったり、死んだり、あるいは捕虜になったりしたため、極めて大きな打撃をこうむった。さらに、一八〇八年にナポレオンは、スペイン侵攻時にスペイン海軍の支援に失敗している。国際状況の役割は、一八一二年から一八一四年にかけて極めて重要である。そして、国際的な同盟関係上、ナポレオンの衰退期という決定的に重要な時期に、イギリスの軍事能力が効果を発揮した。すなわち、イギリスとその連合国によって、陸上でフランスに対する強い打撃が与えられたのである。トラファルガーでなくライプツィヒの戦い（一八一三年）において、オーストリア、プロイセン、ロシアが勝利したことは、ナポレオン時代の終焉を意味した。

さらに、イギリスの限界として忘れてはならないのは、イギリスの水陸両用作戦のうち、たとえば一八〇七年のブエノスアイレスおよびエジプトでの作戦のように、最終的に不首尾に終わったものもあったことである。前者の場合、同都市を攻撃したイギリス軍が降伏する結末となった。同年オスマン帝国は、イギリス艦隊がダーダネルス海峡で威嚇したものの、これに屈しなかった。また、西洋海域における水陸両用作戦の場合では、イギリスは一八〇九年のワルヘレン島遠征で失敗している。これはアントワープ港の支配権を確保し、トラファルガー海戦後のナポレオンによる海軍再建計画を阻止しようとした大がかりなものであったが、病気と不手際が重なった。この遠征の結果からは、目標の重要性が示唆される。

封鎖

イギリスと、フランスおよびその同盟国（スペイン、オランダ、デンマーク）間で発生した海戦は注目を集める傾向にある。そこでの海軍活動における戦闘以外の側面を考慮すると、海軍力の強みも弱みも明らかにされる。封鎖は海軍力と経済情報、財政圧力、外交交渉の組み合わせであり、特にヨーロッパ海域でイギリス小艦隊が哨戒活動をする際に重要であった。それ以外の海域においても、その重要性はある程度認められていた。敵国の外国貿易を妨害する能力は、その海軍に打撃を与えることにもなった。材木や海軍の必需品が入手できなくなるからであり、一八〇〇年代のスペインがまさしくそうである。封鎖は敵国の帝国制度を麻痺させ、大いに経済を攪乱した。たとえば、一七四七年から一七四八年にかけてイギリスの管制下にあったフランスや、ナポレオン支配下のヨーロッパ経済がそうであった。[51]国民の生計を直撃するのである。ノルウェーの生活が一八〇七年から一八一四年の封鎖で直撃を受けたのも、それはフランスの同盟国デンマークによる支配をノルウェーが受けており、そこからの支援が細ったためである。

このような打撃を加えられなかったとしても、割り高な保険料と船員への危険手当、さらに護送などの防衛手段に訴える必要性から、通商コストが跳ね上がる可能性があった。ジョージ三世は一七九五年に、「イギリス海峡、ビスケー湾、北海を敵船の脅威から取り除いておくために、常時小艦隊を派遣しておく必要がある。海軍本部がそのための手段を一貫してとっていたならば、今ごろフランスの通商は完全に破壊されていたであろう」と書いている。[52]戦略的反応としてナポレオンは、イギリス沿岸部の封鎖を迂回するために、一八〇〇年よりフランスからイタリアに至るセンピオーネ主要道を建設した。

封鎖には様々な種類があり、用語を定義づけする必要性が頻繁に生ずる。また、概念を慣習的に使おうとする際も注意する必要がある。たとえば、パワー・プロジェクションや沿岸戦争、潜水艦戦のような表現を使う際に、しばしば活動範囲を混同したり、最悪の場合目標に矛盾をきたしたりするのと同じである。緊密な封鎖は、敵海軍力の出現を阻止する意図で考案され、これに対して緩やかな封鎖は、敵海軍力の出現を待ってこれを捕捉する意図から考案されたものである。さらに、外洋封鎖は通商を阻止し、敵国の社会に直接経済的打撃を与えるもので、全面戦争の考え方に関係した側面を有する。

このように封鎖には幾種類もの性格があり、それに応じて成功の度合いも様々である。とはいえ、封鎖はどこであれ極めて困難である。さらに、イギリスにおける封鎖小艦隊の歴史は、嵐とフランスに対する失望に何度も見舞われている。封鎖小艦隊は風と天候によって、停泊地から離れざるをえないこともあり[53]、トゥーロン封鎖はことのほか難しい状況であった[54]。一七九八年五月、トゥーロンからエジプトに向けフランス艦隊が出航したときも、トゥーロン沖で監視していた小艦隊が停泊地から風で流されている。

また、たえず押し寄せる風と波にさらされていると、経年劣化と同時に艦船には大きなダメージとなり、これは一般的に厳しい警告となった。結果的に、戦争では効率面で妥協を強いられることになり、そのため計画の実現が困難となったり、戦争前の熟練した印象を維持することが難しくなったりした。たとえば、イギリス海峡艦隊の場合、一八〇四年一月三日暴風に遭遇して散り散りになり、ル・アーブル港封鎖が取りやめになった経緯がある。天気による被害は、フランスよりもイギリス船のほうに大きかった。一八〇三年から一八一五年にかけて喪失したイギリス船三一七隻のうち、二二三隻が座礁ないし沈没しており、その中には一八一一年に嵐によりデンマーク海岸で座礁した軍艦セント・ジョージ（九八名の砲手、八五〇名の船員を喪失）も含まれる。熱帯での駐屯は特に危険で、一八〇七年にトローブリッジ提督と「ブレンハイム」は、マダガスカル沖でインド洋の嵐に消えている。

霧もまた特に封鎖においては問題となった。一七九八年四月、ブレスト艦隊が出帆したとき霧がフランス側の動きを隠し、いったん艦隊が出航すると、どこにいったのかまったくわからない状態であった。この場合、イギリス側はフランス軍がアイルランドか地中海か（いずれもイギリスにとっては手薄であった）、どちらに向かうのかよくわからなかった。一八〇八年一月、フランスのロシュフォール小艦隊は、荒天と視界の悪さに助けられ、イギリスの封鎖を突破してトゥーロンに向かい、そこで艦隊強化を図っている。

沿岸部での海図が貧弱であることから、しばしば船が座礁するという問題も発生していた。特に、封鎖時には簡単に座礁してしまうことが多く、海岸部に潜む敵艦船を攻撃する際の浅瀬も問題であった。ひとたび座礁すると、船は攻撃にも天候にも脆弱であった。

風力で動く軍艦は、戦術的にも作戦的にも天候次第であった。したがって、天候は海軍力にとって重要な要素であり、海軍力を理解するうえでも天候は不可欠である。船は風によって一定の角度にのみ進行可能となる。過度な、あるいは不十分な風では深刻な問題が生ずる。風だけに頼るのは、海岸付近での海軍活動をほとんど偶然任せにしてしまうので、それがガレー船の価値を引き続き高めていた。たとえば、フィンランド湾の岩の多い水域では特にそうであった。フランス船が大西洋における主要港ブレストを出帆できるのは、東風の場合だけであった。西風や南西風が多いため、この東風はあまり吹かなかっただけでなく、不安定なブルターニュ海岸へ常に吹き寄せるため、イギリスが封鎖する場合にも困難を生じ、イギリス人にとっても非常に危険で悲惨な状況をもたらした。イギリスの封鎖技術は時代とともに変わっていった。ナポレオン戦争の末期にはイギリス海軍は、極めて上手にブレスト沖で封鎖できるようになっていたが、フランス船は相変わらずその当時でさえ脱出可能であった。イギリス側の主要目標は食糧供給を断ち、ブレストに海軍の備蓄をさせないことであり、それはかなり容易にできるようになっていった。封鎖とは要するに、船が出帆するのを極力阻止し、物資を搬入できないようにすることであった。これは特にブレストで重要性が高かったが、ブレストが過度に揚陸型の輸送システムに依存していたからであり、すべてが海からもたらされていたからであった。

監視や海軍力の指揮管理能力には強い制約が生じていた。そのため戦術的、作戦的意味で「見張る」ことや、戦略的に水域を支配することが非常に困難となり、どの封鎖の場合でもその価値はまったく半減してしまった。一般的に晴天時でも、メインマストの上からの視界はおよそ一五マイルしかなかった。しかし、艦隊は水平線上に何隻ものフリゲートを配置させる方法をとって、帆を使いつつシグナルを送ると、それは旗よりも大きくマストが極めて高いため、水平線からかなりの距離をおいても視認可能であった。このリレー方式は、特にイギリス艦隊による封鎖の場合に重要である。ブレストやトゥーロンのフランス軍、あるいはカディスのスペイン軍を物理的に見張る、沿岸部での非常に機動性の高い小艦隊（風下側の岸辺では捕まりにくい）の場合、シグナルをフリゲートによるリレーで、数マイル離れて安全な場所にいる艦隊本部に送っていた。

監視能力は驚くほど精度を上げており、単に船を「見る」だけで、その国籍や強さ、技術、兵員、性能や遂行能力まで判断することが可能であった。しかし、二〇世紀初頭には監視と指揮管理方法が進化し、たとえばエアパワーや無線通信、レーダーなどは戦況を一変させただけでなく、ネルソン時代の伝達手段を適用すれば誤まった印象を与えることになってしまった。

イギリスの海洋における位置づけ

一般的にいって、作戦上の限界は技術力とその進歩を通じて破られてきた。たとえば、特化した帆船でみると、特にボムケッチ〔訳注、重臼砲搭載の二本マストの帆船〕の場合は、浅瀬の沿岸部での作戦を重視して設計されている。[55] まさしくこのような海域で成功を収めた戦争の事例を引き合いに出すことも可能である。たとえば、イギリス海軍の一八一四年のチェサピーク湾の戦いである。しかし、成功とはいえあいまいな性格であったことは想起すべきであり、結果的にボルチモアを脅かした戦力の投入能力や、ワシントンで公共施設を焼き払い、ブラーデンスバーグでアメリカ軍を撃破した陸上部隊の存在はあったが、イギリスは接戦でも戦争を決着させるには至らず、逆にアメリカ人の感情を刺激してしまった。新型ロケット砲を搭載した船を用いて、ボルチモア郊外のフォート・マッケンリーを砲撃しても、これは大失敗に終わっており、逆にアメリカ側では困難に耐える不屈の精神の象徴として、国歌「星条旗」が制定されている。

そうした困難にもかかわらずイギリスの海軍力は、海洋力を大いに向上させることに成功し、それはグローバルな通商の保護と拡大に重要な役割を果たした。たとえば、イギリスの南アジアと東南アジア、極東での商業上の進出は、海軍力によって支援されていた。一八一一年から一八一六年にかけて、オランダ植民地のジャワ島はイギリスにより占拠されるが、これは通商の拡大過程において重要である。結果的にイギリスはシンガポールを支配するようになり、それによって一大貿易拠点を築きあげていったからである。

一般的にいってイギリスによる海洋支配は、同国による探検と通商、さらに世界の知識（世界中の海図作成も含め）を集積するうえで主導的役割を果たした。この役割は帝国の首都に大いに活況をもたらすことになり、そこでは造船とドックが著しく発展し、それが大英帝国の商業インフラ向上の重要な要因となった。イギリスはフランスとの戦争によって、海軍向けと通商向けのどちらにおいても、各地で造船が拡大した。イギリスの海洋経済の強さは、ナポレオンがヨーロッパ大陸とイギリスとの通商を阻止しようとしたことからも示唆される。あるいは、イギリスから金の密輸が増加する結果となったことからも窺われる。結果的に、イギリス海軍は密輸との戦いに関与していくことになる。

海軍力は経済成長の所産のみならず条件でもあった。産業革命はイギリスにとって、また、結果として世界的な近代化にとっても、決定的に重要であった。通商を促進するために、既存の制約の中で効果的にイギリス海軍を動かす能力も、イギリスの経済成長を促すうえで極めて重要であった。産業革命はそうした能力を保持するうえで根本的な意義を有し、一九世紀および二〇世紀初頭において、これまでとまったく異なる戦術的、作戦的、最終的には戦略的な能力を、新型海軍において発展、維持させたのである。しかし、仮に軍事力と軍事的変化を技術に基づいて説明するならば、ネルソン時代の海軍力は海軍革命という意味ではやはり議論に値しない。

事実、潜水艦の場合、新規開発として紹介されても、様々な困難が認識されると、それを採用に踏み切ることに躊躇している。ブッシュネルに続いて別のアメリカ人ロバート・フルトンも、一七九七年に潜水艦を開発しているが、フランスもイギリスもその技術獲得にはあまり関心を示さなかった。一八〇〇年から一八〇一年にかけて、彼が行ったフランス向けの実験には、簡易容器中での圧縮空気システムのテストも含まれており、水面下での爆発で停泊中の船舶を破壊することに成功している。フルトンはまたイングランド侵攻用に蒸気船を使うことも提案している。しかし、一八〇三年にフランス科学アカデミーはこの案を却下した。さらに、フルトンはイギリスでも、一八〇四年から一八〇六年にかけて機雷の研究を実施している。それは実際に使われたものの（一八〇四年にブローニュでフランス船を攻撃）、ほとんど効果がなかった。とはいえ、一八〇五年の実験で彼は、機雷で大型船を沈めることに初めて成功している。

しかしながら、トラファルガー以降、先進的な新技術にイギリスは次第に関心を示さなくなる。それはイギリス海軍のおかれた状況が、比較的安全なものとみられていたからであった。一方で一八〇七年以降フルトンは、効果的な着火装置の工夫に失敗したことで、魚雷実験をためらうようになった。一八一二年から一八一五年にかけての米英戦争期間中、フルトンは潜水艦や機雷、水中砲の実験にアメリカで携わったが、それは失敗に終わっている。そうした試みは彼だけではなかった。一八〇七～一八一〇年、ロシア人イワン・フィストゥムは電気信管を開発し、港湾防衛用の浮き機雷にそれを使うことを考案した。他方、一八〇九年にナポレオンはフランス企業に対し潜水艦の建造を命じている。[56] もっとも、潜水艦戦争の基盤は、効果的な水中での推進装置や空気の貯蔵が含まれるため、まだ時期尚早であった。

海軍力と近代性の説明

戦争の圧力と、進歩に向けた一般的な研究への圧力があったにもかかわらず、技術革新に焦点を当てることは、この期間には限定的な価値しかもたなかった。一七九二～一八一五年でみると、陸上での戦争のみならず、海戦の場合も（熱）気球やロケットにみられるように、当時の先端技術はほとんど使い物にならず、この点は示唆的である。したがって、技術に焦点を当てる代わりに、能力や実効性、開発といった要素を、複数の説明から考えてみるほうが有益であろう。その枠内における主な要素は、既存の制約の範囲内で合理的な実効性を引き出す能力にある。この実効性は、潜在的な技術力を急激に変化させないという環境のほうが、容易に確保された（今もそうである）。つまり、一六六〇～一八一五年という時代にそれは当てはまる。たとえば、第一次世界大戦はその対極にある。それ以前の時代を考える限り、効率よく上手に作戦を展開しうる主要素は、実に制度や管理能力の所産であったり、あるいは、財政力、それに政権の安定度や支援であったりする傾向が強かった。

フランス革命の前と最中それに後でも、イギリスにはこの三つの利点がどれも確認される。一七九三～一八一五年の時期のイギリス海軍は、他国の海軍に比べてはるかに先に進んでいたため、近代海軍と呼び習わされる。一方、他国の海軍は依然として近代初期の状態のままであった。しかし、このような言説は、問題の多い目的論ないし、過去に対して直線的思考〔訳注、物事を因果関係の累積と考える〕を導入することになる。軍の構造と投資パターンは様々で、固有の特徴があるという観点から、または、目的にあった概念のみならず、当時の戦略文化を反映したり、それに起因したりする多様な目標を理解するという観点から、過去を批判的に考察する必要がある。海軍はすぐに合目的な行動をする場合もあるが、近代性という現代の視点からみると、最先端とは程遠い行動をすることもある。これはいまでも当てはまる問題である。

近代という視点から再びイギリス海軍を考えてみると、軍艦技術が他と異なっていたわけでないが（当時のイギリスの軍艦はフランスよりも平均的に古い船体であった）、大砲鋳造や射撃手法（火打石銃）、船舶への食糧供給およびその貯蔵法、医薬品と手術法、帆とロープの質などの点でイギリスは進んでおりその集積があった。こうした点での先進性は、すべて一七九三年から一八一五年の間に顕著となっている。これに対して他の海軍はこれらがほとんど欠如していたり、遅れていたり、単純なものであったりという状態であった。他の海軍とイギリス海軍は、規模においてまるで異なっていた。一八一二年にはイギリス海軍の食糧供給は、フランス海軍の弱点であった多数の捕虜以外にも、毎日一四万の人員に対応できるようになっていた。これは強大なイギリスがもつ組織上の能力の一面であり[57]、兵器技術の変化を主体とする思考方法の限界を補足するものとして記憶されてよい。一般的に強調されるところとして、こうしたやり方は一五〇〇年から一六七〇年の時期にかけてのイギリス海軍に当てはまり（第一次、第二次英蘭戦争を含む）、結果的に蒸気船時代でもそうであった。

さらに、イギリス海軍は蒸気船時代に先立ち、当時の海軍力の目標を達成しており、イギリスが想定する戦略文化を実現することが可能であった。とはいえ、エアパワーやミサイルを備えた大陸国家への対抗、といった能力はまだ考えられておらず、せいぜい蒸気力や炸裂弾、鉄船、無線通信などへのシフトが精一杯であった。能力面でのパラダイムシフトは、船体破壊や操艦術、パワー・プロジェクションに関する限り革命的であり、事実、一八〇六年にフルトンは「陸海であらゆる戦術を変えるような火薬の発見につながる科学を追求しても、それにあまり深い意味はない。将来組み合わせによっては、海洋から軍艦が一掃されてしまうかもしれない」と述べている[58]。

ナポレオン戦争の最中、フランスの侵攻を挫くイギリスの海軍力は、大きな困難に直面していた。しかし、結果的に一九世紀にはイギリスに匹敵する海軍は存在しなくなり、イギリス海軍の支配権が確立していった。この支配権は産業の強靭さと戦略文化に依存するものだが、どちらも既存の海軍組織内で起きた潜在的な技術変化を、組織を壊さずに取り込んでいった側面をもつ。こうした状況は一九〇〇年代と一九一〇年代、海軍力への積極的投資をもくろむ一大工業国家ドイツが、イギリスに強く対抗していった過程にも当てはまる。その後、イギリスからアメリカへと海上支配権が移ることになるが（一九四一～一九四五年に確立）、それは英米間で争いなく移行しており、それどころか両国は同盟関係にあった。一九四一～一九四五年の間、日独が同盟を結んで対抗していたときも、この改革が妨げられることはなかった。標準的な直線的思考では、一六八九年から一八一五年にかけた英仏間の海軍の（そして実際に帝国間の）敵対関係は、戦争状態にないときの競争も含め、海軍力の行使にかかわる一連の挑戦の過程とみなし、結果的により大きな総力戦となっていった戦争の一部とは考えない。事実、フランス革命とナポレオン戦争当時のような、英仏間における遠洋での大規模な海軍同士の対決は、それ以降発生していない。

第5章　一八一五～一九一四年

一九世紀はイギリスによる海上支配権が確立された時代であったが、他方で西洋海軍の優越に挑戦する動きが起きた時代でもあった。事実、一九〇五年には日本がロシア海軍を劇的に打ち破っている。とはいえ、一五九〇年代に同じ海域で争っていた東洋の軍艦とは異なり、勝者の日本人は西洋型モデルで組織化され、より明確にいえば、イギリス人による訓練と装備を施されていた。連続性という面から別の主要因をみると、一九世紀にかけて海軍技術は劇的に変わったものの（特に推進装置や火力、装甲）、西洋海軍のモデルの本質部分は変わっていなかった。この時代を通じて頼りにされたのは、武装商船に代わる軍艦であった（もっとも、海軍計画においては武装商船や戦列艦も入っていた）。そして特定の戦いに使われるだけの部隊ではなく、恒久的な海軍力に主眼がおかれた。連続性という見地からみた重要な要素は、海軍は基地と供給システムという洗練されたインフラに依存しており、先進的な軍事産業システムの所産であったという点である。

この状況は帆船時代にもすでに確認されており、ロイヤル・ネイビーに顕著にそれはみられる。しかし、一八六〇年代から一九〇〇年代に出現した戦艦の仕様に関し、それが発達していった点に限ってみれば、その関係性はむしろいっそう強くなっている。したがって、技術的進歩は生産構造と海軍システムの所産においてのみ実現可能であり、それは結果的に経済的、政治的条件に依存していたのであった。

本章で扱う時代を通じてイギリスは、世界最大かつ最も成功した海軍であった。帆船時代に関してみると、この成功は決してイギリスの軍艦や大砲の優越性によるものではなく、ある分野では利点があったにせよ、ロイヤル・ネイビーが採用している兵器は敵国のものと非常に似かよっていた。技術的変化のペースを変えることはできないため、勢い似たようなものとなったということである。しかし、ロイヤル・ネイビーは極めて効率的であった。それは広範囲に及ぶ効率的な管理基盤やグローバルな基地配置、財政力、海軍の卓越したリーダーシップだけではない。様々な船をつくり、維持していく能力に負うところも大きかった。イギリスはまた敵国よりも迅速に船をつくることができ、冶金学と流体力学の面で技術的に先を進んでいたことも重要である。一方、海軍本部は海軍の活動に関する科学的テーマと方法論の両方で、イギリスにおける最大の科学の庇護者であった[1]。さらに、イギリスは実力主義による昇進制度を採用しており、フランス（この時代の大半を通じて世界第二位の海軍国）よりも海軍の伝統も強かった。

この海軍の伝統はイギリスの場合、陸軍よりも海軍に国家の資源を大きく配分するという傾向にあった。これは海外交易の大きな役割を反映した政治的選択であるが、未曾有の海外帝国領土の拡大と、島国として海洋網に依存する帝国は攻撃に脆弱であり、海はイギリスにとって戦時の最前線である、という側面も反映している。ロイヤル・ネイビーはまた船員と造船業からも、質量ともに恩恵をこうむっていた。

国家の自己イメージもまたかなり関係があり、事実そのとおりとなった。イギリスとは対照的に、フランスの政府と政治文化にとって通商はさほど重要性をもたず、二大陸軍国の中国とロシアにとってもそうであった。地政学的環境と政治文化はどちらも重要であり、イギリスの場合には陸軍よりも海軍を重視できる状況にあった。

一八一五〜一八五〇年

海軍資源と機構のおかげで、ナポレオン戦争時にイギリスは、フランスの戦略的優位に対して作戦的成功と戦術的勝利で逆転を収めることができた。一八一五年にナポレオンがイギリスに降伏したことは、また、南大西洋の孤島セントヘレナに再び流刑となったことは、まさしく海軍の役割を明確に示唆するものである。実際、ワーテルローの戦いでも、直接ハリファックスとニューオリンズからベルギーへ部隊を輸送展開する実力がイギリスにはあった。この結果、イギリス海軍の支配力によって兵員不足に陥ったナポレオンは、一八一五年にフランス海軍から陸軍に兵員を徴発している。ナポレオン体制はまた、フランスの港湾の沖合いにいるイギリス海軍の示威行為からも圧力を受けた。イギリス海軍はマルセイユ、トゥーロン、ボルドーでのブルボン派の復活にも大きな役割を果たした。

さらに、ナポレオン戦争における一連の勝利で、特にトラファルガー海戦によって、それ以降のイギリスの海軍力と海洋上の役割に対する、イギリス国民と外国からの期待は確固たるものとなった。海軍力への自信は明白であった。一八一五年五月、イギリス小艦隊がナポリ湾に入り、四八時間以内に降伏しないと町を砲撃すると脅し、まさしくそうなった。その結果、ミュラ体制は崩壊し、イタリアが安定するようになると、ナポレオンを支持する一派の期待は完全に潰えることになった。同時にミュラが先に喫したトレンチノでのオーストリア軍への敗北と、ナポリへのオーストリア軍の侵攻も重要な役割を果たしている。

イギリス国内において、海軍力に関する印象は国家の命運として広まっていった。海軍力のイメージはイギリス文化の中に芸術を通じて息づいており、特に絵画と舞台芸術にそれはみられる。[2]ギルバートとサリバンのオペレッタ「軍艦ピナフォア」(一八七八年)などの、後年の作品がそうである。実際にも一九四〇年のイタリア艦隊への攻撃は、一〇月二一日のトラファルガー・デイに合わせて最初から計画されていた。

一九世紀の大半を通じ、イギリスの力に対して諸外国には期待と畏怖があった。このため、パックス・ブリタニカを非公式ながらも、しぶしぶ認めざるをえなかった。ロイヤル・ネイビーのドクトリンは、海洋平和をすべての国の利益になるよう維持し、それによって世界秩序を確保するというものであった。しかし、こうした仮定は少なくともある意味で誤解を招いた。戦闘に実際供せられる戦列艦の数は、想定される数よりも少なかったからである。さらに、外国海軍からの脅威レベルが減少したため、海軍規模が一八一五年から急速に縮小した。そこには戦時中乾燥の不十分な木材から速成でつくられた船を進水させたため、急速に船舶の劣化が始まったという事情もあった。同じ問題はフランス海軍にも当てはまった。

戦後の経費削減も重要である。イギリスの場合この削減は、戦時歳出が未曾有の水準となったその遺産と戦後の債務を反映したものであり、同時に一八一六年に所得税が終了したことを含む政治的圧力も存在していた。費用とマンパワーの削減は、戦列艦のほとんどを退役させてしまうことで進められた。しかも、イギリスの海軍力が依存する抑止力とは、この退役艦(一八一七年には戦列艦のうち八四隻)であった。しかし、乾燥していない木材を使用した古い軍艦に比べて新造艦のほうが、戦争中に多くつくられた船よりも長持ちすることとなった。イギリスの抑止力はまた、多数の船舶の背景にある膨大な海軍のインフラを反映していた。マンパワーは縮小したものの、極めて迅速にそれは回復されていった。また、イギリスの港に散らばっていた多数の空き船が回収され、それが多くの点で通常の艦船としてイギリスの能力を示した。

戦略的要求もまた節減に大きな役割を果たした。イギリス人は戦時の造船率や維持率を継続する必要性を感じていなかった。というのも、七年戦争（一七五六～一七六三年）後と異なり、ブルボン家（フランスとスペイン）が一八一五年後は大きな海軍建設計画を行わなかったからである。それよりもフランス政府にとっては、特に国内秩序を維持するためにも、陸軍のほうがはるかに重要であった。そのため海洋においては、イギリスの通商を破壊するため、次の戦争に備えてフリゲートの建造に集中するようになった。

一八二〇年代半ばからフランスの海軍力が復活するようになるまでの間、イギリス海軍本部ではアメリカ艦隊を最大の仮想敵とした。一八一二年から一八一五年の米英戦争で獲得した威信を反映してアメリカは、商業目的と外交目的を背景とする海軍力の役割を果たした（たとえば一八一五年のアルジェ遠征）[3]。しかし、一八一五年以降海軍を拡張していったにもかかわらず、アメリカ海軍の規模は小さいままであった。他方、英米の敵対関係は限定的なものであった。それは両国の重要課題への暗黙裡の協力があったからであるが、特にラテンアメリカへのスペインの介入に対抗するためであった。さらに、ラテンアメリカでの植民地確保とは無関係に、英米とも奴隷貿易と海賊退治に協力体制を敷いていた。この協力体制で英米はしばしば行動を共にしたが、それはアメリカがキューバの海賊拠点を一八二一年に攻撃した際にも確認される。

イギリスは海賊や奴隷に対する攻撃で指導的立場にあり、その海洋活動と軍事力は、主権国家およびその海軍を管理できてはじめて達成可能であった。海洋活動をカバーする政府の財政的裏づけと法の普及はこの活動の一面であるが、権威が明確化し強固になったことは、特定の国の海岸部と水域に海軍を配置する際にも影響を及ぼした。海賊に対処することはより一般的な意味で、アメリカ人アウトローなど国家の領域外で動く野心的な個人や冒険者に対して、敵対的反応を示すという側面ももっていた。ウィリアム・ウォーカーはニカラグアやホンデュラスでの支配を試みたが、一八五七年から一八六〇年にかけた英米海軍の活動により、その意図は挫折している。アウトローといえども、もはや国家の命令に服さなければならなくなっていた。
一八一五年以降スペインは、ラテンアメリカでの勢力を挽回するべく、艦隊の建設に尽力してきた。中でも一八一八年から一八一九年にかけて、ロシアから軍艦を購入したことはその象徴であった。しかし、ラテンアメリカでの解放戦争が、主要海軍国の戦争へと発展することはなかった。スペインとイギリスは互いに戦争を避け、イギリスよりもはるかに規模の小さいスペイン艦隊は、一八二〇年代と一八三〇年代に大きな没落をみせることになった。しかしながら、解放戦争では現地での海軍同士の戦いが実際に勃発している。新チリ共和国では海軍を創設し、一八一八年にスペイン軍のフリゲートと輸送船を確保して増強に努めた。その後チリ艦隊はスペイン領ペルーを封鎖、攻撃し、一八二〇年および一八二一年のチリによる侵攻が成功するうえで重要な役割を果たした。さらに、一八七九〜一八八三年の太平洋戦争での戦況を予想していたため、チリはペルー侵攻で成功を収めることが可能となった。チリ海軍は人員とリーダーシップにおいて、イギリスとアメリカに大幅に依存していたが、どちらも一八一五年の戦時体制解除によって可能となったものである(4)。

リオ南部の海岸都市だけでなく、北部の諸州までもポルトガルが征服していることに抗議するブラジル人たちの決起は成功を収めた。ここでも海軍の効果的な利用によるところが大きい。チリの場合と同様に、ブラジル人たちはイギリス人将兵を雇い入れているが、それは戦後の戦時体制解除によって可能となった。一八二三年、ポルトガルはサルバドル・ダ・バイア撤退を余儀なくされ、ブラジル小艦隊はまたマラニャン(サンルイス)、ベレン・ド・パラ、モンテビデオを占拠した。モンテビデオ攻撃の際には、小艦隊はブラジル陸軍の支援を受けている。ポルトガルはブラジル保持に失敗したことで、海軍力を著しく弱体化させることとなった。

海軍力はまた新興独立国の政策上でも重要であった。たとえば一八二四年、ペルナンブコ州での蜂起は、レシフェ港がブラジル海軍の封鎖によって降伏すると、鎮圧されている。ブラジルとアルゼンチンとのウルグアイをめぐる、一八二五年から一八三〇年にかけての確執は、双方とも経済戦争の様相を呈しており、強力なブラジル海軍がブエノスアイレスを封鎖する一方、アルゼンチンの私掠船はブラジルに通商攻撃を仕掛けている。

ナポレオン後の時代では、西洋海軍は非西洋諸国との作戦に従事することになったが、その中には圧勝を収める場合もあった。一八一六年のイギリス艦隊によるアルジェ砲撃では（オランダのフリゲート小艦隊の支援を受けていた）、キリスト教徒への奴隷狩り中止を合意させている。これは一九九〇年代および二〇〇〇年代に、倫理的外交政策やいわゆる「文明の衝突」が提起されたが、その一九世紀版として海軍力を行使した実例であった。一八一五年にはアメリカの小艦隊が、自国商船攻撃の償いとしてアルジェに対して支払いを強要している。新装された海軍の砲撃を脅威と感じたフサイン三世（アルジェ太守）は、一八二四年にイギリスの要求には屈したが、アルジェの降伏は偽装であったため、海軍の成功に傷がつくことになった事例もあった。

三年後、サー・エドワード・コドリントン率いる英仏露の艦隊は、ギリシア独立をめぐる戦いの中心となったナバリノ湾の海戦において、至近距離からほぼ直撃するという圧倒的なイギリス軍火力によって、オスマン・エジプト艦隊を撃滅している。この戦いは、帆船時代最後の大がかりな海戦となった。ここでの西洋側の戦死者数は、敵側に比べるとはるかに少なく、一七七対約一万七〇〇〇であった。

蒸気力

一八一五年以降の数十年間は西洋列強間で海戦がなかったため、この期間中はそれより先の四〇年間よりも、海軍史家からあまり注目を浴びてこなかった。一八一五年以降について記述すべき主要テーマは、技術上の変化ないし将来の戦闘能力に向けた開発であり、特に蒸気力の応用という点に主眼がおかれる。蒸気機関は一八世紀にイギリスで開発され、海洋での推進力として利用された。蒸気力は最終的に風力に取って代わり、航海時間をより予想可能で迅速なものとした。しかし、十分な石炭を積載する能力と、石炭の確保が重要な条件となった。

とはいえ、変化は急激にやってきたのではなかった。造船家たちは依然として、船が激しく横揺れしないようにするため、帆を使った安定性を確信していた。横揺れ防止は特に外輪船には不可欠であった。水中に外輪が常に没するようにしておくためである。さらに、初期の蒸気船は速度の遅さや大量の石炭消費、舷側と外輪の引き起こす問題に苦しんだ。石炭による相当な空間の占有や攻撃と事故への脆弱性などの問題も発生していた。その結果、蒸気船は少数の大砲しか搭載できなかった。信頼性の高いエンジンを生産し維持していくことも、深刻な問題であった。

このように、帆に代わる蒸気エンジン搭載の軍艦が、突然登場してくるわけではなかった。つまり、蒸気技術が海戦を変えていくその過程は、一連の革新を通じて発生したものであり、そのどれもが独特の発達と普及パターンをみせている。外輪とより強力な軍艦用の大砲が一八二〇年代に開発され、(5) また、スクリュー(船尾に取り付けられた)が一八四〇年代になると外輪船に代わる可能性が出てきた。スクリューの採用で、戦術上の蒸気の利点が明確になった。すなわち、十分な武装を舷側に施すことが可能となったのである。一八四七年、フランス海軍は初のスクリュー方式による戦列艦ナポレオンを発注し、一八五〇年に進水させている。経済力を背景に、新技術と工学の発展に向けた大々的な投資をしていたイギリスは、ロイヤル・ネイビーを常に世界最先端におく決意であったため、フランスを大幅に上回る資金を投じて、フランスの後に続いてすぐにスクリューを導入している(6)。

蒸気はシーパワーの戦術上や作戦上の可能性を広げた。そして、それはイギリス海軍による広範な反奴隷運動にもみられる。向かい風でも航行可能で凪でも操船できるようになると、艦隊行動における個々の軍艦の独立性が大幅に向上した。さらに、操艦性能が向上すると、特に向かい風での行動が可能になったことで、危険水域や沿岸部での水深測定、港湾での敵艦隊の攻撃、上陸が容易になった。蒸気船は海岸に接近しても、自信をもって動けるようになったのである。この戦闘能力は海賊行為に影響を及ぼした。しかし、自由貿易協定が締結されて関税が低下したことは、盗んだ資産を守れる可能性が低くなってきたことと同じくらい、おそらく重要であっただろう。

河川で行動する船の能力もまた向上した。実際、蒸気は内陸での航行にとっても極めて重要であり、内陸深く帝国領を拡大するのに大きな役割を果たした。たとえば、部隊をアフリカに運ぶ際がそうである。一八二四～一八二五年の第一次英緬戦争では、六〇馬力のエンジンを搭載したイギリス東インド会社の蒸気船ディアナが、急流イラワジ川を航行している。ディアナは帆船を牽引し、ビルマの軍用船を破壊している。イギリス軍が四〇〇マイル上流にさかのぼるうえで、この船は決定的に重要な役割を果たしており、この結果、ビルマ側は交渉の末イギリスの条件を呑まざるをえなくなった。

蒸気船はまた悪天候にもかなり対応できた。イギリスの鉄製蒸気船ネメシスは、喜望峰沖で冬の嵐の中を航行して一八四〇年に中国に到達した。それはマカオに到着した最初の軍艦であった（もっとも、同年に二隻の小型軍用蒸気船がチリから太平洋を横断している）。とはいえ、蒸気船はまだ悪天候では航行不能な場合もあり、外輪船の場合は特にそうであった。嵐の中でも風上に向かわない限り、蒸気船は持ちこたえられはしたが、決してそれは快適なものではなかった。それどころか、この時期の大半の蒸気船は安定性を確保するため、万一に備えて帆装していた。このように、一八九〇年代まで帆装と蒸気の両用推進システムが並存していた。帆を使うと石炭供給とボイラーへの依存度を減らすことができたからである。多くの帆を張ったイギリス最後の軍艦（スループ型帆船を除く）は、帆を取り除くとすぐに一八八一年に退役した。一方、フランスの場合帆船の退役は一八八五年であった。

蒸気の力によって海軍力の戦略、作戦並びに戦術上の地理学のみならず、地政学も変わってしまった。その結果、脆弱性と機会の双方の点で、新しい発想が生まれることになった。一八四九年、新しい能力を誇示する事例としてフランスは、蒸気船でトゥーロンからチビタベッキア（ローマの外港）まで地中海を横断して迅速に、七万五〇〇〇人の部隊と物資を輸送している。この部隊展開でローマ共和国は崩壊へと向かうことになった。蒸気力によってもたらされた兵站の向上も、大きな利点であった。さらに、フランスの蒸気船による侵攻に弱いことを危惧したイギリスは、一八六〇年には海軍基地を防衛するため、イングランド南岸に大がかりな海岸防衛工事を施している。特にポーツマスでは後背部からの攻撃に備えた。(7) 一八五三年から一八五四年にかけてロシアとの戦争が迫っていたが、海軍大臣サー・ジェームズ・グラハムは、フランスからの脅威に懸念を示していた。(8)

蒸気力だけが海軍の能力を刷新した技術的変化ではなかった。それどころか、変化には相互関連の性格が強いため、分析する際に個々の要素を別々にして考えることは、むしろ問題が多い。たとえば、沿岸での軍艦の機動性を蒸気船が向上させたのと同じように、長距離砲や装甲版の防御力もまた重要である。軍艦が海岸の要塞に効果的に対抗できるようになったからである。

一八二七年のナバリノの海戦においてイギリスの砲弾（球形弾）は、オスマン艦隊に効果的な打撃を与えた。しかし、フランス軍のアンリ＝ジョセフ・ペクサン砲術大佐の貢献で（球形弾でなく炸裂弾を利用）、海軍の大砲は急速に変わりつつあった。炸裂弾は目新しいものではなく、フランスでは一六九〇年代に初めて炸薬を用いた臼砲を海軍で使用している。一八世紀になると多くの人々が炸薬弾で実験している。しかし、次には信管の問題が大きな障害となってきた。一八二〇年代初頭、ペクサンは大砲と砲車をつくったが、それは大きな発射体を打ち出すのに必要な装塡火薬による反動に耐えられ、大型船の舷側を貫通して内部で爆発する十分な初速をもったものであった。炸裂弾は臼砲からではなく、主砲から発射されるようになった。

ペクサンの斬新なアイデアは、一八二四年に存分に示された。また、その影響は『海洋新勢力と大砲』（*Nouvelle Force Maritime et Artillerie*, 1822）を含む、彼の著作によってさらに拡大するところとなった。こうした出版物や、あるいは意見でさえ広く議論に供されて試されることになり、軍事的決定に一定の役割を演じるとみなされていた。このような議論は、自由主義諸国における海軍政策上の一因となり、近代海軍時代の重要な要素とみられることになった。ペクサンは新しい蒸気船技術を自分の大砲と組み合わせて用いるよう強く進言し、炸裂弾搭載の外輪蒸気船が帆船式戦列艦に取って代わることを目指した。こうした探求は、海軍の調査と実験において重要な要素となった。しかし、それは主要海軍国の強みを相殺することになる。相互に対抗する動きが、何度も繰り返し起きたからである。新機軸の急速な普及を促す印刷文化と結びついて、新たな開発の可能性が認識されていった。

一八三七年、フランスはすべての軍艦の砲弾を、ペクサン炸裂弾に切り替えて使うようにした。しかし、炸裂弾を発射できる信頼性の高い大砲を製造することは、難しいと考えられていた。その結果、新技術によってフランスが、イギリスの海洋へゲモニーを打破できるというペクサン支持派の期待も、一八二〇年代と一八三〇年代には不首尾に終わってしまった。利用可能な新技術の普及で、一列強の比較優位が低下しうるその過程は、まさしくこの一連の事例に示されている。一八三八年、イギリスは正式兵装の一環として炸裂弾を採用した。しかし、その射程距離に限界があったことから、依然として三二ポンド非炸裂弾に依存せざるをえない状況にあった。

新しい海軍の実力は、一八四〇年のエジプト支配下のアッコン（パレスチナ）をイギリス艦隊が砲撃したとき、はっきり示されることとなった。蒸気船は海岸部での作戦行動にその実力を発揮している。炸裂弾が要塞の弾薬庫で爆発を引き起こしたのである。この二年前、イギリスは現地の小型砲艦を使ってシャム占拠下のケダー港（マレーシアの海岸部にある）を封鎖したものの、コルベット艦ヒヤシンスでは喫水が深すぎて海岸に近づくことができなかった。

一方、西洋列強間での競争によって、世界中どこにおいてもその海軍活動は活発になっていった。特にフランスによる野心はイギリスの懸念の的であったため、イギリスは世界中で目を光らせていた。たとえば、一八三六年のイギリスによるスエズ地峡での測量、一八三六年と一八三七年のチュニス沖での海軍による示威行動、一八四〇年のニュージーランド併合などであり、他方一八四六年から始まったボルネオ沖ラブアン島の海軍基地建設、そしてダナン（ベトナム）基地からのフランス軍の脅威は、利益の大きな中国への通商ルートを脅かす危険性があると判断され、これに対抗している。(9)

砲弾の開発は木造船にとって大変な脅威となった。一九世紀半ばの主要な戦闘でそれは確認することができる。オスマンの木造小艦隊は、一八五三年一一月三〇日のシノープ沖海戦でパベル・ナヒモフ中将率いるロシア艦隊に驚愕し、破壊されてしまう。八隻のロシア軍艦は合計三八門のペクサン炸裂弾を搭載していた。四万四〇〇〇人のトルコ兵のうち三〇〇〇人が殺され、一〇隻のうち九隻が撃沈されている。この戦闘で炸裂弾が有名になったとはいえ、その効力について誇張しないことが重要である。ロシア軍は勝利するまでに六時間を要しており、オスマン側もわずか六隻のフリゲートとコルベット艦を有していたにすぎず、二つの艦隊間の格差を考えると、炸裂弾でなくても同じ結果が予想された。もっとも、炸裂弾の登場により鉄で防護した装甲艦の建造が進むことになるのだが、炸裂弾とその防御である装甲との間には格差があった。

一八五〇年代

一八五〇年代はまた、英仏の軍艦が大々的に蒸気へと移行する時期であった。新しいスクリューを装着した戦列艦の建造をはじめ、他の船も蒸気への転換が進んでいる。どこの国もそうであったが、そのペースは緩慢なものであった。一八五六年のクリミア戦争末期には、ロシアとスウェーデンだけがスクリューを装着した戦列艦を保有していたにすぎず、オーストリアとデンマーク、トルコが後にそれに続くことになる。クリミア戦争（一八五四～一八五六年）のときイギリスは、バルト海でも黒海でも極めて大がかりな海軍行動を展開するようになり、バルト海に派遣された大艦隊は、サンクトペテルブルクでロシア軍を封鎖している。実際、一八五五年から一八五六年にかけてサンクトペテルブルクに与えた脅威は、戦争終結の重要な要因となった。沿岸攻撃の脅威を与えるイギリスの戦闘力は、港湾攻撃が可能であることの重大性を示唆し、和平交渉に大きな影響を及ぼすようになったのである。ロシア側は港の内側にこもっていたため、クリミア戦争では海戦はなかった。同じく一八五九年にはオーストリア海軍も湾内にこもって、強力なフランス海軍と対決することを避けた。一八七〇～一八七一年の普仏戦争は陸戦であった。フランスはバルト海に艦隊派遣の準備を行い、最終的にイギリスから船を購入したが、就役することはなかった。

クリミア戦争によって海軍力は広く世界中から注目された。その結果、海軍計画に対する圧力が加わることになった。ロシアはバルト海や黒海、北極海で勢力を拡張しただけでなく、太平洋においてもイギリスの通商ルートと植民地の脅威となったため、イギリスがロシア海軍基地を攻撃する要因となった。さらに、サー・ジェームズ・スターリング少将（中国東インド司令官）は、戦争勃発に際しマラッカ海峡とスンダ海峡を確保することから始め、インド洋と南シナ海の間のルートをイギリスの支配下におくことを考えた。極東のロシア海軍力の増強にスターリングは強い懸念を示し、さらに多くの軍艦を当該地域に派遣するよう圧力をかけている[10]。

装甲が鉄に変わっていったことは、イギリス海軍のシステムの強さを反映している。イギリス初の鉄製軍艦ウォーリアは、一八五九年に起工し一八六一年に完成した（そして、今日でもポーツマス港に係留されている）。それが鉄製の船体であったのに対して、一八五八年に起工したフランスのラ・グロワールは、単に鉄の厚板を取りつけただけのものであった。フランスは大型の鉄製軍艦を建造できるインフラを整えていたが、そうした新型の艦隊は建造しなかった。一方、イギリスは大型鉄製軍艦を何回か建造している。イギリスには商船の経験があったうえ、熟練した造船術の蓄積もあり、さらにイザムバード・キングダム・ブルネルのような、意欲的で革新的な頼りになる造船家も存在していた。ブルネルの蒸気船グレイト・ブリテンは、早くも一八四三年に進水している。このような状況は水夫を生み出した海洋文化だけでなく、一般的な造船力にも海軍力がかなり依存していることをよく示している。これらの要素は船舶の購入や水夫の雇用など、代替的な購入によってある程度改善できるが、こうした方法は現地資源を用いるより効率がよくない（そのうえ高くつく）ことが実証されている。

一八六〇年代

南北戦争（一八六一〜一八六五年）では、海軍力がまた違ったかたちで顕著に示されることになる。最終的に連邦軍（北軍）海軍は、六五〇〜六七五隻（数値には幅がある。甲鉄艦四九隻を含む）の軍艦を擁して世界第二位の規模になっていく。海軍力を構築する過程では問題も発生している。それは特に必要な鉄板を丸める技術と、木材を使う伝統的な造船技術で鉄製船舶をつくる際にみられた[11]。しかし、連邦軍の海軍には重要な戦略的資産があった。

特に戦争の最後まで小型快速蒸気船で侵攻する一方、一八六一年に創設された連邦軍封鎖委員会が実施した南部連合国の封鎖は、経済戦争の可能性も示唆していた。結果的に二九五隻の南軍蒸気船と一一八九隻の帆船が破壊されたり、捕獲されたりした。南軍は一八六一年に多数の私掠船に他国商船拿捕免許状を発行したものの、その試みは失敗に終わった。北軍の封鎖を突破して南軍の港まで、安全に捕獲物をもちかえることは、（初期段階でさえ）困難であったからである。その結果、捕獲物裁判（それ自体海戦の古い様式）は制度的になんら支持されなくなり、南部の海洋起業家たちは金儲けするため、ほぼ独占的に封鎖破りを行うようになっていった。北軍側の通商妨害を効果的に破るには、私掠船よりもアラバマやシェナンドアといった強盗団（南軍の海軍として承認された）の手に委ねるほうが得策であった。

封鎖の経験は、一八四六〜一八四八年の米墨戦争時に効果的に引き継がれた。また、この南北戦争時の封鎖は、水雷艇や潜水艦、エアパワーが封鎖の要素を変えて、海洋作戦が根本的に覆る以前の、最後の大がかりなものとなった。北軍による封鎖はまた、南軍独自の艦隊建設を抑止するうえで効果があった。封鎖が効果を現す以前でさえ南軍は、丸めた鉄と機械類を輸入することに十分な努力を払っておらず[12]、そのため深刻な影響が発生していた。鉄道の線路を引き剝がすほど、鉄不足に苦しむことになったのである。

北軍の初期の戦略の中には、重要な水陸両用作戦も含まれる。それは一八六二年のニューオリンズ（南軍最大の都市、港湾）陥落に結びつく有益なものであり、沿岸部の防衛に当たっていた多数の南軍兵士を捕虜とした。しかし、陸軍の支援がなければ海軍の攻撃は失敗に終わっていただろう。一八六三年に北軍の軍艦はチャールストンで発見されていたからである。さらに、水陸両用作戦で繰り返されたパターンからは、北軍にとって海岸から侵攻して内陸部に入る戦術は、沿岸での水陸両用攻撃よりも効果が薄いことがわかっている。

とはいえ、勝利は陸上で得られたものの、北軍の海上および河川での戦闘は、戦争の結果において副次的以上の価値があった[13]。初期の海岸部での作戦は、大いに封鎖の実効性を高めており、他方「ブラウン・ウォーター」（内陸）ネイビーは南軍を分断し、北軍の中西部における地位を保全したという意味において、ミシシッピ川流域での北軍作戦の成功に重要な役割を果たした。陸軍は西部での作戦用に装甲艦をつくることに同意するようになった[14]。

南部では産業界の後進性ゆえに、造船競争も信じがたいほどなかったが、南軍は機雷と潜水艦を使って北軍の優位を相殺しようとした。海軍の戦いの多くは、北軍の軍艦と南軍の沿岸防衛隊との衝突、あるいは個々の船同士のものであったが、後者のうち最も有名なのが、一八六二年のハンプトン・ローズでの軍艦モニターとバージニアの戦闘であった[15]。南軍艦隊のばらばらな隊形や、封鎖破りの密航と商船襲撃への関心は、南軍では大規模な活動が一般的でなかったことを裏づける。ただ一般的にいっても、一八六五年までに蒸気船と鉄製軍艦が海戦の様相をどの程度変えたのか、はっきりしない。それ以前の数十年間にほとんど海戦がみられなかったからである。とはいえ、セバストポリ要塞での機雷と静態的防御からは、最小限のコストで沿岸攻撃は阻止されることが示唆されている。

一八六〇年代最大の海軍の衝突は、北米でなくアドリア海で起きている。一八六六年七月二〇日のリッサ海戦がそれであり、これは普墺戦争の一環として、イタリアとオーストリアの戦争での一幕として勃発したものである。この海戦はイタリアの野望を反映している。イタリア軍の側面を脅かすという意図があったにもかかわらず、オーストリア海軍は防御の体制のままであった。ヴェネツィア征服と並行してイタリア政府は、アドリア海対岸のイストリアとダルマチアを占領することにも関心を示していた。当初リッサ島を占領する計画であったが、イタリア艦隊はヴィルヘルム・フォン・テゲトフ男爵率いる、軽武装のオーストリア小艦隊の攻撃を受けた。そして、テゲトフはその脆弱さを補うべく、イタリア艦隊に衝角戦術でぶつかっていった。軍事評論家の中には、この攻撃方法を海戦の中心課題と間違って考えている向きもある。戦闘は最初、装甲艦による艦隊同士のものであったが（オーストリア艦隊七隻対イタリア艦隊一二隻）、それが混戦となってイタリアの準備不足と指揮技能の未熟さが加わり、イタリアが重大な損害を招く要因となった[16]。

一九世紀半ばの戦争で海軍は、大打撃を与えられなかったものの、海軍の有する可能性は十分に発揮され、進展していった。たとえば、フランスによるメキシコの港湾占拠によって（ベラクルスやアカプルコなど）、一八六二年から一八六七年にかけてのメキシコ介入が可能となった。しかし、このエピソードはまた、戦力投入というかたちの原因と、内陸部への最終的な支配というかたちの結果の、二つの対照性をよく示している。フランスは内陸部への作戦を展開して、主要都市（中でも顕著なのがメキシコシティとプエブラ）を攻略することが可能であった。しかし、抵抗を終わらせることはできず、結局、フランスが保護するマクシミリアン皇帝を廃位せざるをえなくなった。この決定は多分にパワーポリティックス上の理由からであり、特に一八六六年の対オーストリア戦で、プロイセンが完全な勝利を収めたことが、フランスにとって脅威となったとされる。さらに、南北戦争で北軍が勝利した後、新たに強大さを増すアメリカからフランスが撤退する圧力がかかったことも一因である。他方、この失敗からは、パワー・プロジェクションの際、それを利点とするための重要な要件が示唆される。また、一八五七～一八五九年のセポイの反乱で、イギリス軍にインド人が頑強に抵抗したことも、多少とはいえ影響している。

フランス海軍力の脅威から、イギリスでは海軍に大々的な投資を行うようになった。また、両国は一八五九年から一八六五年にかけて、装甲艦の建艦競争に乗り出すことになる。これは卓越した資源量と関与の度合いの差で、イギリスの勝利に終わった。スクリューと装甲の組み合わせと並んで装甲も向上している。エリクソンとコールズは同時期に砲塔を発明しているが、似たような発想でありながらも設計はかなり異なっていた。今日の砲塔のようには結果的になっていないが、コールズは回転板を組み込んでおり、それは現代的な巨砲を搭載するうえでの基盤となった。回転砲塔は一八六二年竣工の米艦モニターから始まる。一八六四年の英艦リサーチでは、装甲砲郭内部に重砲を設置しようと検討がなされた。南北戦争では潜水艦に画期的な進化がみられた。特に、一八六四年にチャールストン沖で軍艦フーサトニックを沈めた南軍のハンリーが名高い。近代的な自推式魚雷は、一八六四年にロバート・ホワイトヘッドによって開発されたのを嚆矢とする。それは、頭部に炸薬を詰め圧縮空気で水中を推進するという、本来オーストリア人の発想に依拠したものであった。海軍力の本質は、経済力との関係性であり、それは変わりないが、海洋力の手段は常に変化していく。

さらに、国家は相互のよい部分をすぐに借用して、他国からの脅威を弱めようと努めてきた。ロシアはクリミア戦争中にスクリュー式砲艦に投資し、一八六一年からは装甲艦に投資するようになっていった[17]。南北戦争中、南軍を支援するイギリスの介入を警戒して、北軍は装甲艦を開発し、仮に介入があった場合、戦闘におけるイギリスからの政治的影響力を薄めようとした[18]。ポルトガルのような貧国は長らく木造帆船のままであった。しかし、西洋諸国で変革の圧力が高まってきており、西洋の圧力を受けた国々からも、そうした変革への流れが強く押し寄せていた。

一八七〇～一八八〇年代

しかしながら、急激な技術開発は、海戦の性格をまったく不確実なものに変えてしまった。すなわち、新造艦の強みと弱みはどうなるのか、また艦隊や戦術、戦略、海洋支配の仕組みに、こうした技術がいかなる影響を及ぼすのか、まだよくわからない状況であった。技術革新によって多様化した選択肢ゆえに、国家は相互に鋭く海軍開発を監視しあうようになり、資金をどこに投下するのが最善であるか、思いをめぐらすようになった。折り紙つきの信頼性が、採用された技術革新と衝突を起こすこともあった。

イギリスははっきりと優位を示し続け、グローバルな通商と輸送において、中心的な役割を担った。キプロス（一八七八年）とエジプト（一八八二年）の占領に加え、他の領土もまたイギリス海軍の地位を強化した。しかし、イギリスによる海軍支配は深刻な問題を抱えていた。仮に試してみれば（世界で同時に実施されて初めて有効となる）、ロイヤル・ネイビーといえども、イギリスが世界中で関与することはできなかっただろう。現実には何事かをどこかで行う能力には、極めて大きな障害が伴い、今日のアメリカにそれを適用する場合も同じことがいえる。

個々のライバルにはイギリスを脅かすことはできなかった。しかし、ロシアの脅威に対するインドの防衛は、アフガニスタン北部国境へのロシアの圧力をめぐる、一八八五年のペンジュデ危機へと展開していった。そして、それは地中海の問題にもつながっていく。フランスとロシアの海軍力を（それぞれトゥーロンと黒海のセバストポリ）、地中海から撃退する必要があったからである。一八七八年、オスマン帝国を破ったロシアに直面して、英海軍本部はコンスタンチノープル経由での、ダーダネルス海峡通過を保全できなくなった。しかし、結局、艦隊は海峡を通過してしまう。一八七七〜一八七八年の英露危機は、潜在力や範囲、さらに海軍力の脆弱性をさらけ出すこととなった。イギリスはインド人部隊を、すぐにスエズ運河（一八六九年開通）経由でマルタに派遣すると、一方ロシア側は、大西洋とインド洋の通商破壊や、シドニーなど大英帝国の港を襲撃する計画を立案した[19]。ロシアはエーゲ海でのプレゼンスによって地中海にアクセスする方法を確保すべく、大ブルガリア公国を支援した。しかし、イギリスはこの野望を阻止すべく圧力をかけた。

他方、主要軍艦の大きさと費用は著しく増大していくようになった。装甲と兵器、重量と機動性の緊張感は、特により強力な兵器と強固な装甲の必要性という相互作用によって、装甲と船体資材の変化を招くことになった。木造船体の甲鉄艦は、一八六〇年代に入るとすぐに取って代わられた。鍛鉄製軍艦を備えた海軍が、鉄と木材の装甲の実験を経て、一八七〇年代末には複合装甲版を使って出現した。すなわち、鉄と鋼鉄の海軍である。一八七〇年代には初の全鋼鉄製の戦艦建造に向けた動きもみられるようになった。造船家たちは、安定した兵器プラットフォームに要求される、三つの理想的な、しかし相互に相反する質を扱うという困難な課題に直面していた。すなわち、速度、装甲、兵器である。ある要素を開発すると他のものが犠牲になるわけだが、それは重量のせいであった。ただし、鉄に代わって鋼鉄が登場すると、それはすぐに解決策になると理解された。船舶設計はまた兵装においても、重要な変化を受け入れざるをえなくなってきた。

舷側に大砲を設置する軍艦に代わって、中央の線上に砲塔を据える方式になると、それは回転するだけでなく、船首方向に砲撃することも可能となった。さらに、徹甲炸裂弾を打ち出すことで、大砲はいっそう効果的になった。こうした船は明らかに戦闘に特化したものであり、一八八〇年代以降その機能による定義で、一般的に戦艦と呼ばれるようになる。しかしながら、木造の戦列艦を大砲で沈めるよりも、高炸裂の徹甲弾で鋼鉄戦艦を沈めるほうが、はるかに容易であった。大砲もまた元込め式が先込式（大型の砲弾を装填するのに長時間を要した）に代わることで、より速い砲撃が可能となった。ライフリングを施した大砲と撃発信管、高性能炸薬によって、特に一八八〇年代と一八九〇年代にはコルダイト爆薬とメルマイトによって、軍艦からの砲撃と海岸の要塞化の比率が変化するようになった。

しかしながら、一八八〇年代には魚雷の出現で戦艦に将来性があるのかどうか疑問視されたように、魚雷の開発は多くの発明家にとって魅力的であった。[20] さらに、スウェーデン系アメリカ人発明家ジョン・エリクソン（一八〇三～一八八九年）は、装甲戦艦の開発のうえで重要な役割を果たした。彼は一八七〇年代と一八八〇年代に、水中兵器と効果的な魚雷搭載艦に強い関心を示しており、一八八〇年頃に「デストロイヤー」（装甲水雷艇の原型）をつくっている。[21] イギリス海軍は、緊密な封鎖作戦をまだ放棄したわけではなかったので、魚雷攻撃からの脆弱性に対応すべく、一八八五年の演習では防御に強い前進基地を構築する計画の必要性につき検討している。

魚雷は将来性のある兵器と考えられたため、大型軍艦の役割が不確かな状況下で魚雷への関心が高まった。時期尚早ではあったものの、戦艦に対する批判は正しかった。戦艦を撃沈するのは水面下の兵器ではなく、一九四〇年代になると航空攻撃によってなされるようになるからである。水雷艇からの明らかな脅威ゆえに、一八八〇年代の戦艦建設は（イタリアを除き）かなり急激に鈍化していった。水雷艇に対してどう対処したらよいのか、はっきりとした答えは誰ももちあわせていなかった。

軍艦に重点をおく考え方は、イギリス海軍の軍人たち（正式なドクトリンの教育を受けていない一派）の間に根強く残っていたが、[22]フランスでは状況が異なっていた。ドイツ陸軍への対峙とドイツへの重い出費という政治的案件に直面し、テオフィル・オーブ提督（海軍大臣、一八八六～一八八七年）とフランス青年学派は、どこの国の海軍であれ最低でも相当額の支援を要する戦艦に反対する、という主張を展開した。彼らは費用をかけない選択肢として、装甲のない軽艦艇を強く推した。それは、戦艦よりも石炭消費が少なく快速で、かつ機動性に富んでおり、シーレーンを守ると同時に帝国領の拡大にも寄与し、敵の通商も破壊できると考えられたからであった。そして、自推式のプロペラをもった魚雷は、緊密な封鎖を高い危険にさらすことが可能との議論を受け、巡洋艦を使ってより強大な敵国の通商に挑めると青年学派は主張した。そのほうが総力戦において「すべてが……理に適っている」ため、将来性があるという。[23]

同時代の攻撃志向とも合致して、オーブはまた水雷艇を好んだ。それは海軍技術を開発するという意味において、まったく合理的な発想であった。さらにオーブはイギリスの戦艦のパワーを挫き、いかなるイギリスによる封鎖も突破しうると主張した。水雷艇は海軍の火力を、一八八四年の福州での中国小艦隊に対する勝利で実証しており、その際には六隻の中国巡洋艦を撃沈している。こうした考え方はまた、フランス以外の国でも影響力をもった。ドイツでは一八八八年までにレオ・グラフ・フォン・カプリビ（海軍本部長、一八八三～一八八八年）の積極的支援により、またアルフレッド・ティルピッツ（後にフォン・ティルピッツ）の卓越したリーダーシップにより、「魚雷開発監」を新設し（一八七八年）、七二隻の水雷艇を就役させ、改良魚雷の製造を行うようになった[24]。一九〇五年以降、ティルピッツ自身は潜水艦に反対の立場をとるようになっていくが、これは戦艦への支出を高めたかったこともあった。魚雷重視はドイツが後年潜水艦に関心を移す前哨であった。とはいえ、脆弱で遠洋向けの軍艦として現実的でない水雷艇では、制約が大きすぎてこれ以上の開発は期待できない状況にあった[25]。

主張は戦略的必要性（すなわち、地政学と結びついて世界規模での通商を拡大させ、海軍力を強調して西洋植民地帝国を発展させる）との関連で「補給」、特に海軍基地と石炭貯蔵が重視され、スピードは行動に移る際の根源的要素であった[26]。

イギリスの石炭基地網は拡大していき、蒸気装甲艦は世界の海で活躍するようになる。一八八一～一八八二年のカーナボン委員会でのレポートは、一段の拡大を提唱した。一八八五年、ペンジュデ危機の際、ロイヤル・ネイビーは最大限の警戒態勢にあり、クロンシュタット（バルチック艦隊の基地）砲撃や黒海のバトゥームとウラジオストックでの水陸両用作戦を含む攻撃計画を立案しており、ウラジオストック攻撃に先立って、朝鮮に基地を建設することになっていた。

一般的にいって一八八〇年代は、イギリスで海軍問題に関する世論が高まった時期であった。イギリス海軍の支出は、二位と三位の列強（フランスとロシア）の合計にほぼ匹敵した。イギリス海軍の地位を根本から脅かすような海軍は存在せず[27]、一八九〇年代の露仏同盟の締結でそれが脅威となるかに思われたものの、同盟の実効性は誇張されているきらいがあった。過去のフランスとの戦いに比べ、今度はフランスとの戦争がイギリスにとってかなり有利となったように、この明白な脅威は海軍史における一つの関心事であった。

イギリスの行動に反応してフランスが海軍建設に走るという皮肉な結果、新たにまたイギリスで海軍建設が始まることになった。一八九八年のスーダンの権益をめぐるファショダ事件で、イギリスは地中海におけるフランスの存在感に圧力をかけるため、海峡艦隊をジブラルタルに派遣した。その結果、イギリスの海軍力に反応して、あるいはボーア戦争時およびそれ以前にアフリカ南部においてドイツが無力だったこともあり、ドイツでも艦隊建設に乗り出すことになった。実際のところ一八九七年以降イギリスは、どの列強よりも大きな海軍力をデラゴア湾に維持していた。中立を保つポルトガルの植民地モザンビーク経由で、供給品がトランスバールに達するのを阻止したのも、このイギリスの軍事力であった。

他の列強もまた自国海軍の勢力範囲を拡大していった。一八九九年、太平洋をまたいだ新たな関与としてアメリカ海軍は、世界中の戦略港に石炭貯蔵所を構築した。その前年にアメリカは、サンティアゴ・デ・キューバとマニラ湾でスペイン小艦隊を撃破している。マニラ湾では七隻のスペイン船が、ジョージ・デューイ率いるアメリカ巡洋小艦隊によって撃破されているが、アメリカ側ではわずかに七人が負傷しただけであった。もっとも、部隊なしではデューイもマニラ占領ができず、陸軍の到着を待たねばならなかった。デューイの勝利によって、海軍の成功は容易に達成されたと思われがちだが、実際には砲撃があまりに不正確で難儀していた。わずかな砲弾しか標的に命中せず、魚雷にみられる新しい技術もまた同じような性格を有していた。しかし、アメリカ艦隊はフィリピンと西インド諸島の両方で、スペイン海軍を孤立させるという戦術的に重要な役割を果たした。七月三日のキューバのサンティアゴ沖海戦では、スペイン艦隊に対して完全勝利を飾った。貧弱な訓練しか積んでいないアメリカ陸軍に比べ海軍は、キューバで決定的に有利な状況を出現させ、結果的にサンティアゴのスペイン司令官による降伏を促すこととなった。海軍力が与えた作戦上の優位は、七月二一日に示されることになる。アメリカ小艦隊がキューバ北岸でバイア・デ・ニペを捕獲し、港を守備していたスペインの軍艦を撃破した結果、陸軍用に作戦の新局面を開いたのである。海軍力はまたプエルトリコ占領でも、一連の砲撃と封鎖、侵攻を可能としたように、決定的な役割を果たしている。

戦争によってアメリカは海軍への投資を拡大させ、さらに艦隊「グレイト・ホワイト・フリート」派遣（世界一周公式訪問のため）を促すことになった。建国初期にみられた広範囲に及ぶ海軍力の価値をめぐる議論は、海軍拡張主義に傾くことで完全に決着した。[28] 海軍はまた、アメリカがラテンアメリカに戦力投入することを可能とした。たとえば、一九〇八年にパナマ運河地帯での選挙（強制的なものであったが）を平和裏に遂行するため、軍艦が海兵隊を輸送している。また、一九〇九年には新キューバ大統領の就任式にアメリカ代表を派遣し、一九一二年にはキューバに海兵隊を上陸させている。続いて一九一三年には、メキシコでのアメリカ権益を守る手段として、メキシコ海域に三〜四隻の戦艦を派遣しておくという政策がとられた。一九一四年に海軍はベラクルスへの海兵隊上陸を支援し、さらに一九一六年のドミニカ共和国占領にも一役買っている。

一方、一八八〇年代を通じてドイツの巡洋艦に対する関心は増していった。これは一八八四年からアフリカおよび太平洋でドイツの海外帝国が発展したことと、防衛すべき新規海洋ルートができたためであった。また、ドイツ海軍の考え方の一つに、通商破壊の重視があった。一八九七年、ドイツ小艦隊は膠州を占領し、基地として中国側に九九年間の租借を強要している。[29]

同時に大洋を越えて帝国領を拡大・保全することも、海軍活動の理由づけとして重要であった。それは主導的な帝国主義国（特に英仏、それに新興帝国主義勢力の独米日）だけでなく、それ以外の国にとってもそうであった。「白人の責務」は、植民地管理を支援する海軍支出の正当化に利用されることもあった。たとえば、海賊や奴隷、密輸の取締りがそうであった。とはいえ、砲艦活動の大半は比較的小型の船で行われ、ブリティッシュ・コロンビア海岸におけるイギリスのスクーナーでも、アメリカ先住民にとっては十分威圧的であった。[30] マラヤ海岸での海賊取締りによって、海峡植民地（ペナン、シンガポール、マラッカ）を越えてイギリスは勢力を拡張できるようになった。こうした状況とあいまって、イギリスはインド洋と極東のルートに支配的地位を占めるに至った。

こうした活動は、果敢な外交政策や帝国主義政策の末端に、いかに海軍がつらなっているかを示唆している。これに関しては、西洋の国民はかなり目隠しされた状態であり、そのためイギリスは特に、自らに好都合なかたちで海軍力を模範とすることができた。しかし、追跡していた海賊や奴隷商人と並んで、たとえば水夫によって捕獲された芸術品などの財宝のように、どさくさで海軍力を用いることもみられた。これは他の国には歓迎されざるところであったが、一八七〇年のザンポニ事件（イギリスの砲艦を雇って、サルディニアでの確執を処理しようとした）のように、イタリアとの外交上の争論にまで発展したものもあった。

ドレッドノートに向けて

戦艦に対する反発は、一八八〇年代の海軍思想に影響を与えている。しかし、一八九〇年代にはゆり戻しが起きている。これは魚雷攻撃への防御の重要性（特に魚雷防御網と喫水線周辺の厚い装甲帯）に気づき始めたからでもある。電気サーチライト（電気は一八七〇年代から軍艦で使われるようになった）が水雷艇を探索する際に重視されるようになり、他方中口径の速射砲が副次的な武器として、対水雷艇用に利用されることとなった。魚雷からの脅威に対して戦術も変化している。水雷艇の耐航性レベルと魚雷の信頼性に関する懸念は、実に第二次世界大戦まで続いた。一九〇五年の日本海海戦でのロシア艦隊に対する日本の圧勝でさえ、魚雷は深手のロシア軍艦へのとどめとして用いられたにすぎなかった。対水雷艇専用の駆逐艦が開発され、最終的にそれは後年多目的型の「駆逐艦」となっていく。

こうして、戦術的には戦艦を撃破する能力はかなり減退した。かつてこの水雷艇による戦艦撃沈法は有益な考え方であっても、「制海権」とは無縁とされていた。水雷艇は狭い海域での海上拒否（sea denial）の可能性を示唆したが（それどころか、一八九〇年代以降イギリス海軍は沿岸部での戦争に関心を示さなくなったが）、大洋での通商や「制海権」を脅かすものではなかった。しかし一方、無煙火薬の出現で人工的な「戦争の霧」が除去されると、それによって青年学派の戦術家たちは、大型の軍艦も水雷艇による攻撃で対応できると楽観的に考えるようになった。

ある意味、軍艦の能力上の変化は戦艦を再評価する過程で、決定的に重要となった。この変化はイギリスの場合、一八八五年に始まる年次海軍演習に、大幅な質的向上をもたらすことになった。早いうちから蒸気機関、鉄製装甲、元込め砲が出現していたにもかかわらず、真の外洋向き（完全な蒸気式）戦艦は、一八九〇年代まで実際のところみられなかった。装甲円塔の発明は極めて重要な意義をもった。それは固定式の装甲体、ないし円筒で保護された砲を備えたものであり、内部で旋回し、原型は縁越しに砲撃する形式であった。後年、軽量の砲塔が加わるが、これは回転式の近代的な装甲砲塔の先駆けで、固定式の装甲円塔に載っていた。

この仕組みは沿岸向けというより、外洋向け戦艦の開発にとって重要であった。というのも、船舶の安定性を犠牲にすることなく、甲板の中央に砲を設置できたからである。その結果、初期の非常に低い乾舷（沿岸防備に用いられたモニター艦が典型）は、もはや不要となった。高い乾舷で軍艦は世界中どこにでも行けるようになった。こうして、水面から十分な高さをもって新型の重砲が搭載可能となり、凪の海面でしか使えない一種の装甲いかだではなく、積極的に海洋に進んで出られるようになった。装甲円塔の発明で大きな進展がみられたのはフランスであり、この時代の技術開発上多くの重要な点で、イギリスよりも常に少し先を進んでいた。特に、元込め砲に関してはそうであった。もっとも、フランスはイギリスに匹敵するような、革新を可能とするインフラをもちあわせてはいなかった。

急速な変化の事例として、一八八四年にサー・チャールズ・パーソンズが発明した、船舶用タービン・エンジンをあげられる。一八八〇年代初頭の新型水管ボイラー技術が、大型船舶に導入されるようになる一方、一八九〇年代にはニッケル鋼装甲の軍艦が登場した。これは一八九〇年にアメリカで試験されたもので、炭素処理を施したニッケル鋼のほうが、合金装甲よりも砲火に対してより効果的である、とされた。イギリスではロイヤル・ソブリン型戦艦（一万四一五〇トン）八隻が、一八八九年の海軍防衛法の下で起工された。これは今までの中で最大の戦艦であり、改良型エンジンのおかげで一八ノットの速力があり、水雷艇からの脅威に対応できる速度であると考えられていた。同法の結果、イギリス海軍予算は一八八三年の一一〇〇万ポンドから一八九六年には一八七〇万ポンドへと拡大した。他方で、イギリスの戦艦数は一八八三年の三八隻から、一八九七年には現役艦と建造中合わせて六二隻となったが、これは強さと危険性との不安定な関係性の所産であった。護送はもはや通商保護にとって有効とはいえず、特に商船が蒸気船となって、軍艦と同じくらいの速度が出せるようになると、なおさらであった。また、港で敵軍艦を攻撃や封鎖することで、戦線を敵の領土まで広げることのできる大海軍こそが、海戦で勝利できる最善の策であり、したがって、大陸軍や同盟国の存在を必要としなくなると考えられた。この条件によれば、迅速な動員をできる平和時の大海軍が必要とされることになるが、それによって敵艦隊を港に逼塞させられるだろうとされた。海軍防衛法の起源は、一八七八年の近東危機にさかのぼることができる。(31)

ニッケル鋼は一八九二年にドイツのクルップが、「ガス浸炭」の作業工程で導入した際に改良された。これで重量を増すことなく防御を強化することができ、その結果、より大型の艦船をつくれるようになったが、他方で洗練された造船工業と多額の出費が要求されるようになった。ニッケル鋼で装甲するようになると、今度はクロム鋼弾と徹甲弾の鋼被帽の開発へとつながっていく。それがまた、軍艦砲における効力を増大させることになり、そうした大砲を搭載できる大型船に、大きな役割を与えることとなった。また、機器や冶金、火薬の進化によって、より高性能の火薬を使った長距離射撃を可能とする、より正確な大砲が生まれるようになった。さらに、水力モーターのおかげで大砲は、機械的に回転・上下動できるようになった。比較優位を保持するためには、技術変化の純粋な効果を常に刷新している必要があり、現に一八二〇年代以降は頻繁に改良していないと、それまで以上に軍艦は急速に旧式化していった。

帆装は折衷的な技術であったものの、一九世紀末の洗練された装備は、より高度な、あるいは少なくともまったく異なる訓練を受けた将校と船員を必要とするようになっていき、その結果、新しい学校や訓練手法の導入へと発展していった。さらに、軍艦建設に関する専門意識が出現し、設計と建設をめぐって科学的方法が強調されるようになった。それは直感やハーフハル・モデル〔訳注、船体を半分にカットした模型〕に頼るのでなく、(32)詳細な問題点と入念な数学的予測に則っていた。しかし、一八世紀の造船技術を軽視しないことも重要である。科学と数学の重要性は、相当長期にわたって理解されていたからである。そして、一九世紀にはこの専門意識が海軍と大企業間の密接な関係によって、ぴたりと合致していくのである。

戦艦へのシフトは、海軍力に関する最大の影響力を有するアルフレッド・セイヤー・マハン（一八四〇〜一九一四年）の影響ということもあり、現にその思想を反映していたが、マハンは新設された米海軍大学校（ニューポート、ロードアイランド）で講義を受け持っていた。マハンは制海権の重要性を強調し、敵艦隊を撃破することはその最終目標のための手段であるとみなし、通商破壊はさして重視しなかった。戦力構成という意味で、マハン主義者の考え方は巡洋艦でなく戦艦を重視していた。制海権という考え方はまた、イギリスで議論されるようになり、特に一八九四年に出版された影響力の大きなジャーナリスト、スペンサー・ウィルキンソンの著作と、フィリップ・コロン提督の『海戦――歴史的にみたその支配原理と実戦』(*Naval Warfare: Its Ruling Principles and Practice Historically Treated*, 1891)は、反響を呼んだ。それは、制海権に派生すると想定される利益と、帝国のために争奪の結果得られるとされる利益とが、それぞれ対照的に論じられていた。

しかしながら、戦略文化と作戦上の大きな違いが、似たような兵器を有する列強に影響を与えた。イギリスとしては、食糧と天然資源を供給してくれる海洋ルートを保護する必要があった。その一方、特に一九世紀末のフランスや、両大戦を経験するドイツ、それに冷戦期のソ連といった挑戦相手は、このイギリスの通商ルートを攻撃するドクトリンや戦力構成、戦略や作戦行動を模索していた。戦略文化と作戦の相違が、シーパワーの議論での論点となり、事実、思想上の特徴となっていった。そして、この議論は新しい可能性と将来性によって、よりダイナミックなものとなっていった。こうして、海軍の将来性は、したたかな実践に基づくドクトリンと、歴史および事例の分析、さらに新技術に起因する変化に向けた圧力とのダイナミックな関係から、影響を受けるようになった。

一九世紀、歴史事例によって正当性を実証することは、海軍力の連続性を模索し、今ある姿を理解するための過去を模索する習性として重要であった[33]。マハンはドイツの歴史家テオドール・モムゼン(一八一七～一九〇三年)の影響を受けている。モムゼンはその著作『ローマ史』の中で、海軍力が第二次ポエニ戦争でカルタゴに対し決定的に重要な役割を果たした、と主張している。一八八四年にリマでこれを読んで、アメリカの権益を保護する海軍の義務に関し、マハンは「ハンニバルが長い陸路でなく、海を使ってイタリアに侵攻したならば、いかに様々な点で結果が違っていたことであろうか……あるいは、到着後陸路でも(カルタゴと）自由に行き来していたならば」とのくだりに衝撃を受けた。[34] マハンとセオドア・ルーズベルトは二人とも、一八一二年の米英戦争における海戦に関して、歴史書を著している。アメリカの政策に与えたマハンの影響は、ルーズベルト（一八九八年の米西戦争中に海軍省次官補、後年大統領）との友情に負うところもあった。[35]

ついでイギリスの作家ジュリアン・コーベット（一八五四～一九二二年）は、『海洋戦略の諸原則』（*Some Principles of Maritime Strtegy*, 1911）の中で、[36] 合同作戦を強調しつつ海軍力について含蓄のある説明をしている。コーベットはまた、『七年戦争におけるイングランド』（*England in the Seven Years' War*, 1907）の中で、自分のアプローチが歴史的に有効であることを示している。海軍史に関し影響力のある説明をするのと同時に、マハンとコーベットは二人とも当時の政策についても記述しており、戦略を戦力に関連づけようとしている。『シーパワーにおけるアメリカの権益、今日と未来』（*The Interest of America in Sea Power, Present and Future*, 1897）にはマハンの関心が集約されており、アメリカが大国になるためには、海軍力を最も効率よく行使し、イギリスの事例に倣うべきとしている。対照的にコーベットは、グローバルな利益を守るためにイギリスは海軍力を展開すべきとしている。コーベットによればイギリスの権益は、ヨーロッパへの大規模な陸軍の関与で確保されるのではないという。[37]

制海権に結びつく決定的勝利という考え方は、戦略的効果を得るために用いられる。そして、それは敗者の黙認を得る必要もない戦勝を、いかに確保するかということの説明であった。要するに可能性が強調され、（あるいはその主唱者にとっては）可能性も理解されていたのであったが、実際のところ陸戦での勝者の多くには、かなりつかみどころのない主張であった。勝利を確信する意志が分析には重要であった。海軍への参謀設置ともあいまって制海権を強調することは、戦略的海軍計画の策定を促した。一八九七年にドイツが初めて起案した対英戦争計画は、一九〇〇年の計画へと引き継がれていくが、そこでは実現性に乏しい対米攻撃も盛られていた[38]。

マハンの考えは広く普及していき、パワーの手段として戦艦数を認識し、それをもって大国のステイタスの定義とする傾向を生み出すことに大いに貢献した[39]。これは海軍が発展する過程で、一般にも政府からも人気の高いテーゼであったが、海軍関係の組織（強い海軍をつくるという広範な動きで、通常政府や特定利益団体、ジャーナリストが支援した）を育成すると同時に、軍艦の建造を広く称揚することになった。進水式に参加する人々は多く、特にイギリスとドイツでは、絵入り新聞を読んだり、先に映画をみたりしていた。

海軍の発展過程において、海軍支持派の一般市民を生み出したことは、大きな役割を果たした。彼らが重要な存在とみなされていたのも、議会へ自分たちの代表を送るうえで多数得票する必要があったからである。このようにその過程によって、共有利益が海軍力の根底におかれたため、新しい民主主義的な時代（少なくともポピュリストにとって）に向けた発展過程の概念が再編された。海軍戦略にとってこの意味は、はっきりしないところもあるが、しかし、いかなる戦争においても大型軍艦の進水というドラマには（その主要テーマは規模ということであった）、海戦において再び試されるだろうという期待が込められていた。規模のステイタスは、現代の空母崇拝と同じであり、こうした軍艦の長所を（おそらく現状も）合理的に議論する性格のものであった。

一八九〇年代、海軍力と戦艦の両方を手段として強調するという考え方は、非西欧社会にも拡大していき、中国も日本もこうした目標をもたなかった五〇年前の状況とは、際立った違いをみせることとなった。マハンの『海上権力史論』(*The Influence of Sea Power upon History*, 1890) は日本語（ドイツ語にも）に一八九六年に翻訳されている。とはいえ、日本語版は大幅に原作が改竄されており、それは非西洋列強がいかに西洋を目指していたか、ということの現れであった。その過程は一九世紀末にかけて最も顕著となった。しかし、そうした傾向はすでにそれ以前にもみられる。たとえば、一七九三年にオスマン帝国に雇用されたフランス人海軍造船家の指示の下で、イスタンブールの海軍工廠が西洋的構想によって再編されたことがあげられる。そして、その過程で外国人造船家たちが大きな役割を果たしている[40]。

ハワイのカラカウア王は、往時のグアノ（鳥糞石）商船を改造し軍艦カイムクロアに仕立てた。ハワイ海軍を育成するための練習艦として使う意図で、本艦には四門の黄銅製の大砲と二丁のガトリングガンを備えていた。船長はイギリス人であり、イギリス海軍の規則をそのまま使用したが、それは西洋の植民地化を防ぐ、ハワイ、サモア、トンガ、クック諸島による太平洋連合の構想に効果を発揮するはずであった。最終的にこの船は、一八八七年にサモアへ送られている。ドイツはこの構想に介入しようとし、ドイツ軍艦がカイムクロアを尾行した。しかし、このハワイ艦は船員の訓練の欠如が著しく、召還されて予備役に入れられてしまった[41]。

一九世紀末、日本とトルコ（オスマン帝国）はイギリスに対して、海軍へのアドバイスを求めるようになった。ウイリアム・アームストロング（一八一〇〜一九〇〇年）はイギリスの兵器王であり（タイン川で軍艦を建造していた）、武器商売を通じて外国の支配者から歓待を受けたが、その中にはペルシアのシャーであるナシル・ウッディーン（一八八九年）や、シャム（タイ）国王ラーマ五世（一八九七年）らがいた。似たような展開は西洋諸国内でもみられ、主要国間でも競争が大きな役割を果たしたとはいえ、造船国は他国が自分たちの条件で交渉につくような仕組みで物事を進めようとした。フランスやドイツ、それにアメリカからの追い上げにもかかわらず、イギリスは他の列強に対する主要軍艦供給国として存続していた。

非西洋列強の日本は、海軍力を最も劇的に使った国であり、まず中国に向けて（一八九四〜一八九五年）

成功裏にこれを行使し、さらに日露戦争（一九〇四〜一九〇五年）ではいっそう華々しく、黄海海戦（一九〇四年）と日本海海戦（一九〇五年）において海軍力を発揮した。日本海軍の巨大な一二インチ砲は敵に損害を与え、日本海海戦では日本海軍の艦艇は新しいうえに速力が速く、三隻の水雷艇を失っただけであった。旅順小艦隊に本来あった七隻のロシア船のうち、一隻は機雷で沈没し、一隻は黄海海戦後中立港に逃れ、残りの五隻は旅順で沈められたが、そのうちの四隻は日本軍によって引き揚げられ、修復作業を受けている。日本海海戦では一〇隻のロシア船のうち、六隻が撃沈され四隻が捕獲されている。一八九八年のアメリカによる対スペイン海戦での勝利同様に、しかしそれよりもはるかに華々しく、日本海海戦ではマハン思想の正しさが立証されたように思われた。すなわち、公海での衝突が起きたならば、それは決定的な戦闘になる可能性が高く、その結果は国家の命運を左右することになる、というものである。

現実的に日露戦争の勝利により、日本は満州を支配下におき、朝鮮を併合するようになるが、それは海戦での勝利のみに帰するものではなかった。また、日本海海戦や東郷司令長官崇拝は、海戦での完勝が戦争に成功をもたらすという主張となって、誤解を生むことになった。そして、この考え方は一九四一年の真珠湾での日本軍による攻撃に影響を与えている。一九〇五年における日本の他の成功要因としては、ロシア国内での反対勢力（日本人諜報部員が焚きつけた部分もある）のみならず、ロシアに影響を及ぼした財政的圧力も指摘できる。これに加えてロシアはまた、満州において陸戦で厳しい圧力を受けていた。しかし、海戦での勝利に加えるべき問題として、日本が深刻な状況にあったことを忘れてはならない。戦費の調達と満州での陸戦の双方において、問題を抱えていたのであるが、ロシアは交渉の席に着こうとしない状況であった。日本海海戦は日本および朝鮮への供給ルートに、ロシアが攻撃を加えることを阻止したとはいえ、それが戦争の勝利を決定づけたわけではなかった。

しかしながら、日本海海戦は一躍日本海軍を有名にし、それは海軍と政治家との関係を深めていっただけでなく（そして結果的に拡大主義を助長していく）、国家の命運に関する展望と結びついていった。一九〇七年、アメリカに対する日本の艦隊比率が引きあげられたが、それは第二次世界大戦まで影響力をもった考え方であった(42)。

黄海海戦と日本海海戦は、距離測定と照準が新たな進化を遂げたことから、将来の海戦は長距離から行われるようになると専門家や参謀らは（正しく）結論づけ（よって魚雷の射程外から(43)）、重武装の巨砲を搭載した戦艦の登場を促すことになった。この発想はイギリスの軍艦「ドレッドノート」に具体化された。これは、日本海海戦以前に設計されたが、進水は一九〇六年である。一〇門の一二インチ砲をペアで五つの砲塔に搭載していたが、それは初めての、すべてが巨砲という新クラスの戦艦であった。船舶用タービンエンジンを搭載した世界初の主力艦であり、竜骨を設置して艤装を完了するまで、控えめな政府発表で一年かかった。また、同艦は本来別の艦船用に発注された大砲と砲架を用いた。

この政府発表は、海軍競争でイギリスに対抗することの無益さをみせつける、プロパガンダ上の成功を意図して行われた。その効果は設計の機密性や計画の別の側面によっていっそう高められた。こうした試みは「銀の銃弾」（silver bullet）、ないし技術上の切り札という信念を反映している。それは他国をゆっくり破産させていくことで、締め出しを狙ったものであった。こうして、海軍力およびその熟練度に寄せる国民のイメージは、国民からの支持をとりつけるのに役立った。そして強国の印象を生み出すためにニュースを使うことが用いられ定着した。このやり方は一九〇四年から一九〇五年のイギリスにおける海軍問題を、活字で議論するうえで大いに貢献することとなった。

情報収集の役割は制度的に、開発に関する報告をしていた海軍武官の担当であった。武官は情報収集に当たる組織上の末端に位置し、収集は次第に秩序だったものとなっていった。外国が新規開発によって、その相対的な地位を変える可能性があったからである。

政府発表はどうであれ、ドレッドノート規模の戦艦がかつてそれほど早く建設されたことはなかった。その建設にはイギリス造船界における産業的、組織的効率性が反映されていた。これは効率性ということになるのだが、ロイヤル・ネイビーが指揮と協調を特徴とする、よく組織化された即応性の規律に支えられていたからである。同時に戦艦と巡洋艦建設の費用増大は、イギリスにとって大きな財政的負担となっていた。その一方で新型艦は、ロイヤル・ネイビーが有していた第一級主力艦の数多くの優越性を失わせてしまった。すなわち、前弩級戦艦は旧式化してしまい、その優越性を再建する必要に迫られることになった。

海軍間の競争心が速度を定めたことで、ドレッドノートはそれまで就航していたいかなる戦艦よりも速く、かつ重武装を遂げた。そして、従来の相対的海軍力の算定値を不要なものとしてしまった。この結果、ドイツの反応が促され（ナッソー級は一九〇七年から起工されていた）、武装よりも防御に重点をおくことになったが、タービンを使っていなかった。同時にイギリスへの対応の必要性から、海軍計画に対する帝国議会から支援が受けられるよう、大きな圧力がかけられた。さらに、イギリスにおいて第二世代のより大きなドレッドノートが登場すると、この支援には一段と大きな圧力が加わることになった。

イギリスは一九世紀半ばに建艦競争でフランスを打ち負かし、勝利を手中に収める。ドイツ海軍は一八八八年時点で世界第六位であったが、一九一四年には第二位となった。一九〇〇年以降イギリス海軍本部では、ドイツによる建艦計画は自国に対する最大の海洋上の脅威となりうると認識していた。[44]とはいえ、この時点ではフランスとロシアに対する懸念も依然として存在していた。イギリスは新たな建艦競争に勝利すべく、積極的に出費をするようになり、同時に足の速い軽武装の軍艦にも投資を行った。後年巡洋戦艦と呼ばれるようになる、重武装の巡洋艦も開発されていくが、それはドイツの俊足の武装外洋船による通商破壊に対抗すべく設計された、という背景もあった[45]。こうした巡洋戦艦は新型軍艦を考えるうえで、イギリスが当初志向した一つの方向性であり、しばらくの間将来の主力艦とみなされていた。しかし、一九一二年までにドイツ艦隊が急速な拡大を遂げるようになると、それは一九〇四年以降フランスとの関係が改善されたこととあいまって、北海におけるドイツとの戦艦同士の対決にいかにして勝つか、という点に作戦上、戦術上の重点がおかれる結果となった。さらに、イギリスによる他の戦略的懸念も、一九〇二年以降日本との同盟によってかなり減少した。また、一九〇八年、帝国防衛委員会と外務省によって、アメリカとの戦争の可能性は遠のいたと結論づけられた。ドイツに対してイギリスが重視したのは封鎖であり、経済戦争の手段というだけでなく、ドイツ艦隊を海にとめおく手段ともみなされた。イギリスが好んだ戦術は、強力な「火力の斉射」であり[46]、そのためには戦艦が必要とされた。しかし、この考え方が理解されるには様々な困難が伴った。

ドイツではイギリスと異なり建艦競争は、野望と権益の思想を主導するアルフレート・フォン・ティルピッツ提督（一八九七～一九一六年の間、帝国海軍大臣）に強く支配されていた。ティルピッツはイギリス嫌いの皇帝ヴィルヘルム二世から支援を得ていたが、ヴィルヘルム二世はマハンによる影響を強く受けていた。しかし、特に反対を主張していた社会民主党（一九一二年一月の帝国議会選挙で勝利）から、政治的限界を越えて支援を得ることには失敗した。ティルピッツ計画は帝国議会にその役割を理解させるのが、ことのほか困難であったからである。しかしながら、他の政治家に関していえば、ティルピッツは帝国議会に挑戦したというよりも、むしろ取り込んだという状況であった。ドイツ海軍再建に対する予期せざる（とはいえ予見可能ではあったが）イギリスの決定と、フランスの陸軍強化策の可決ともあいまって、ドイツ軍部と政治指導者たち、それに帝国議会で陸軍に反発する与党内部の議員らは勢いを得ることになる。その背景には一九一三年のドイツ陸軍法の可決があった。実際、同法は極めて高水準の陸軍増強年次計画であったが、一方的に海軍の軍備制限を宣言する内容でもあった[47]。テオバルト・フォン・ベートマン・ホルヴェーク（一九〇九年に首相就任）の海軍費用に関する懸念は、陸上で二正面作戦を展開する必要性を陸軍が強調していたことにも起因する。

それだけでなく、ティルピッツの戦術的、作戦的、さらに戦略的前提と計画も大きく損なわれた。その結果、調達と訓練の達成に重大な支障が生ずるようになった[48]。ドイツの戦艦は敵のイギリスよりも技術的に優れていたかもしれない。しかし、第一次世界大戦後にドイツ船に対して行われた検証は、イギリスの設計士に示唆するところがなかった。さらに、ドイツはシーパワーとして立国するうえで、深刻な戦略的問題に直面していた。とりわけイギリス海軍の介入状況と大西洋からの距離が問題とされた。

より普遍化していえば、ドイツの政策的英知が試されるということであった。そして、それは反ドイツ陣営におけるイギリスの立場を強化することになったが、かかる状況になければ、イギリスの立場もさほど鮮明にならなかったことだろう。イギリスでの海軍力への関与が、本質的に国民からの支持を得たものであったとすれば、ドイツの政策は極めて挑発的であり、ばかげたものとみなしうる。架空のドイツ海軍の命運に基づいた、イギリスとの世界戦争という発想は、露仏同盟によりドイツに迫られた、二正面からの挑戦を克服するという喫緊の課題とは、ほとんど無縁の空言にすぎなかった。この同盟側にイギリスが加担して参戦すれば、ドイツの利益となることはほとんどないだろうし、事実、第一次世界大戦でそれは実証されている。

この明らかに不合理なドイツの政策を評価してみると、海軍力の議論における一般的重要性がみえてくる。まず、不合理ないし合理的とみなされている政策を区分しても、必ずしもそれが有益ではない点である。区分してしまうと、不合理な思想的要素は海軍政策の役割とすべきでない、という印象をやはり生み出すからである。さらに、こうした要素は合理的な政策上で役割を果たさないという印象も与える。いかなる先入観も確かな根拠をもたない。それに対して、調達政策やドクトリン、戦略といったものにはすべて、思想を議論する場合に必要な特定の価値観が反映されている。

たとえば、これは一八九〇年代以降のアメリカの海軍力増強に関する事例であるが、東海岸の産業界の利益を擁護しつつ（顕著なのがペンシルバニアの造船所と鋼製品）、大国としてアメリカが前面に出ることだけでなく、グローバルなパワーポリティックスでも中心的役割を果たすことに強い関心を示す、政治家や評論家と建艦の動向は結びついていた。これは一九世紀初頭のジェファーソン派の民主党員にとって、忌み嫌われる見解であった。一八八四年に進水したドルフィンは、アメリカ初の世界一周可能な鉄鋼艦とされていたとはいえ、その実単なる報知艦にすぎなかったが。大統領としてベンジャミン・ハリソン（一八八九〜一八九三年）は、後年のセオドア・ルーズベルト（一九〇一〜一九〇九年）同様に、建艦支持者であった。政治の中央集権性および戦略文化の闘争的、非線形的特徴を想起すれば、このような考え方は、連邦主義者に強い共感をもって受けとめられただろうし、彼らはアメリカ海軍力の発展上、ライバルのジェファーソン派よりも強く関与した。

政治戦略や社会文化的前提と海軍力の思想的影響は、伝統的に一貫して関心をもたれてきた分野ではなかったし、特に一般向けの著作ではそうであった。そのことが問題なのは、こうした状況では政策的議論の根拠が乏しいからである。海軍力が鍵であり、アイデンティティと戦略的利益が一致している、という思いが国民の間にあることを自明とするのは、特に政治上軍の役割が重視されていない、あるいは軍事上政治の役割が重視されていない場合にそうした傾向がみられる。

しかしながら、本書を通じた議論は、こうした見解が不正確であり、そのためもっぱら競合する集団間に限定した議論から、海戦と技術という意味での説明と分析をしている海軍史の一般書が必要とされている、という点にある。本書では入手可能な資料と並んで紙数の制約上、このテーマについてずっと議論し続けることはできない。だが、この点を終始念頭におくことが肝要である。たとえば、ドイツにおける陸海軍間の優先順位をめぐる競争は、どこの国でもみられることであり、そして国によってはそれが即発の状況を生むこともある。特に、一八九〇年代のブラジルとチリがそうであり、国内政治においては反対派からの介入もみられた。こうした競争はまた、しばしば秘密裏にではあるが、他の国でも起きているし、資金や他の優先事項をそれぞれいかに配分するか（この点をめぐる「真の」根拠は何ら存在しないが）という点が、多分に問題となっていた。他方、国益をめぐる競争といかにそれをうまく追求するかを踏まえて台頭してきた国もある。

ドイツの場合、海軍をめぐる政府、政治、そして文化といった各方面における緊張が、厳しい予算の中で軍事資源を調達しようとして発生した。それはどこの国でもみられることである。たとえば、ロシアではドゥーマ（議会）は軍部をシビリアン・コントロールすべく機能していたが、これに対して日本では海軍が、政友会（陸軍と組んだ少数独裁の政敵に反対していた）と結託していた。[49]しかし、フランスは特に一九〇四年以降、イギリスとの関係が改善されたことを受けて、ドイツとの陸戦に焦点をおいていた。その結果、一九一四年までにフランスは世界海軍第二位から五位の地位へと転落したが、ドレッドノート級戦艦を就航させた。青年学派が提唱した船種への熱も戦艦へと移っていったのである。こうした戦艦が必要に思われたのは、ドイツに対抗するイギリスとともに、フランスはドイツの同盟国（オーストリア、イタリア、両国とも海軍を増強させていた）に対し、いかなる動きにも対抗できるようにしておく必要性があったからである。北アフリカでの植民地をめぐるイタリアとの確執が、フランスのこうした動きの背景にはあった。アルジェリア・

マルセイユ間の主要航路を保護する必要に迫られており、この航路は戦争が勃発した際に、フランスに部隊を輸送するために使われることになっていた。

列強以外の国でも海軍を増強し、その力を利用している。そうした国々も海軍技術の最前線に立つ可能性を有しており、特にそれが顕著であった国がオーストリアであり、技術としては魚雷であった。一九〇〇年から一九〇一年にかけてオーストリア（一九一四年時点で世界八位の海軍国）の場合、アドリア海に拠点をおく同海軍は、義和団事件への国際対応として、中国の海域に小艦隊を派遣している。海軍力と作戦上の多様性として記憶されてよいのは、オーストリア海軍の砲艦がドナウ川やサーバ川で、第一次世界大戦中にセルビアに対して、初の海軍の動きの一つとして活動したことである。

他にも建設した艦隊を利用した事例はある。一九一二年から一九一三年にかけて、第一次バルカン戦争においてギリシア海軍（フランスの専門知識に則って成長し、一八八〇年代以降フランスから融資と軍艦を供与される）は、エーゲ海でトルコの通商破壊に当たり、さらにレムノス、キオス、サモスの各島を含む島々を占領する際に、水陸両用作戦を展開していた[50]。あまり華やかではないが、ブルガリア海軍が黒海でトルコの通商破壊に当たっており、それはバルカン半島におけるトルコへの圧力増大に結びつくこととなった。

政治は海軍の発展にとって主要テーマである。このテーマは資金面や調達上の中心的要素であり、イギリスの発展に影響する問題であった[51]。のみならず、ドクトリン（調達に関するもう一つの重要な要素）や作戦面においてもそうであった。同時に政治を通じると、海軍の発展をプリズム的に幾重にも理解できるが、政治はまた海軍以外でも行動を起こす際のエネルギー源であった。決定的に重要なのは知識の応用である。また、同時代の人々にとって重要であったのは、技術変化が当然であり、かつ将来に向け不可欠である、という感覚によって突き動かされていた点である。この知識の応用は、制度的な圧力によって影響を受けたり、制約を受けたりしていた。しかし、発想や原型がいかに試されたかを調べてみると、まことに印象的である。それどころか、実験に大いに積極的であったため、軍艦設計に関してどれが最も実効性が高いかをめぐって、一八七〇年代にはかなり混迷を深めていた。こうした積極性は（往々にして不公平に）保守主義と批判された初期の世代とは、極めて異なっていたし、積極性は必ずしも海軍のような大組織から期待されてはいなかった。たとえば、イギリス海軍本部では情報の収集と処理に関してかなり進んでおり、そのため海軍資源の一貫した管理が可能であった[52]。さらに、海軍航空隊の導入のような、大きな変化が実験の結果生まれ、あるいは実験と結びついていった。たとえば、一八六六年および一八九八年からのアメリカ海軍によるエンジン試験は、一九一三年、石油を燃料とする蒸気エンジン搭載の船だけを建設する政策の採用となった[53]。アメリカの関心は、技術的なものというよりむしろ、石炭依存からの脱皮にあった。アメリカが新常備艦隊を正当化する理由は、日本からの脅威によるものであった。しかし、ウエスト・ヴァージニアやケンタッキーで石炭の生産は行われていても、イギリスによる石炭供給を仰がなければ、アメリカ艦隊は太平洋を横断できず、そのことがイギリスの同盟国と戦える可能性を乏しいものとしていた。星条旗を掲げた米蒸気商船には石炭船が少なく、世界中の石炭商人はイギリスの支配下にあったし、船舶用石炭の供給者も同様であった。イギリスと日本は一九〇二年から同盟を組んでいた。その結果、一九〇五年に日本と戦ったバルチック海から航海してきたロシア艦隊は、ドイツの石炭と石炭供給者（困難を伴いつつ任務を遂行した）に頼らざるをえなかった。ロイヤル・ネイビーもまた、石油を燃料とする蒸気エンジン採用の方向に動いた。これは、石油の驚異的な技術進歩があったからだが、一九一二年にはロイヤル・ネイビーも、駆逐艦にタービンを設置し始めるようになった。

第一次世界大戦に突入した海軍は、船体の改良を少なくとも技術的には急ピッチで行ったが、必ずしも戦術的、作戦的に改善がみられたわけではなかった。とはいえ、戦争は進化を予言することの難しさをさらけ出し、その結果、大半の戦前の計画と仕様にも限界があることが明らかになった。

第6章　一九一四〜一九四五年

最初の世界大戦

イギリスとドイツ両艦隊の間に起きた、一九一六年五月三一日〜六月一日のユトランド沖海戦は、トラファルガーのような海戦でもなければ、海軍の参謀たちが期待したような完全勝利でもなかった。さらにいえば、第一次世界大戦（一九一四〜一九一八年）におけるイギリスとドイツの間での決定的な艦隊決戦は、ついに起きていない。同様に、オーストリアとイタリアとの間でもアドリア海において決定的な海戦は発生しておらず、東に目を転じてトルコまで広げてもそうである。しかしながら、決定的海戦がなかったとはいえ、いかに未曾有の規模の陸軍を戦場に投入する決定をしたか、その点を踏まえると、イギリスによる戦闘方法に大きな変化が生じたことは確かであるが、そのことが世界大戦での海軍の重要性を否定するものではない。[1]それどころか、海軍のおかげでイギリスは自国海域を保全できたし、そのため封鎖も侵略も受けずにすんだ。また、フランスにおけるイギリス軍に人と軍需物資を、大きな問題もなく持続的に流している。さらに、イギリスの資源を輸送する通商路を確保し、ドイツを封鎖することにも成功している。[2]とはいえ、イギリスの封鎖により深刻な影響が及ぶとの思惑にもかかわらず（実態的に通商戦争の基準に反していた）、その効果はだいぶ減殺されていた。それは、ドイツの大陸での地位と、ヨーロッパ域内でドイツが必要とする大半の資源は確保可能だったためである。

戦争の最初の月に、北海において二つの水上行動があった。そこは英独両艦隊間の重要海域であったが、決定的な主力艦同士の対戦はみられなかった。ヘルゴラント島の入り江で、一九一四年八月二八日に海戦が勃発し、それは軽巡洋艦と駆逐艦からなる英独の小艦隊間での海戦となった。そこでの戦闘でイギリスの巡洋戦艦が、決定的な役割を果たしている。ドイツは三隻の軽巡洋艦と一隻の駆逐艦を失ったのに対して、イギリス側は一隻の軽巡洋艦と二隻の駆逐艦が大破した。イギリスは実際には一隻も喪失しなかったことから、決定的勝利として発表した。その結果、イギリスは強力な心理的優位を確保するところとなったが、一九一四年一〇月一七日、四隻のドイツ駆逐艦が撃沈された〔訳注、駆逐艦ではなく水雷艇とする資料もある〕テセル島沖海戦も、同様であった。

一九一四年、ドイツ潜水艦および機雷による船舶の損失は、イギリスに対して多くの人員と主力艦の犠牲を強いることになった。それはドイツとの海戦で失う船舶数より多かったが、こうした損失の影響は比較優位という意味では、さほど大きなものではなかった。事実、潜水艦と機雷は、イギリス海軍の優位への対抗手段というよりも、狙撃的（snipe）な手段であったように思われる。

一九一五年一月二四日のドッガーバンク海戦では、イギリスとドイツの主力艦が初めて激突し、イギリス巡洋戦艦が追撃に当たった。イギリスの砲術は未熟であり、撤退するドイツ海軍は装甲巡洋艦を失っただけであった。ドイツ側の計画では、全大洋艦隊でイギリスのグランド・フリートの一角を襲うというものであった。しかし、ドッガーバンクで終わった出撃や、戦闘にならなかった一九一六年初頭の三回の出撃、それにユトランド沖海戦そのもののように、すべて不首尾に終わっている。ユトランド沖海戦でイギリスは火砲の制御や不十分な装甲、火薬の危険な取り扱い、下手な信号と不十分な訓練などの問題に直面して苦しんだ。たとえば、駆逐艦の魚雷攻撃では、ドイツよりもはるかに多くの軍艦および人員の損失をこうむった。イギリス一四隻（巡洋戦艦三隻を含む）対ドイツ一一隻（巡洋戦艦一隻を含む）、同じく戦死六〇九七人対二五五一人である。しかしながら、ドイツ艦隊は巨砲の応酬で激しく損傷し[3]、その自信も大きく傷つくところとなった。「重要なことは、その抗しがたい威圧的なパワーがもつ恐怖感である。ドイツ軍将校の心と記憶に、ほんの少し垣間見ただけのグランド・フリートの存在が、強く焼きつけられた」。その後海戦において、ドイツ大洋艦隊がヘルゴラント島入り江の防御機雷海域から出てきたのは、わずかに三度だけであった。しかもどの回とも、イギリスのグランド・フリートとの対決を回避するよう気をつけていた[4]。

作戦の結果から相対的な海軍の実力を推量することは、容易である。しかし、他の要素を斟酌してみることも必要であり、特に指揮決定に関してはそうである。たとえば、サー・ジョン・ジェリコー提督（ユトランド沖海戦でのグランド・フリート司令官）の警告は、勇敢なサー・デイビッド・ビーティ提督（巡洋戦艦小艦隊の司令官）が総司令官であったならば、おそらくイギリスの勝利は望めなかっただろう、というものであった。ジェリコーは敵のドイツよりも大きな艦隊を率いていたが、この海戦に勝つ必要はなく、ただ負けないようにすればそれでよかったのである。よく知られた話であるが、ジェリコーは午後の海戦で負けたかもしれなかった、といわれている。消息に通じた当時の人たちは、指揮の質が重要だと実感した。たとえば、陸軍大臣キッチナー伯は、一九一五年に次のように指摘している。「強く危惧しているダーダネルス海峡の解決策は、海軍次第である。ビーティさえそこに派遣できたら、本当に安心なのだが[5]」。

造船業界との連携も重要であった。ドイツは戦時中に起工したドレッドノート級戦艦や巡洋戦艦を一隻も仕上げることができず、イギリスで起工・完成した五隻の巡洋戦艦に比較して、ドイツでは造船計画上で頼れるような安全性のゆとりがなかった。また、イタリアの参戦（一九一五年）に加えさらにアメリカも参戦したことにより（一九一七年）、イギリスが確保した新たな連合国の軍艦による支援といった展望も、ドイツ側にはまったくなかった。連合国側の戦略的優位は、潜水艦によるドイツの攻撃力を無力化した。加算された軍艦数に比して、連合国側の軍艦沈没数は少ないものにとどまっていた。

地理も重要な要素である。ドイツは北海で、大洋に出る航路をイギリスによって押さえられていた。イギリスはオークニー諸島のスカパフローに停泊していたが、一九〇九年、フォース湾のロサイス新基地に移るようになった。これはグランド・フリートが北海で戦うよう考案されたものであり、ドレッドノートを受け入れ可能な乾ドックを三つ備えていた。しかし、攻撃から海岸を防衛し、ドイツ海軍の動きにすばやく対応するという二つの点で、東海岸のはるか南にはこれに匹敵する基地がないことが大きな問題であった。

イギリスの兵站システムは、自給不能な国のものであった。しかも、帝国経済は通商に依存しており、帝国内で部隊を動員する必要がある場合でも、その軍事システムはドイツの海上攻撃によって脅かされていた。しかし、こうした攻撃も戦争初期の段階で撃退された。マクシミリアン・グラーフ・フォン・シュペー中将率いる東洋艦隊は、戦争勃発時におけるヨーロッパ域外での、ドイツ海軍の有力な戦力であった。シュペーはチリまで航行していき、そこで弱いイギリス海軍と交戦し、イギリス側は一一月一日のコロネル沖海戦で敗北し、巡洋艦二隻を失っている。シュペーはついで英領で海軍基地のある、フォークランド諸島を攻撃したが、サー・ジョン・フィッシャー第一海軍卿は、シュペーを撃退すべく巡洋戦艦二隻を派遣した。結果、シュペーは一二月八日に敗北を喫するが、それも長時間に及ぶ追跡の後やっと巡洋戦艦の弾薬が底をついてからのことであった。イギリス水兵の自伝を読むと、愛国心の強さが強くにじんでいる。ケントに乗り込んでいたヘンリー・ウェルチは、フォークランド沖海戦でドイツ軍艦ニュルンベルクが沈む様子を、克明に綴っている。

……我々は軍艦モンマスの報復を行った。ニュルンベルクの砲撃さえなければ、多くのモンマス乗員の命が救われたことだろう、と信じている。しかし、海上で視認しうる最後のときまで、モンマスに砲撃を加えていた。ドイツ国民が敬意を表すべきは、モンマスのその崇高な奮戦振りである。ありがたいことに、自分はイギリス人である。[6]

その後、ドイツの動きは総じて個々の戦闘に終始するようになる。結局、そうした行動も封じられてしまうのであるが、それはドイツ軍艦エムデンがインド洋で通商破壊に当たり大きなダメージ（ほぼ壊滅的）を与え、マドラスを砲撃するまで続いた。エムデンは一九一四年一一月九日に、艦砲射撃とココス諸島の暗礁の双方による打撃で座礁する。ドイツによる通商破壊の脅威も、基本的に緒戦の数カ月に限定されていた。事実、連合国側による北海やイギリス海峡、アドリア海での封鎖の成功は、またドイツ領海外植民地を占領できたのも、緒戦段階より後のことである。さらに、潜水艦の利用にもかかわらず、ドイツ海軍の作戦行動範囲は、アメリカとフランスの私掠船（一七七五年から一八一五年にかけてイギリス商船を攻撃した）の行動範囲よりも小さいものであった。

潜水艦戦争

イギリス経済は海上攻撃よりも、潜水艦によって深刻な打撃をこうむった。また、潜水艦は軍艦にとっても大きな脅威であった。事実、グランド・フリートは北海から撤退を余儀なくされたが、一九一四年にはスカパフロー基地から新しい基地（スコットランド北西海岸）へと、ここでも撤退を強いられている。それは潜水艦攻撃からの脅威によるものであった。そして、防衛が強化される一九一五年まで、スカパフローに戻ることはなかった。戦争で潜水艦の影響が顕在化する以前にも、かなり潜水艦に関する調査はあった。しかし、基本となる議論において経験が不足していた。一九〇一年、H・O・アーノルド・フォスター（海軍本部政務次官）は対潜水艦戦術に関心を示し、次のように述べている。

潜水艦は、実際、潜水艦によって応戦するのがよい……潜水艦の件に関しては近隣諸国と同じようにこの新しい兵器の導入を図れば、従来不利益であった我々の立場を強化することになるだろう。我々にはいかなる国も侵略するつもりはない。そして、我々自身が侵略されないことも重要である。一部の識者たちが考えるように、潜水艦が非常に優れていると証明されれば、我が港湾への砲撃や岸辺への部隊上陸は、まったく不可能となるだろう。海上からしか接近できない我が帝国のいずこの地域にも、この考え方は当てはまる。

翌年第二海軍卿の地位にあったフィッシャーは、潜水艦は有力な兵器を促進する好機とみなしていた。たとえば、無線とジャイロスコープの導入でみると、イギリスは後れをとっていると感じていた。

常に我々が踏襲すべき偉大な原則は、いかなる海軍兵器も外国の海軍によって採用されたものでなければならない、ということである。そうすれば、将来の海戦におけるその実力と可能性を確保するうえで、我々に苦しい試行錯誤を強いることなく、必要な準備をすることができる。わずかな労力で艦隊の戦闘能力を高められる意見を、等閑視している余裕はないのである。(7)

潜水艦は過去数十年の海軍作戦において、さほど取り上げられることはなかった。たとえば、日露戦争（一九〇四～一九〇五年）やバルカン戦争（一九一二～一九一三年）でもそうであった。それどころか、その潜在力は大半の専門家によって過小に評価されてきた。(8)ドイツ海軍トップのティルピッツは、後年潜水艦支持派に転じている。フィッシャーは対魚雷戦への脆弱性に懸念を示し、その結果、自国海域での小型艇隊による防衛を強調するようになっていった。イギリスは一九〇一年になってやっと潜水艦を就役させている。しかし、第一次世界大戦勃発時には最大数の八九隻を擁していた。とはいえ、潜水艦による軍艦や商船への攻撃に対する防御対策は、不十分なままであった。

潜水艦の建造に関してみるとドイツは、ひとたび戦争が勃発すると建造数を増加させている。しかし、比較的少ない数しか発注されておらず、しかもその大半は竣工が遅れていた。その理由には、建造を管理し供給する部分に問題があったことを指摘できるが、潜水艦戦への海軍内部からの関与が欠如していたことにも大きな問題があった。潜水艦でなく軍艦を好む傾向や、陸軍に工業資源が集中してしまう長年の傾向は、(9)第二次世界大戦でも繰り返されることになる。その結果、潜水艦は作戦の実施にすぐに影響を及ぼしたにもかかわらず、ドイツではその野望に適うだけの潜水艦を揃えるには不十分、という状況であった。しかしながら、潜水艦への関心をめぐって一九一五年にジェリコーは、次のように述べている。「駆逐艦による十分な哨戒なしに艦隊を動かすことは、絶対に反対である」[10]。

さらに、潜水艦は行動範囲の広がりや耐航性、速度、快適性、また魚雷の精度や射程、速度に恩恵を受けるようになった。一九一四年には四五ノットで七〇〇〇ヤードを航行可能となり、対潜水艦兵器の効果が限定的であったことから、そこからも潜水艦は恩恵を受けていた。このような進化は、近代産業界が戦争屋となる可能性を反映していた。潜水艦の大型化と行動範囲の広がり、それに魚雷の用法を拡大することで水面上に出る必要がなくなれば、潜水艦による脅威は一段と増大すると一九一六年一〇月にジェリコーは述べている[11]。

潜水艦は海軍計画において重要な役割を果たすようになる。それは作戦上でも（敵に対して水面上に姿をみせないという意味）、戦術上でも（敵艦が潜水艦の航路を横切るという意味）重要で、ドイツは一九一六年にこの戦法を用いようとした。アーサー・バルフォア海軍大臣は一九一六年一一月に次のように記述している。「潜水艦はすでに大きく海軍戦術を変えてしまっている……この海戦の主力を海で発見したとき、それはこの国にとって最悪の日となるだろう」[12]。

一九一六年七月四日、ユトランドではイギリスが依然として制海権を掌握していたが、ドイツ海軍司令官のラインハルト・シェア中将は、ウィルヘルム二世に対して、ドイツはただ潜水艦を使ってのみ海戦で勝利を収められると示唆した。事実、戦争中にドイツは一九九隻の潜水艦を犠牲にしつつも、同盟国の船舶一一九〇万トンを撃沈している。その大半は軍艦への攻撃ではなく商船であり、通商破壊こそ潜水艦の最も有効な分野であるとされるようになった。イギリスにとって防御の根幹である海が安全ではなくなり、むしろ安定した補給上の障害となったことを、商船攻撃によってドイツはみせつけた。一九一五年、ドイツは無制限潜水艦作戦（あらゆる船舶を攻撃し、警告なしで撃沈する）の挙に出る。それはアメリカの介入を招くこととなったが、その介入によってのみこれは阻止可能であった。

しかしながら、ドイツは打撃を加えたいという思惑を抱き続け、一九一七年二月に無制限潜水艦作戦を再開した。それによって四月六日にアメリカが参戦することになる。ドイツによる横暴な戦時外交と並んでその行動は、特にアメリカ船を撃沈した無制限潜水艦作戦は（加えて国際法違反も）、危険なドイツの力と野望が招いた結果であるとアメリカの世論は考えるようになっていった。とはいえ、大規模な介入を促すようになったのは、道義的な要因も極めて大きかった。ブラジルは無制限潜水艦作戦の被害を受けた国の一つであり、一九一七年一〇月にドイツに宣戦布告した。

潜水艦による攻撃も、よく整った拿捕規則によって運営されている限りは限定戦争であったが、こうした規則におかまいなしになれば、それは無制限戦争であった。拿捕規則は基本的に疑わしい船を停船させ、不正貿易品を検査することに主眼がおかれていた。仮にそうした品がみつかれば港に連行し、ついでそれは捕獲物として法廷で没収される仕組みであった。港に連行することが不可能であれば、乗員と乗客をライフボートに乗せるか自艦に乗船させ、処置を決定した後で海水弁を開いて沈没させるよう、拿捕規則では明記していた。無制限潜水艦作戦は、イギリスを窮乏に陥れて降伏させるための入念な作戦の一部であった。同時にそれは、ユトランドで勝利するはずであったドイツの失敗を反映したものであった。目標は全面戦争であり、たとえこの目標を達成するために潜水艦艦隊が不足していたとしても、実施せざるをえなかった。一九一七年春、ジェリコーを含むイギリス首脳部は、対潜水艦戦の成功の可能性に悲観的であった。事実、ドイツに与えた打撃に対して、連合国側の損失率は当初極めて高かった。対潜水艦兵器の限定的な効果もまた問題であり、爆雷は船体に接近して爆発した場合に限って有効であった。

状況は深刻であった。一九一四年にはイギリスもフランスも、ドイツに匹敵するだけの産業システムを有していなかったからである。すなわち、鉄と鉄鋼生産においてイギリスの先を行っていたのである。連合国側は工作機械、大量生産工場など多くをアメリカに依存しており、その中には砲弾の部品も含まれていた。一九一四年までにアメリカの工業生産は、全ヨーロッパ分に匹敵するようになっていた。アメリカの正式参戦以前にも大きな貢献が継続的にできるよう、イギリスの力で大西洋上のシーレーンを守ることが肝要であった。大洋をまたぐ通商と制海権の掌握はまた、イギリスとフランスが植民地の資源を確保することを意味した。

潜水艦は結果的に、商船襲撃という古くからある課題の新しい現れであり、ある意味であまり問題もみられなかった。多くはフランスの停泊地から恩恵を受けていたが、ドイツは公海に出るのに限られた航路しかなかったからである。さらに、停泊地がドイツには少なかっただけでなく、イギリスが対潜水艦兵器（特に機雷）を使って、イギリス海峡および北海の封鎖で対抗していた。しかし、潜水艦は深刻な脅威であったことに違いはない。

結局、代替生産と農業生産性の向上で、イギリスは猛攻撃に耐え抜くことができた。イギリスは一九一七年八月一日、予想されたように和平を請うようなことはしなかった。さらに、一九一七年五月にはイギリスが導入した護送船団方式によって、劇的に船舶の損失が減少したのに対して、ドイツ潜水艦の沈没数が増加していった。護送船団は顕著な解決法であると思われたが、もっと早くから導入されなかったことは驚きであった。しかし、護衛艦が多数必要になる、船荷の遅れにつながる、単に船団は大きな目標になるだけ、といった反論もあった。大胆な「ネルソン・タッチ」で十分に接触することができないため、ある時期には海軍本部も難色を示していた。もっとも、無制限潜水艦作戦開始後の四カ月間で、イギリスは平均六三万トンの船舶を喪失したが、大西洋を護送された九万五〇〇〇隻の船舶のうち、わずか三九三隻が沈んだにすぎなかった[13]。

さらに、護送船団は数千の船を使って、二〇〇万人を超える米部隊のヨーロッパ輸送に利用されたが、わずか三隻の輸送船（そのうちの一隻は魚雷攻撃を受けた後、ブレストにたどりつくことができた）と六八名の兵士を失っただけですんだ。一九一八年にドイツに対して圧力を加える際、この成果は極めて顕著であり、特にアメリカ人部隊のヨーロッパへの動員を妨害できると考えていた多くのドイツ潜水艦支持派に対して、強い衝撃を与えることになった。

護送船団のおかげで潜水艦が求めていた目標は減少し、仮にみつけたとしても潜水艦は、護衛艦に攻撃されることとなった。戦時造船計画（五六隻の駆逐艦と五〇隻の対潜大型ボートを含む）により、十分な数の護衛艦を提供することでイギリスは救われた。護送船団はまた「大群」要因によっても恩恵を受けた。すなわち、潜水艦は一隻を発見したとしても、限られた数の船しか沈める時間がなかったのである。沿岸海域では護送船団は航空機や飛行船による支援を受け、この支援が潜水艦を水面下にとどめおくことになり、そのため行動はかなり鈍くならざるをえなかった。

一般的にいって、戦術と技術、製造、それに作戦上の経験が複雑に入り混じった関係が、対潜水艦戦ではみられた。たとえば、潜水艦に対抗する航空機の利点の一つは、潜水する目標物を視認することが、水面上よりもはるかに容易である点を指摘できる。しかし、航空機は対潜水艦戦で、決定的な貢献をすることができないままであった。第二次世界大戦までにそなわった主要装備が、第一次世界大戦中はまだ整っていなかったからであり、他方で航空機から落下させる対潜兵器は、第二次世界大戦時のものに比べると、まったく粗雑なものであった。

機雷

護送船団はドイツの攻撃を抑制した。その一方で、機雷も他の兵器に比べて多くの潜水艦を撃沈している。もっとも、機雷は戦争中に重要な役割を果たしたにもかかわらず、華麗な兵器が好まれるせいか従来過小評価されてきた。機雷攻撃は水面および水面下の船舶に対し、その行動を制約した。連合国側はイギリス海峡（ドーバー）、北海（オークニー諸島とノルウェーの間）、さらにアドリア海入り口のオトラント海峡に大量の機雷を敷設し、ドイツとオーストリア軍の行動範囲を制限した。大量の機雷敷設は工業力と組織力の反映である。しばしば見過ごされやすいものの、戦時中に機雷技術は顕著な進化を遂げた。戦争末期には磁気機雷が開発され、イギリスによって敷設されている。

特定の作戦も機雷による影響を受けている。イギリス海軍は一九一五年五月一八日、コンスタンチノープル経由でダーダネルス海峡を強襲しようとした。しかし、機雷のため足踏みせざるをえなくなった。これは沿岸からの砲撃に加え、これ以上の損失（三隻の戦艦を喪失、他の三隻も大破）をこうむることを恐れていたからであった。海軍の専門家は、ダーダネルス海峡の機雷と沿岸からの砲撃による危険性を認識していた。戦争前にイギリス海軍の作戦は機雷敷設を薦めるものであっただけに、なおさらである。しかし、当時海軍大臣であったウィンストン・チャーチルはそうした警告を退け、コンスタンチノープルへの海軍による侵攻計画を強く提唱していた[14]。

また、ダーダネルス海峡の攻撃においてドイツは、地中海に潜水艦を送り込んでいる。ドイツはそこでの戦闘で二隻のイギリス戦艦を撃沈してからも、地中海の船舶攻撃の任に引き続き当たった。この結果、アドリア海のドイツ軍基地に潜水艦をとどめおくよう、オトラント海峡に連合国側は機雷を敷設することにした。他方、この戦闘でイギリス潜水艦はダーダネルス海峡を通過して、マルマラ海で行動している。

連合国海軍によるダーダネルス海峡への攻撃失敗は、ガリポリ戦役での海岸支配をめぐる上陸作戦につながっていく。イギリスは一九一四年以降、原動機つき上陸用舟艇をつくるようになった。しかし、第一次世界大戦中に水陸両用作戦で上陸した部隊の大半は、たとえばガリポリ戦役では通常の船（浜に乗り上げることのできない蒸気船）から上陸した。その結果、部隊はディンギーに乗ってしばしば上陸を試みたが、それは極めて脆弱でまったく浅くない浅瀬から上陸することもあった。こうした状況から、装備は港に揚陸しなければならなかった。

指揮管理は技術革新から恩恵を受けた海軍作戦の一分野である。陸でも空でも無線通信の発達で、詳細な作戦管理を確保することが容易になった。たとえば、現在地と航行を支援する指向性無線通信器の登場で、三角測量によってドイツ潜水艦を追跡できるようになった。他方、無線送信はスパーク方式から持続波方式へと変わっていった。潜水艦や無線通信、航空機、飛行船、さらに対潜兵器による戦闘を含めた、劇的に新しくなった技術とドクトリンに焦点を当てるだけでなく、伝統的な戦闘方法の役割に注目することも必要である。すなわち、封鎖や漸進的に進歩してきた地味な技術、製造能力などである。このような新旧の対照性とその特質は、一般的にどの海軍力の発展にもみられるものである。

様々な海軍列強、一九一四〜一九一八年

イギリスとドイツ間の争いは、第一次世界大戦における海戦での議論の中心である。そして、イギリスは交戦国全体よりも多くの主力艦を失っている。しかし、他の諸列強に関与した海軍作戦は広範な展開をみせた。イタリアは三国同盟（一九一三年に海軍協議に合意）から脱退する決定を下すと、代わって一九一五年にイギリスとフランス側に加わるようになった。このことによって、地中海はヨーロッパ列強に制海権を握られることになり、オーストリアとトルコはその支配に対抗できなくなった。一九一四年時点での地中海におけるドイツ小艦隊はトルコとともに避難した。これに対してコルフ島のフランス小艦隊とタラントのイタリア艦隊の大半は、アドリア海にオーストリア軍を閉じ込め、その地中海進出を阻止した。しかしながら、敵潜水艦のためにフランス軍とイタリア軍は、アドリア海から主だった軍艦を撤退させてしまった。[15]

黒海ではロシアの軍艦数はトルコよりも多く、一九一五年からはボスポラス海峡を封鎖した。ロシアでは一九一六年から海軍を用いて、コーカサスで作戦を展開している。[16] これとは対照的に、バルト海ではロシア艦隊はドイツ軍よりも弱体であった。ドイツ軍はキール運河経由で、北海から大洋艦隊の一部を動かせば、バルト海で作戦を展開することが可能であった。このドイツの実力はロシアの警戒感を高めることになる。それはまた、長らく定着していたロシアのドクトリンに固執することにもなるのだが、バルト海での域内作戦を強調することにもつながった。一九〇五年に日本海海戦で日本海軍に敗北を喫してから、ロシアは大胆な作戦に出ることはほとんどなくなった。ロシアはフィンランド湾を防衛するため、機雷を広範囲に敷設し、一方、ドイツの通商ルートに機雷攻撃を仕掛けるべく、バルト海南部で活動を展開した。この結果、ドイツ

は機雷を敷設することになる。ドイツはまたヨーロッパ海域での戦争で最も成功した水陸両用作戦も展開しており（当該海域でのドイツ唯一の水陸両用作戦だった）、さらに一九一七年にバルト海におけるロシア領の島々を占領したときには、ロシア軍に三月革命が勃発し、ドイツはその崩壊時の影響に救われた[17]。

日本は連合国側について戦っており、一九一四年ドイツの青島要塞と、太平洋のドイツ基地攻撃に海軍を用いて成功を収めている。また、オーストラリアからイギリス船団を護送し、ドイツの海上攻撃に備え、一九一七年には地中海に連合国軍を支援すべく軍艦を派遣している。

「ヨーロッパへ」。これは、アメリカ海軍向けにアルバート・スターナーが一九一七年に描いた徴兵ポスターで、アメリカの戦艦の行方を指し示している。ドイツとの戦争がその年に布告されたが、アメリカ海軍は大西洋での戦争に向けた適切な作戦構想を持ち合わせていなかった。これは体制が整わない軍によくみられる特徴であり、特にアメリカの場合、対潜戦争の経験が欠如していた。加えて、一九一七年に承認された主要造船計画も、達成することができなかった。アメリカは世界最大の経済大国であっただけでなく、イギリスとドイツに次ぐ第三位の海軍国でもあった。

アメリカは大西洋を横断する通商航路の保護に当たるため艦隊を展開し、その艦隊は船団の護衛に一定の効果を発揮した。しかし、アメリカの建造した主要戦艦は戦闘には用いられなかった。アメリカによる貢献の最たるものは駆逐艦であり、潜水艦を追うのに十分な速度を有し、敵潜水艦を海中にもぐったままの状態にしておくことが可能であった。一九一七年五月以降、米軍艦はヨーロッパ海域での対潜哨戒に当たることになった。地中海の護送船団を支援するうえで、米軍艦はジブラルタルを拠点とし、一方、日本はマルタを拠点とした[18]。五隻の米ドレッドノートが、一九一七年一二月にグランド・フリートに加わることになり、一九一八年四月二四日に四隻がグランド・フリートと一緒に航行している。この日、北海へドイツ艦隊は出撃するが最終的に失敗に終わり、その出撃を迎え撃とうとしたグランド・フリートもまた失敗している。こうした戦艦の存在によって、強大なドイツ海軍の出撃も当てにならないと考えられるようになっていった。結果的にドイツ水上艦隊は弱体化していき、他方でその乗員は深刻な不満を抱えるようになり、それが戦争末期の反乱へとつながっていった(19)。

第一次世界大戦はまた、将来を展望するうえでも示唆的であった。アメリカの海軍力の台頭は、弱小国だけに関係するわけではなく(たとえば、一八九八年のスペイン)、列強の海軍関係にも影響を与えた。さらに、地政学的変化がアメリカ海軍の潜在力を増大させた。これは具体的に、アメリカが東アジアと西太平洋(国際的に存在感を増す地域)で台頭してきたというだけでなく、一九一四年のパナマ運河開通によって、海軍計画におけるカリブ海での戦略的位置づけを変えることにもなった。さらに、大西洋と太平洋間の軍艦による移動が容易になったことで、アメリカ海軍の柔軟性は大いに高まることになった(20)。

エアパワーの海への拡大は、戦争の行方にほとんど影響を及ぼさなかったが、海軍力はその影響を受けた。イギリスは飛行船と航空機を使って優位を保持した。利用目的としては、偵察や船舶への攻撃、潜水艦への哨戒などであった。一九一八年七月、イギリスは準備なしに航空機を使って初の襲撃を実施し、翌月にはイギリスの飛行艇が、六隻のモーターボートを排除している。九月、イギリスは空母アルゴス(上部構造や煙突に妨げられない水平デッキをもった、二〇機の航空機を搭載できる空母)を、デッキに何もない初の航空母艦として就役させている。もっとも、一九一八年一〇月まで試験航行をしなかった。戦争末期、イギリス海軍航空隊は二九四九機の航空機を保有し、港に停泊中のドイツ大洋艦隊を攻撃する計画を立てている。

戦争は主要な海戦によって決した(あるいは明確に決した)わけではないものの、海軍主義者は米西戦争(一八九八年)と日露戦争(一九〇四〜一九〇五年)と同様に、第一次世界大戦は連合国側の圧倒的な海軍力が重要な役割を果たした戦争の一つであると主張した。このパワーなくして連合国側は、作戦を展開することは不可能であったろう。すなわち作戦範囲は限定され、イギリス海峡や大西洋を横断して資源を輸送し、それを利用することもできなかっただろう。[21]さらに、ドイツに対してイギリスがとった海上封鎖の伝統的意味は、ナポレオン戦争時の対フランス封鎖に比べ、はるかに大きかった。ある意味、この違いは海軍が実効性を長期的に工夫してきた所産であり、特に帆船から蒸気船に代わった影響が大きい。とはいえ、その効果は国際システムの性格にもよる。ドイツはナポレオンが行ったように、ヨーロッパ大陸を支配することが不可能であったからである。他方、アメリカはイギリスの海軍力の重要性を積極的に認めた。一八一二年の米英戦争で頂点に達したイギリスへのかつての敵意は、もはや消失していた。

両大戦間における開発

第一次世界大戦末期の休戦は、ドイツ艦隊のイギリスへの降伏後のことであった。ハリッジでは一七六隻のUボートと九隻の戦艦、さらにスカパフローでは大洋艦隊が降伏した。ドイツは存在感の大きい海軍力を抑制されることになった。一九一九年にはスカパフローでドイツ海軍はその船舶を無力化され、一方、ベルサイユ条約ではドイツが新規艦隊を建設することを禁じた。さらに、一九一九年の講和条約の一環としてドイツから捕獲した商船は、戦時中の船舶の損失に応じて、戦勝国に配分されることになった。オーストリア艦隊はハプスブルク王朝の崩壊とともに終焉した。また、ロシアも大戦からそれほど深刻な影響を受けなかったものの、一九一七年から一九二二年の間に発生した内戦では、強い打撃を特に海軍がこうむっている。

戦争は海軍力をめぐる政治に変革をもたらすようになった。イギリス海軍に対する挑戦が、今度は戦時中の同盟国側から出現したのである。すなわち、アメリカと日本である。両国からの競争は戦後、軍縮という外交活動において展開されることになるが、それは一九二二年のワシントン海軍軍縮条約に結実していった。しかしながら、戦時中の同盟はこうした交渉を成功へと導き、第一次世界大戦勃発前の主要テーマであった建艦競争にはブレーキがかけられた。財政状況や社会福祉への需要という圧力下において、イギリスはアメリカ（世界の主要工業国であり、経済大国である）との海軍格差を受け入れ、両国は太平洋における日本の海軍力という現実を認めた。英米日の主力艦保有比率五対五対三の比率が、ワシントン海軍軍縮条約によって合意され[22]、他方、フランスとイタリアの比率はイギリスの三五パーセントとされた。概して、この条約によって多くの戦艦をスクラップにすることと、向こう一〇年間新たな建艦の中止が合意された。後者は一九三〇年のロンドン海軍軍縮条約によって、延長されている。

ワシントン海軍軍縮条約は、将来的な建艦競争に終止符を打ったようにみえた。条約はまた主力艦以外では、排水量一万トン、八インチ砲（一九三〇年に六インチに縮小）以下と定めた。大戦間の時期には、一九一四年以前に戦艦が多くつくられていたのに比べ、むしろこの制約を満たした重巡洋艦の建造がみられた。イギリスは実際、一九二三年一月から一九三六年一二月までの間、戦艦をまったく就役させていない。同条約はまた西太平洋でのアメリカ植民地の軍事的発展、また日本が島嶼を多く保有することを阻止する条項を含んでいた。しかしながら、一九二二年から一九三〇年にかけてイギリスが努力したにもかかわらず、潜水艦に関しては制限がなかった（ただし、一九一九年のベルサイユ条約ではドイツに対して潜水艦の使用を禁じていた）。フランスは潜水艦戦争に制限を設けることに強く反対し、一九二〇年代に最も多く建設している[23]。

第一次世界大戦での潜水艦と航空機の両者による影響は、またその将来的な影響の可能性は、海軍力の戦術的、作戦的、戦略的側面と、海軍の能力そのものが根本から変わることを多くの点で示唆した。この結果、海軍の目標は急速に再考を迫られることとなった。たとえば、潜水艦は通商破壊の性格を変え、封鎖をより困難なものとした。潜水艦戦争はまた、海軍と陸軍の戦闘能力の大きな違いを強調するところとなった。海軍の保有は小数の列強に限定され、目標とドクトリンという観点から選択肢が検討されたが、それは限定的であった。ジェリコーは潜水艦が緊密な封鎖の実効性を破壊し、巡洋艦によって保護された船団に通商保護を依存せざるをえなくなる、と主張した。ジェリコーはその対策としてイギリスの巡洋艦の数が不十分であり、将来の戦争に向けて戦える艦隊も不十分であることを案じていた。海軍本部の懸念、すなわち軍艦数と大きさを条約が制限したことから、一九三〇年のロンドン海軍軍縮条約に向け準備を進めていた内閣委員会で、サー・チャールズ・マッデン提督もそれを次のように表明している。

必要な数量の兵器、速度と防御を備え、爆撃や徹甲弾を防ぐ五、六インチ装甲デッキをもった、さらに機雷や魚雷、爆撃に対する水面下の十分な防御を有するような、二万五〇〇〇トン未満の戦艦をつくることは不可能である……海軍本部は、敵からの襲撃に対し大英帝国の通商を保全する十分な数の巡洋艦と同時に、通商保護に当たる巡洋艦を援護する戦艦も要求した。(24)

同等の比率にしようという交渉の問題点は、初期の海軍力の場合、戦略的必要性に合致させるために、様々な軍事的要求を行った点にあった。たとえば、アメリカで必要とする巡洋艦の数は、イギリスに比べははるかに小さいものであった。この結果、一九二七年のジュネーブ海軍軍縮会議以降、巡洋艦の数をめぐる英米の深刻な議論となっていった。

第一次世界大戦前の事例のように、海軍力と兵器を開発する推進力は存在していた。しかし、将来の海戦で使われる異なる兵器システムの可能性をめぐって、激しい論争も他方で存在していた。艦載砲と潜水艦に対する、空母からと海岸基地からのエアパワーによる長所がそれぞれ広く検討され、それと同時に戦術的、戦略的組み合わせの可能性も検討された。

エアパワーと潜水艦の登場で戦艦はもはや時代遅れとなった、と主張する批評家もいたが、大型の軍艦には従来どおりの魅力があり、それはヨーロッパ列強に限らなかった。それどころか、空母が主力艦になるという主張に対する反対もあった。一九三〇年代には米英が戦艦を主力とする艦隊編成に重点をおいた。こうした方向性は単に保守主義の表れとみることはできない。というのも、イギリスが戦術上の適用性を示したからである。[25]ドイツもまた戦艦に魅せられた国の一つであった。

こうした軍艦の役割は、一九世紀末および一九〇〇年代に比べて、戦艦設計上で大きな変化がなかったことで加速した。事実、ドレッドノートの登場で戦艦構造は、比較的安定した新たな時代を迎えるようになった。たとえば、一九一四年就航の米戦艦ニューヨーク（BB－34）と戦艦テキサス（BB－35）、一九一六年の戦艦ネバダ（BB－36）は、一九四四年のノルマンディー上陸作戦時の砲撃に参加している。テキサスの一〇門の一四インチ砲は、砲弾（徹甲弾の場合重量は一五〇〇ポンド）を毎分一・五発発射可能であった。このような兵器類には船舶破壊と沿岸砲撃の双方の点で、依然として強い関心が寄せられていた。さらに、航空攻撃への防御力を向上させるために、戦艦はかなり強化されている。まず、装甲が強化され、魚雷攻撃に耐えうるように外殻が付加された。さらに、対空機銃および対空戦術が開発された。こうした進化は、兵器システムが静的であるとの仮定を危険なものとした。

第二次世界大戦で軍艦は、軍艦同士の海戦において決定的に重要であった。特に大きな損害があったにもかかわらず、多くの戦艦は航空攻撃で沈められる前に、敵船に相当な打撃を与えていた。信頼のおける全天候型の夜間偵察機や攻撃機が登場するまで（実際には一九五〇年代）、軍艦は夜間も戦える手段であり、戦艦は諸列強が保持し続けたように、依然として必要であった。イギリスにとって航空兵力は、一九三七年まで可能性のほとんど薄い存在であった。とはいえ、ロイヤル・エアフォース（ＲＡＦ）は海上のエアパワーを統括しており、海上のエアパワーか戦略爆撃かの選択を迫られるようになっていた。

海軍のエアパワー

空母同士の戦闘は未経験であったが、その可能性はかなり高かった。一九一九年、ジェリコーは極東艦隊に日本への抑止力として、戦艦だけでなく四隻の空母を含めるよう圧力をかけた。他方、一九二〇年にはサー・レジナルド・ホール少将（下院議員）はタイムズ誌において、航空機と潜水艦の登場で海戦の時代は終わったと主張した。しかし、こうした議論はイギリス海軍本部ではほとんど関心を引かず、依然として戦艦に固執していた。空母はロシア革命の際、イギリスによる共産軍への介入時に使われた。他方、一九二二年にイギリスとトルコの間でチャナック危機が起きたとき、ダーダネルス海峡付近には英空母アーガスが係留していた。一九二〇年代末には中国駐留軍にも空母が配備され（初代ハーミーズとアーガス）、他にも一九二〇年代末には空母フューリアスが、主要な海軍演習に参加している[26]。

一九一〇年代および一九二〇年代でみると、海ではエアパワーが制限された状態にあった。それは悪天候や夜間での航空作戦に支障をきたしていたためであり、航空機の艦載数や行動範囲、あるいは技術的な信頼度の低さにも問題があった。しかし、技術の向上は著しく、特に一九三〇年代においてそうであった。新しい着艦フックが装着されるようになると、着艦時に航空機をスピードダウンさせ、さらに自動的に停止させられるようになった。日米が海軍航空隊と空母を大きく進化させたのも、太平洋支配をめぐる争いにおいて、日米が二大当時国であった点も大きい。[27]とはいえ、ドイツ、イタリア、ソ連は大戦間に空母を建設しておらず、フランスだけが一隻を保有（ドレッドノート型戦艦を改造したもの）していたにすぎなかった。したがって、イギリスの空母建設は、他のヨーロッパ列強に比べて海軍力上優位を与える、という重要な方向性を示すことになった。二万三〇〇〇トンのイラストリアス級空母四隻がそれで、速力三〇ノット以上、三インチの装甲デッキを有し、一九三七年に就航した。アーク・ロイヤルの二万二〇〇〇トンも、引き続き一九三五年に就航している。

イギリスの場合、海軍の有するエアパワーは、制度的枠組みを別にするという点で未整備であった。なぜなら、一九一八年から一九三七年にかけて艦隊航空隊は、ロイヤル・エアフォース（ＲＡＦ）の管轄下におかれるようになったものの、「インスキップ裁定」により海軍に戻されることになり、ロイヤル・エアフォースは基本的に陸上基地での航空機を扱うようになった。一方、他の国々の海軍ではこの件に関しては、あまり関心がもたれていなかった。[28]アメリカでは米海軍航空局のおかげで、状況が極めて異なっていたが、そこでは効果的な空―海ドクトリンや、作戦方針、戦術などの考案を進めていた。改造石炭船ラングリーは、一九二二年にアメリカ初の空母として就役し、続いて一九二七年、二隻の巡洋戦艦を改造したレキシントンとサラトガが就役した。空母の開発に加えて、航空機の向上もめざましかった。こうして、一九二〇年代になると急降下爆撃戦術が発達し、アメリカは結果的に急降下爆撃機から多くの恩恵をこうむっている。そして、この攻撃方法は雷撃機よりも効果の大きいことが実証された。すなわち、魚雷を発射する航空機は、砲撃に弱いことがわかったのである。[29]概して艦船からの対空砲火もまた一九三〇年代に発達した。

作戦と役割

将来の主要な戦闘に向けた地政学的戦略は、第一次世界大戦末期の要求とは異なったものとなることが、はっきりしてきた。特に北西ヨーロッパ沖の限定された海域には焦点があまり当らず、海戦の主眼は代わって太平洋の広大な海域に移ってきた。第一次世界大戦が終結する直前でも、新技術が将来の海戦で極めて異なった局面をもたらすことがすでに認識されていた。一九一八年五月、バルフォアは和平工作においてドイツに植民地を残すことが、大きな禍根となるだろうと主張した。「ドイツが今次の戦争で用いたように、潜水艦を海賊的戦力として使う準備をしており、また各海域で整った基地を所有していることを考えると、海軍がいくら戦闘態勢にあっても、中立国も交戦国も海洋での通商が滞る可能性が大きい[30]」。翌年、海軍本部では極東においてイギリス海軍は日本よりも弱体である、とする覚書を出して警告を発した。香港を基地として使えば、艦隊をさらけ出すことになるので、そうでなく、日本から十分遠く離れているため危険なく増強を実施できるシンガポールの開発をすべきであると示唆している[31]。

アメリカは日本の意図と海軍力に、次第に関心を示すようになっていった。さらに、西太平洋に対しアメリカは並々ならぬ関心をもっていた。具体的にはフィリピンやグアム、サモアなどの領土であったが、他方で通商や中国の独立にも強く関与した。この件は日本との戦争を想定するようになっていき、マハン時代の海軍思想から第二次世界大戦で実践された戦略へと、計画は架橋されていった。一九二四年の「オレンジ計画」では「通し切符」を要求した。すなわち、ハワイからマニラに直接迅速に前進して決戦を迎え、封鎖で日本を飢餓に陥れる。この計画は次第に廃れていったが、それは太平洋の日本領の諸島（マーシャル諸島、カロリン諸島、マリアナ諸島。第一次世界大戦の講和条約でドイツから獲得）を奪取していく、緩やかなプロセスへ強い関心が寄せられていったからである。占領によってアメリカは、前進基地を確保して日本側に使わせないようにする狙いであった。この地域の支配なしには、フィリピンに海軍を進めることは不可能であっただろう。

将来の大きな戦争で予見される特徴は、関与と関心という新たな地理学へと結びついていくことになる。それは海軍基地の開発に反映されていき、たとえばシンガポールにおけるイギリスの事例では、一九三二年に内閣が竣工を決定しており、アメリカの場合では、ハワイのオアフ島における真珠湾が海軍基地として開発された。加えて、北海や地中海よりも太平洋における空母のほうが、果たす役割ははるかに大きいと考えられていた。一九二〇年代に極東で緊張が高まったが、一九三〇年代になると情勢は一段と緊迫していった。一九三一年から日本は中国への進出を拡大していき、それが一九三七年には全面戦争へと発展していく。日本海軍の規模も膨張しており、広大な海域での戦闘計画が必要とされていた。

こうした必要性によって、イギリスとアメリカ、諸列強の大西洋と太平洋両海洋への関与をめぐる問題は一段と悪化した。そして、この国々では、海軍力をいかに上手に配分するか、さらにまた脆弱性がいかに政策に影響を及ぼすか、こうした点を検討しなければならなくなっていた。活動領域が事実上分断されてしまい、太平洋ではアメリカが優位を示したが、インド洋では海軍の役割はないに等しく、一方でイギリスは南大西洋と東アジア海域でより顕著な存在感を示した。イギリスは日本との戦争に備えて、シンガポールに多くの艦隊を派遣する計画を立案した。事実、一九四一年にチャーチルは、日本を牽制しアメリカに配慮すべく、シンガポールに近代的な戦艦を派遣する決断を下している(32)。

一九三五年、第二次ロンドン海軍軍縮会議で日本は、より高い軍艦の比率を要求している。アメリカは太平洋における日本海軍の優位を拒絶し、これが会議の決裂を招いた。既存の制限を日本は一方的に破棄し、英米艦隊を超える優位を得るため、第三次海軍軍備補充計画（マル三計画）を実施した[33]。そして、日本海軍の政策および文化にみられる軍国主義的性格は、海軍が一般的にリベラルで通商重視の価値観を有する、という主張に疑問符を呈するようになった[34]。

日本の努力にもかかわらず、その艦隊は一九四〇年でみても、アメリカに相対比で七対一〇にすぎなかった。一九三四年三月に制定されたヴィンソン・トランメル法、続く一九三八年五月の第二次ヴィンソン法によって、アメリカ海軍の拡張が実行に移され、それは海軍軍縮会議で決められていた制限を打破する救済措置となった。一九四〇年七月、イギリスがドイツに対して敗色が濃くなってきたとき、米下院では両洋艦隊法を可決した。これは二番目と三番目を合わせた海軍力よりも大きな艦隊を建設する、という内容であった。この艦隊によって、日独に対抗する海戦が可能になるよう期待されていた。

ドイツとイタリアの海軍の発展は、ヨーロッパ海域で両国が競うことを意味していた。一九三五年の英独海軍協定の下で再軍備を要求するドイツに対し、受け入れ可能な対応をするため、ドイツは一九二二年協定下のフランスとイタリアに匹敵する比率を確保し、潜水艦を除く軍艦はイギリスの三五パーセント、潜水艦はイギリスと同等の比率を確保することとされた。しかしながら、ヒトラーはこの海軍増強策の制限を無視した。スターリン同様（四万六〇〇〇トンの戦艦配備を計画し、アメリカの造船所に世界最大の戦艦を発注するという計画は挫折した[35]）、ヒトラーも戦艦に魅せられており、小型で効率的な軍艦を不利であるとみなしていた。事実、第二次世界大戦勃発時、ドイツは潜水艦をわずか五七隻しか保有していなかった[36]。日本もまた海軍増強に努め、世界最大の戦艦をつくりあげた。七万二〇〇〇トンの「超戦艦」大和と武蔵がそれである。それぞれ一九四四年と一九四五年に、アメリカ軍によって撃沈された[37]。

一九二二年からイタリアの独裁者として振舞ったベニート・ムッソリーニは、地中海でイギリスの地位に挑戦すべく海軍を大いに拡張した。地中海は大英帝国の中枢部であり、ジブラルタルとマルタ、アレクサンドリアの基地は、海軍力が頼りとする拠点でもあった。[38] 事実、一九三五年から一九三六年にかけてのイタリアによるアヴィシーニア（エチオピア）侵攻の結果（国際連盟による非難を受けた）、イギリスとイタリアは即発の状況となった。水兵や予備役、さらに対空砲火などが不足するという弱点にもかかわらず、ロイヤル・ネイビーは成功に自信を示していた。イギリス政府はスエズ運河を閉鎖するだけでなく、石油禁輸措置も考慮に入れていた。しかし、イタリアを刺激して戦争になることを危惧し、特にムッソリーニとヒトラーを別々に離しておくように気を配った。アメリカのタンカーの流れをとめることでアメリカを苦しめることは、避けなければならなかった。イタリアを屈服させることにイギリスが失敗したのは、海軍力の欠如というよりは、政治的意思が欠如していたからであった。[39] その他の国でも海軍を増強しており、チリはイギリスの造船所から八インチ砲搭載の巡洋艦を二隻発注しようと考えていた。しかし、イギリス海軍によってこれは拒否されている。

一九二九年から一九三一年にかけての労働党政権時代には、社会政策と軍縮を優先したこともあって、イギリス海軍は一九二九年から一九三四年の間深刻な歳出削減を迫られることになり、一九三六年には軍備は時代遅れのものとなっていた。とはいえ、当時の緊迫した国際情勢により、海軍は再軍備をするようになっていった。[40] 帝国国防委員会の国防調達小委員会における、一九三四年二月の報告によれば、次のように海軍を評している。「最大の潜在的脅威は、ドイツが潜水艦と航空機を確保することにある」[41]。したがって、ドイツ艦隊の攻撃だけに起因する脅威よりも、はるかに複雑な戦争に備えて準備しておかなければならなくなった。一九三六年以降、海軍本部は野心的な政策を探求できるようになると、多数の空母と戦艦、巡洋艦、駆逐艦が就役するようになり、艦隊航空隊も大いに拡張した。レーダーは軍艦に一九三八年から装備されるようになった。

大戦間の海軍の考えでは、水陸両用作戦は前面に出てこなかった。これは統合（つまり合同軍）組織および計画が欠如していた結果でもある。しかしながら、より特化した上陸用舟艇に対する関心は高く、特にアメリカにおいて顕著であり、第一次世界大戦中よりも関心が高まっていた。日本では一九三七年からの中国との戦争で水陸両用作戦を試みており、その結果、上陸用舟艇の開発とその造船数の両面において、かなりの進化を示した。「大発」は先端が反り返っていて、これが上陸用舟艇の基本形となった。

第二次世界大戦（一九三九〜一九四五年）

第二次世界大戦の前段階も戦争中も、海軍関係者並びに圧力団体は、海軍の計画と作戦に関する議論において中心的役割を果たした。しかし、戦略全般に関する問題についてはさほどの貢献はみられなかった。もっとも、状況は国によってかなり異なっており、それぞれの海軍で戦略観は異なっていた。日本では海軍が太平洋政策において重要な役割を果たし、マラヤ、フィリピン、オランダ領東インドに対する水陸両用作戦を支援する序段として、一九四一年、真珠湾の米太平洋海軍基地への攻撃に向け（成功を収めた）圧力をかけたのも海軍であった[42]。ドイツでは政策決定上、海軍がこのような発言力に乏しかったが、それは大西洋という海域が総合的な政策決定において、あまり重きをなさなかったからではなく、もっぱら海軍が政治的な重要性を欠き、ドイツの戦争体制やナチ体制の象徴にすぎなかったからである。もっとも、それはヒトラーが海軍による攻撃戦略を支援する用意がなかった、ということを意味するものではない。たとえば、一九四〇年のノルウェー占領はイギリスの封鎖を制限し、大西洋へのアクセスを確保して、海からイギリスを包囲する手段とみなされていた[43]。これと同様にフランス海軍も一九三七年から一九三九年にかけて、直接イタリアに対する独自の計画を提唱して、これを推し進めている[44]。しかし、全体的な政策においては影響力はごくわずかであり、これに対してロイヤル・ネイビーは、帝国防衛の発案（および計画）において重要な役割を果たし、そこから恩恵を受けていた。

海戦は第一次世界大戦時よりも、その重要性を増してきた。なぜなら、地中海における海戦は、北アフリカとイタリア戦線ゆえに以前にもまして重要になっており、さらにドイツが大西洋横断航路を遮断すべく、相当真剣に持続的な活動をしていたからであった。加えて、一九四〇年のドイツによるフランスへの侵攻は成功したとはいえ、結果的にドイツは敗北を喫することになるのだが、それは連合国軍が大規模な水陸両用作戦で、占領中の西ヨーロッパを解放するという展開となって結実した。戦争前には予想もしなかったことであり、イギリスの水陸両用作戦の準備に限界があったという内実を窺わせる。

一方、ロイヤル・ネイビーの強さは、一九四〇年にイングランド南部を侵攻しようとしたドイツの企図を挫くうえで、決定的に重要であった。ロイヤル・エアフォースは、ルフトバッフェ（ドイツ空軍）をバトル・オブ・ブリテンで撃退したことにより、不朽の名声を獲得し、またシーパワーはドイツによるシーライオン作戦を阻止するうえで、極めて重要な要素となった。ノルウェー方面での戦いでドイツ海軍がこうむった損失は、イギリス侵攻を支援するのは現実的でないこと、さらにドイツ侵攻艦隊（イギリス海峡を渡っても、陽のあるうちに帰還できない）が夜間攻撃を受けても、ルフトバッフェはせいぜい昼間にイギリス海軍の妨害を阻止するにすぎないことを意味した。

とはいえ、イギリスの海軍資源に対する大きな圧力があったことも事実であった。特に一九四一年一二月の日本軍による真珠湾攻撃によって日独にアメリカが開戦する以前の段階での、イギリス海軍への圧力は大きかった。一九四一年九月、第一海軍卿は極東になぜ一隻も増派しないのか尋ねられたとき、巡洋艦の不足に不満を鳴らし、さらに「駆逐艦の配備状況はもっとひどい」と説明している[45]。

アメリカの参戦以前の連合国側において、イギリスの優位は顕著であった。そして、それは一九四〇年六月にフランスがドイツに降伏した後、フランス海軍の運命が尽きたことで一段と強くなった。イギリスはフランス艦隊をドイツの管理外におくことができなかったことから、ヴィシー政府の下に艦隊は残された。結果的にそれは、一九四〇年の七月三日オラン付近のメルセルケビールで、北アフリカ小艦隊への攻撃となって現れた。フランス側では戦艦が一隻撃沈され、二隻が損害を受けた。これとは対照的に、アレクサンドリア、プリマス、ポーツマスにおけるフランスの軍艦は、許容範囲として見逃されたために攻撃は不必要とされた。ある意味でメルセルケビール攻撃は失策であった。というのも、シャルル・ド・ゴールのためのフランス国内での支援、さらにドイツへ持続的に抵抗する理由を徹底的に弱めてしまい、ヴィシー政府を有利にしてしまったからである。一九四二年一一月にドイツはヴィシーを占領すると、トゥーロンのフランス残存艦隊を沈没させたが、戦艦リシュリューはダカールからイギリスに加わるべく航行している。

一九四〇年六月にドイツ側に立ってイタリアが参戦するようになると、エアパワーが地中海における海戦上極めて重要となってきた。地中海でのシーレーンはイギリス、枢軸国側の双方にとって、戦争を遂行するうえで決定的に重要であり、地中海を「我らの海」とすることを願うイタリアにとっては特にそうであった。戦争の初期段階において、イタリア艦隊攻撃にイギリスが成功した。軍艦と航空機を用いて、特にタラント停泊中の戦艦に二一機の雷撃機が魚雷攻撃を仕掛け（一九四〇年一一月一一日）、イタリアの潜水艦が一大脅威となることを妨げ、結果、イギリスが地中海で海軍力の中心となった。一九四一年三月二八日、マタパン岬沖でイギリス最後の艦隊による大きな戦いが展開され、イギリス海軍は三隻のイタリア巡洋艦を撃沈し、戦艦一隻に損害を与えた。これは雷撃機と戦艦の砲撃、それにレーダーを使って得られた勝利であった。[46] タラント作戦は三隻の戦艦と二隻の巡洋艦が魚雷攻撃で大破したが、これはかつて必要と考えられていた水深の半分以下での、魚雷攻撃であった。日本軍はおそらくこれに触発されて、一年後の真珠湾攻撃を実施したのであろう。もっとも、この発想自体は大戦間期に検討されており、アメリカも魚雷攻撃に気づいていた可能性がある。

地中海においてイギリスは、一九四一年一月と一〇月にそれぞれ今度は、ドイツによる航空攻撃並びに潜水艦攻撃を受けることになる。たとえば、空母イラストリアスはタラント攻撃に出撃したが、一月に続きドイツ急降下爆撃機により大破した。地中海での最後のドイツ潜水艦基地（サラミス島）は、一九四四年一〇月まで撤退せず、ドイツ潜水艦は地中海でイギリスに圧力をかけていた。もっとも、長い目でみれば地中海での潜水艦作戦は、大西洋における顕著なドイツの活動を弱める結果となっていた。[47]

同様に地中海におけるイギリスの軍艦や航空機、潜水艦も、枢軸国陸軍の作戦可能性や補給を抑制することを模索していた。一九四一年五月のドイツによるクレタ島攻略を、イギリスは阻止することができず、巡洋艦三隻と駆逐艦六隻を失い、エアパワーに対する脆弱性が無残にも露呈する結果となった。しかしながら、ドイツの航空攻撃に対する護送船団の激しい戦いのおかげで、イギリスはマルタ基地を死守できた。これは一五六五年（マルタは耐え切る）と一六六九年（クレタ陥落後も残留）のオスマン帝国の攻撃に、キリスト教国側が生き残りをかけて成功したことの、違った意味での再現ともいえる。さらに、一九四〇年から一九四二年にかけて枢軸国のリビアへの供給ルート遮断に加えて、一九四三年にはチュニジアにおけるロンメル部隊への供給ルートを遮断することにも成功している。[48]

ドイツとイタリアの共同作戦による問題点は、世界規模での海軍力からみれば、日独に共同作戦が欠如（それは連合国側の海洋支配が原因であり、その結果でもあった）していたのに比べ、さほど重要ではなかった。事実、それぞれの大海軍を動かす二つの敵対する同盟間において、世界戦争は一つの共通目標であったが、枢軸国側（日独伊）では海軍活動にさほど関心を示さなかったこともあって、海軍は手薄な状況におかれていた。ドイツの場合、一九四一年から中心的課題はソ連との陸上での戦争であり、一方アメリカとの太平洋戦争は日本にとって決定的に重要であったものの、日本軍の労力の多くは中国との陸上戦に費やされていた。

ある意味で、連合国側と枢軸国側の重視した点がこのように違ったのは、海軍活動の重要性を擁護できるか否かにかかっていたように思われる。連合国側は海洋ルートを確保するために海軍の優越性を利用して勝利を収め、相互に支援しつつ戦争に生き残ることができた。のみならず、様々な方面からの攻撃にも備えることができたのである。こうして海洋連合は海戦に勝利し、結果的に戦争に勝った。しかしながら、こうしたやり方があまりに容易に達成できたのに対し、一九四一年、ソ連に対する枢軸国側の陸戦での勝利が困難をきわめたように、占領下の西ヨーロッパに挑戦する一九四四年の英米の反撃も、成功を収めたものの困難をともなうものであった。さらに、非常に重要なことであるが、アメリカの海軍力と水陸両用力をもってしても、陸上で日本軍をなかなか打ち破ることができなかった。特にビルマや満州では、一九四五年にそれぞれイギリスとソ連が日本軍を撃退するまで、抵抗が続いた。他方、八月、アメリカの原子爆弾による空からの攻撃で、日本は壊滅的打撃をこうむった。

ドイツの関心はカナリア諸島のような大西洋基地を確保することにおかれていた。そこからはイギリス護送船団を脅かし、南米でドイツの影響力を増大させることが可能であり、さらにアメリカの軍事力にも挑戦できた。この関心はドイツ海軍の参謀らの目標であり、強大な軍艦が提供する、地球規模での行動範囲をもった国家となることを彼らは目指していた。しかしながら、ヒトラーは第一次世界大戦で失った海外植民地の復活を望んでいたものの、この目標は新しいヨーロッパを構築するという、彼の中核的関心事からは逸脱していた。さらに、ソ連との開戦に加え、他方でアメリカの支援を受けられる見込みのイギリスと引き続き対峙するという二つの問題処理に、ヒトラーは迫られていた。新しいヨーロッパ構築という目標は一九四一年に実現するが、これはソ連の敗北でイギリスがいっそう与しやすくなる、との前提を反映したものであった。[49]したがって、イギリスの海軍力は、ドイツの陸戦での勝利によって、打ちのめされることが期待されていた。

日独伊三国同盟のピークは一九四一年一二月で、真珠湾攻撃後ドイツは対米宣戦布告を決定するが、この攻撃でモスクワへの侵攻作戦に拍車がかかることを、ヒトラーは考えていた。しかし、この布告も枢軸国側の基本戦略に、協調的な動きをもたらすことはなかった。こうした協調行動が可能であった唯一の場はインド洋で、インドとインド洋への日本の進出に呼応して、ドイツは中東に圧力をかけることもできた。チャーチルは一九四二年四月二三日に英下院秘密部会で次のように述べている。「ドイツとイタリアと交戦中である一方、インド洋の支配権維持に必要な、日本艦隊に対抗できる海軍資源を保有していない」[50]。ウィリアム・ジョイス（「ロード・ホー・ホー」）は、ドイツからの放送を担当していたナチの宣伝機関員であったが、一九四一年一二月二八日、「ロイヤル・ネイビーへの要求はかくのごとしなので、いかなる軍艦であっても少なくとも五～六隻分の働きをしなければならない状況にある」と宣告している。

日本軍は侵攻の準備を十分に整えていたが、一九四二年四月、インド洋で空母六隻が激しい攻撃を行っても、それがその後の作戦の前哨戦となったわけではなかった（この海戦で日本側は軍艦を一隻も失っておらず、むしろイギリス側は二隻の重巡洋艦と空母一隻を失っている。これは艦上爆撃機に対する防御が不十分であったことによる）。インド洋方面から転じて日本海軍は、太平洋に作戦の軸足を移した。しかし、それはミッドウェイの惨敗へとつながっていった。インド洋ではまた、ヴィシー政府の支配するマダガスカル島が日本海軍の潜水艦基地になるのではないか、との危惧をイギリスは抱いていたが、一九四二年に同島をイギリスが占領するとそうした懸念は払拭された。とはいえ、ドイツとイタリアの潜水艦はインド洋で日本と連携していた[51]。

アメリカが参戦する前の英米関係の強さは、北大西洋でのパワーと責任を共有する一連の展開を通じて出現した。一九四〇年七月、西半球防衛の一環としてアイスランド防衛を、イギリスに代わってアメリカが請け負うことになった。これは同月のハバナ会議での合意に基づく政策であった。二カ月後重要な意思表示として、アメリカは五〇隻を超える駆逐艦を提供し（そのうち七隻はカナダ海軍へ）、その代わりにアンティグア、バハマ、バミューダ、英領ギニア、ジャマイカ、ニューファンドランド、セントルシア、トリニダードのイギリス軍基地を九九年間借り受けることになった。実際のところは、船舶の準備が整うまでには時間がかかるため、この取引はすぐに役立つわけではなかったが、海軍力を合同で用いることで、強さという意味での心理的有効性が大きかった。一九四一年三月、下院で武器貸与法が通過したことを受けて、アメリカによる軍事物資のイギリスへの輸送方法に道が開けた。一方、一九四一年八月のプラセンシア湾会議で、チャーチルとルーズベルトは戦略的責任として半球を分担することに合意し、カナダと並んでアメリカは西大西洋での船団護送に責任を負うことになった。一九四二年には、五〇〇隻のカナダの軍艦がその任につき、戦争末期にはカナダは世界第三位の海軍国となっていた。

第一次世界大戦と異なり、西半球では艦隊同士の大きな戦いはなかった。これは、ドイツがその強大な艦隊を分けて、小艦隊行動と個々の攻撃に主眼をおいていたからであるが、ロイヤル・ネイビーの強大な力を恐れて、艦隊行動を避ける傾向がその背景にはあった。ドイツは第一次世界大戦と違って、軍艦を大西洋で戦わせる戦略地政学的立場をとったが、ドイツ海軍総司令官は必要な戦艦が不足していると考えていた。最もよく知られたドイツの作戦は、一九四一年五月の戦艦ビスマルク（イギリス護送船団の攻撃に向かった）のものであろう。これはおそらく大西洋で最強の戦艦であり、ドイツ統一を成し遂げた著名な宰相にちなんで名づけられた。ビスマルクは大戦間期のイギリス最大の戦艦フッド（一九二〇年就役）を撃沈している。しかし、ビスマルクは砲撃で傷つき、空襲による魚雷で結局航行不能に陥って沈められた[52]。

総じて第二次世界大戦は、エアパワーに対する軍艦の脆弱性をみせつける展開となった。一九四〇年四月、ドイツによるノルウェー侵攻への対応が不適切であったため、イギリスの軍艦はドイツのエアパワーに効果的に対応できないことを露呈する。第一海軍卿サー・ダッドリー・パウンド提督は指摘する。「ここで学んだ教訓は、敵爆撃機の行動範囲内に艦隊がある場合、常に戦闘機の援護が不可欠ということである[53]」。

一九四一年六月、ノルウェー沖におけるイギリス航空機による魚雷攻撃で、重巡リュッツオーは大西洋航路における海上攻撃を中止した。この脆弱性ゆえにドイツは、一九四二年二月にブレストから主要な軍艦を引きあげてしまった。ソ連への物資供給に当たるイギリス護送船団への作戦攻撃にとって、ノルウェーは重要な場所であった。しかし、ドイツの潜水艦と航空機の襲撃は、軍艦に匹敵するものではなかった。むしろドイツ軍艦が犠牲となっており、一九四三年一二月二六日、船団護送中のイギリス艦隊はノール岬沖海戦で巡洋戦艦シャルンホルストを撃沈している。さらに、一九四二年一月、ノルウェーのフィヨルドを避難港としてトロンヘイムに航行した戦艦ティルピッツは、一九四四年一一月一二日にイギリスを基地とする重爆撃機によって撃沈された。

エアパワーに対する軍艦の脆弱性は、ヨーロッパ大陸の沖合いで活動するドイツ護送船団への、英沿岸航空隊による攻撃にもみてとれる。最初のうちイギリスは、護送船団の対空砲火が効果的であったため、打ち負かされていた。しかし、一九四二年に導入されたボーファイターは機関砲と機銃、それに魚雷ないし二五ポンドロケット（駆逐艦の一斉発射攻撃に対抗する）八基を搭載できた。一九四三年以降ドイツ船からの対空砲火は沈静し、かなりの数の商船が沈められている。

Uボート戦争

北大西洋におけるドイツ潜水艦（Uボート）の攻撃は、イギリスにとって極めて深刻であった。アメリカの軍事力をドイツに向けるうえで、ここでの戦いが結局は中心的役割を果たすことになるため、決してそれはささいな戦いとして済まされる問題ではなかった。さらに、イギリスの通商へのドイツ潜水艦と航空機による攻撃は、当初から無制限であった。一九四〇年にドイツがノルウェーとフランスを占領したことで、イギリスの通商は第一次世界大戦時よりも潜水艦攻撃に身をさらすようになった。一方で潜水艦は第一次世界大戦時よりも一段と進化を遂げ、戦争中にはさらに進化している。つまり、技術革新の戦いが次々と起こった、ということである。たとえば一九四三年、ドイツはシュノーケルを装着するため潜水艦を改修している。これによって潜水時にも充電できるようになり、連合国側のエアパワーに対する脆弱性を低減することが可能となった。一方、連合国側ではセンサーと兵器の両方で量的、質的向上を図った（強力な爆雷や船舶用レーダー、潜水艦探知機など）。一九四三年にドイツはまた、T五音響追跡魚雷を導入している。

一九四二年、Uボートはトン数に見合う獲物を探していたが、一六六四隻の商船（およそ八〇〇万トンに達する）がUボートによって沈められている。これに対してUボートの損害は、毎月の就役数が増大した結果、新規に就役した数よりは少なかった。一九四二年の七月から一二月にかけて失ったUボート数は五八隻であり、同期間中の就役数は一二一隻であった。初めて北大西洋の船団航路上を、全般的にパトロールできるだけの十分なUボートが揃うようになった。とはいえ、様々な要因が連合国側を勝利に導くことになるのだが、そうした中には資源の豊かさという点も含まれていた。たとえば、護送船団と航空機による効果的な対潜戦術がそうである。潜水艦探知機や爆雷、航空機用リー・ライト〔訳注、サーチライト〕といった対潜兵器、さらに情報通信も向上させている。この結果、年間当たりの潜水艦撃沈数は、第一次世界大戦時よりもはるかに増大し、対する連合国側の船舶喪失比率は少ないものにとどまった。さらに、多数の護送船団を組むと襲撃されなくなったが、これはある意味で個々の勝利や敗北よりも、重要なことであった。

戦術上の変化も、ドイツからの攻撃を防ぐうえで大きな役割を果たした。イギリスの政策担当者らは、当初第一次世界大戦時の教訓を理解しそこねて、護送船団に軍艦と航空機をつける必要性を正しく評価しなかった。むしろドイツ軍への攻撃自体に価値をおく傾向にあり、その場合、航空機で潜水艦基地や造船所を攻撃するか、あるいは海上を集団で襲うやり方であった。一九三九年にウィンストン・チャーチルは第一海軍卿としてその任に復したが、この欠陥のある方法を踏襲した。[54] 大西洋での成功は、いわばこの方法をやめて護送船団方式に戻ったことにもよる。

軍艦と商船、あるいは造船業に関するアメリカの貢献の大きさは、ドイツに戦略的問題を提起することとなった。アメリカの造船は、効果的な規格部品での作業と流れ作業の方法を取り入れていたため、これが決定的に重要な役割を果たした。これとは対照的に、イギリスでは第一次世界大戦の場合、造船業界のおかげで沈められた商船に代わって新造船を投入することができたが、第二次世界大戦時にはそれができなかった。一九四五年のイギリス商船団の規模は、一九三九年の七〇パーセントにとどまった。アメリカのおかげで連合国側では、一九四三年第一・四半期にUボートが撃沈した数よりも、多くの船を建造することができた。第三・四半期末になると連合国側は、戦争勃発時以降撃沈された船舶数よりも多くの船を建造するようになっていた。

連合国側の成功はカール・デーニッツ（一九四三年からドイツ海軍総司令官）を強く刺激することになる。デーニッツは次第に勝利を激しく追求するようになり、危険な作戦環境となっていく現実を受け入れ、部下たちにも激しさを求めていった。それはドイツ潜水艦による極めて高い死亡率にみてとれるが、就役した八六三隻の潜水艦のうち七五四隻が失われ、さらに二万七四九一人の乗員が戦死している。

連合国の造船力がドイツに突きつけた戦略的問題は、対潜戦争（中でも航空支援の利用）で連合国側の優越性が増大することに伴う、戦術的、作戦的課題と相互に密接な関係があった。沿岸部に基地をおく長距離爆撃機B24（リベレーター）は、一九四三年春の時点での大西洋中部におけるエアギャップを埋める際の鍵であった[55]。連合国は一九四三年の大西洋の戦いで大きな勝利を収め、特に三月から五月にかけての海戦では、ドイツが北大西洋でこれ以上Uボート作戦を継続することを断念させた。しかし、イギリスが最終的に海洋での適切なエアパワー資源を配分することを決定した、一九四二年末が極めて重要な転機となったのも事実であり、特に長距離航空機の供給は大きな貢献を果たした。こうした航空機の数は、一九四三年二月以降拡大の一途をたどる。一九四四年末の連合国によるフランスの占領は、Uボート作戦にとって別な意味での根幹的打撃であった。

戦略、戦術、資源はすべて、連合国側の勝利にとって重要であったし、大きな成功を収めたのも、これである程度説明できる。日本は航路の保護に失敗したが、これに対して連合国側は同時期、大西洋航路を確実に保護している。

第二次世界大戦時、大西洋およびその近海でドイツ軍艦をイギリスが追跡する際に、空母艦載機は海軍作戦に不可欠となった。空母による支援はイギリスにとって必須であり、一九四二年六月から一九四三年一月の間、大型空母よりも迅速に竣工すると期待されていたとおり、一〇隻の軽艦隊空母が就役した。一般的に空母はドイツの潜水艦作戦に対抗するうえで、中心的な役割を果たした。

太平洋での戦い

太平洋での戦いにおいてもエアパワーは、決定的に重要であった。それは艦隊同士の戦いでも水陸両用作戦への支援でもいえることであった。こうした傾向は、六隻の空母から飛び立った日本軍の航空機が、一九四一年一二月七日、真珠湾で五隻のアメリカ海軍の戦艦を撃沈したときから始まった(56)。東南アジアと西太平洋で一九四一年冬から一九四二年にかけて、日本は急速に帝国領土を拡大していった。この多くは連合国海軍に対して、エアパワーによる強力な支援を受けた水陸両用作戦が成功した結果であった。

ドイツとの戦争に集中していたイギリスは、マラヤとシンガポールの防衛が、西部太平洋におけるアメリカ艦隊の強大さから恩恵を受けられると、誤った期待を抱いていた。また、日本軍のエアパワーに直面してイギリスは、海軍の用法を決定的に誤った。日本軍のマラヤ上陸に対抗すべく、シンガポールから強力な小艦隊が派遣されたものの、一九四一年一二月一〇日、日本の陸上基地から発進した海軍の爆撃機が、戦艦プリンス・オブ・ウェールズと巡洋戦艦レパルスを撃沈した。これは航空攻撃によって、公海上でこの種の軍艦を沈めた最初のものであり、敵航空攻撃に対して航空支援なしには、主力艦も脆弱であることをこの損失はみせつけた。司令官サー・トム・フィリップス提督による計画の立案と遂行が不十分であったとはいえ、この事実はイギリスの航空と海軍の協調体制を含む大きな問題を反映していた[57]。

二カ月後、ジャワ海海戦（スラバヤ沖海戦）で連合国海軍は、ジャワに向かう日本艦隊の迎撃に失敗した。日本艦隊は統制がよくとれており、航空支援の下で高性能魚雷の威力を発揮した。対するアメリカ、オーストラリア、イギリス、オランダの軍艦は、有能な司令官を欠き、共同作戦の経験にも乏しかった。

日本軍は太平洋の南西部と中部で、帝国領を強化することをもくろんでいた。しかし、五月七日と八日の珊瑚海海戦でアメリカ海軍にその意図を挫かれた。これは新しい種類の海戦であり、砲撃距離を越えた艦隊への空母による航空攻撃であった。珊瑚海海戦からは、米海軍力を撃滅するはずであった真珠湾攻撃の失敗が示唆される。諜報作戦における初期段階からの優位性ゆえに、米軍側は日本軍の通信を傍受して解読に成功しており、日本艦隊を待ちうけていた。両軍とも損害をこうむったが（米空母レキシントンを含む）、日本側は緒戦の成功が示したような作戦を展開することはなかった。日本軍は必要な戦力の集中に失敗しているが、これは日本の特徴的性格であり、他の海戦でもそれは確認される。珊瑚海海戦はまた、当時の海戦でみられた深刻な問題を明らかにしている。すなわち、正確な索敵の難しさである。第二次世界大戦では敵の戦力や現在地、方向の評価を誤る事例が極めて多かった。それだけでなく、この当時の海軍のエアパワーも過大評価してはならない。また、この海戦によって日本軍は、ポートモレスビー（ニューギニア）の水陸両用作戦を断念している。

オーストラリアと南西太平洋に焦点を当てるよりも、山本提督はむしろ米空母の撃滅に目標をおいた決戦を好んだ。結局、山本はミッドウェイ攻略を提案し、米空母をおびき出したうえで戦艦の大砲で撃滅する作戦をとった。しかし、ミッドウェイ海戦（一九四二年六月四日）では、米軍艦載機による攻撃で四隻の空母を失うことになった。これは敵船の発見能力が決定的に重要とされた戦いであった。さらに、これは陸上部隊との共同作戦でもあったため、空母艦載戦闘機の航空支援による防御と、爆撃機の攻撃という二つの点が重要であった。最初の米軍雷撃機による攻撃は、戦闘機による支援がなかったため失敗に終わる。しかし、この攻撃の結果、日本軍戦闘機は対応不能に陥り、特に低高度からの米軍急降下爆撃機の飛来は決定的であった。わずか数分間で三隻の空母が大破したのである。四隻目の飛龍は退避行動でうまくかわし、ヨークタウンに甚大な被害を与えた飛行隊を発進させている。とはいえ、飛龍も米軍急降下爆撃機によって撃沈されてしまった。

米空母はそのとき日本の戦艦による接近を回避すべく、退避行動に移っている。日本側の敗北要因は、もっぱら米軍司令官の質の高さによるものであったが[58]、それは予期せぬ好機を巧みに捉える能力と、総じて米海軍の回復力の高さが優っていたことを意味する。日本軍の敗北は潜水艦の用法も含めた一般的課題に加え、この海戦に固有の要素も反映している[59]。

海戦がもはや日本海海戦（一九〇五年）とユトランド沖海戦（一九一六年）でみられた戦艦同士の交戦ではなく、エアパワー主体となったことをミッドウェイ海戦は教えてくれる。事実、敵戦艦の装甲をしのぐ一八インチ装甲をもった大和級戦艦をつくったものの、大和と武蔵は米空母艦載機によるエアパワーの犠牲となった。一方、大和級三番目の戦艦は、建造中に空母に改装されている。武蔵は一九四四年に、七万一六五九トンの大和は一九四五年四月七日に、それぞれ撃沈された。大和と行動をともにした軍艦も大半は撃沈されている。三七五機を超える航空機の攻撃を受けており、米軍の沖縄上陸を阻止すべく実施された計画も、不首尾に終わった。この結果、アメリカでは大型のモンタナ級戦艦の造船計画を中止し、作業途中であったアイオワ級戦艦二隻も廃船となっている。

ミッドウェイ海戦はまた、太平洋上のエアパワーの計算を変えることになった。米軍は楽々と熟練パイロットを交代させられることを実証したからである。また、この戦いが転換点となったことは、これまでも十分に認識されてきた[60]。一般的に、米軍によるエアパワーの効果的用法は、優勢な資源が確保できたことによる。さらに、空母戦術の開発と海空軍の効果的共同作戦が可能となったことも、日本軍敗北の要因となった。複合作戦には制空権掌握のための空中戦や、あるいは船体破壊の急降下爆撃と魚雷攻撃、水陸両用作戦を支援する陸上攻撃も含まれていた。たとえば、一九四三年三月三日と四日、ニューギニアに増援部隊を輸送中の日本の船団が、米軍とオーストラリア軍の空襲を受け、三六〇〇人の日本人部隊と駆逐艦四隻を失っている。

もっとも、ミッドウェイ以降でも日本軍は依然として大規模な海軍を保持していたし、特に戦艦と巡洋艦、駆逐艦が強く、アメリカの航空優位が制限を受ける夜間行動に熟練していた。南西太平洋のガダルカナル島沖では、一九四二年八月から一九四三年二月にかけて、陸上での戦闘に決定的に重要とされた制海権をめぐる戦いが展開された。一九四二年一〇月二六日、サンタクルーズ諸島海戦（南太平洋海戦）では、空母四隻を含む強力な日本艦隊が空母二隻しかもたない米艦隊を攻撃し、米海軍はそのうちの空母一隻を喪失している。しかしながら、航空機の甚大な損失は、さらにパイロットを失ったことは、日本側にとって大きな痛手であった。結果的に、米軍は一一月半ばからの戦闘によって、ガダルカナル島沖で日本軍を破っている。

アメリカの工業基盤の強さと特質は、極めて重要な役割を果たした。一九三七年から一九四一年にかけて建艦競争で特に日本と競っていたアメリカは、一九四二年から一九四五年の間に余裕をもって全艦種で日本に差をつけた。特に空母においてそれは顕著であった。日本が空母一〇隻を建造したのに対して、一九四五年三月時点でアメリカは全種類、全サイズで八八隻を建造しており、さらに二五隻を建造中であった。空母の主流は比較的小さな「エスコート（護衛）」空母で、一二六隻の速成の空母が一九四五年三月には就役し、一六隻が建造中であった。加えて、三一隻の空母が発注されていた。アメリカの造船業界は次々に近代的な船舶を投入しており、一九三〇年代末に就役した船もある意味で終戦時には旧式艦となっていた。

一九四二年の損失で日本軍は、空母の強みを発揮することができなくなり、一九四三年春には戦闘用にわずか一隻の空母が残されているだけとなった。他に残された空母は損傷を受けたままであったり、軽空母であったりという状況であった。その年さらに三隻の空母が就役予定であったが、アメリカではるかに多くを建造中であった。巡洋艦や駆逐艦、潜水艦に関しても大きな格差があった。両国の工業力と有効な動員力には顕著な相違があり、この違いが海軍行動によってさらに際立つこととなった。日本海軍がアメリカ経済に打撃を与えられなかったのに対し、米潜水艦による攻撃は日本の天然資源輸送に悪影響を及ぼし、その結果、工業力にも影響は及んだ。両国の経済は著しい対照を示したが、それはまた商船の建造にもみられ、ここでも大きくアメリカがリードしていた。

イギリスは終戦の年まで、日本に対して限られた海軍力を展開したにすぎなかった。一九四二年五月から太平洋に戦場が集中していったことから、インド洋には侵攻してこないことが明らかになった。そのせいでイギリスの軍艦は、一九四三年には一隻も喪失していない。イギリス艦隊は地中海と大西洋に勢力を集中し、一九四二年五月にはマダガスカル島攻略を支援すべく、空母二隻を派遣したが、一九四三年一月から護衛空母が到着する一〇月までの間には、空母は一隻も派遣されなかった。

太平洋では資源の投入と利用が決定的に重要であった。したがって、作戦を考える際に兵站は欠くべからざる要素であり、補給艦を繰り返し使う必要性に迫られていたため、燃料を管理することが極めて重要であった。[61] 日本は船団護送および対潜行動に関しては、アメリカより実効性が薄く、あまりそうしたことを重視していなかったうえ、さらに適切な航空支援も提供できていなかった。また、潜水艦戦でも日本側はほとんど成果を出しておらず、これはもっぱら軍艦に対しては魚雷を用いるべきである、との考えに固執していたからでもあった。米海軍の魚雷は、当初問題を抱えていたにもかかわらず（たとえば、一九四一年冬から一九四二年にかけてフィリピン沖で展開された作戦で、その影響がみられた）、航続距離が長く戦闘能力の高い米潜水艦は、一一一四隻の日本商船を撃沈しており、その結果、一九四四年には日本側は輸送用航路の多くをあきらめざるをえない状況にあった。日本は損失にみあうだけの船舶を再建することができず、通商は決定的に遮断され、日本帝国の経済は破壊された。こうしてアメリカは潜水艦による戦闘行為で、史上最も成功を収めた国となった。潜水艦攻撃はまた、海軍の航空機による機雷からも支援を受けた[62]。

一九四三年末以降新型空母が真珠湾に配備されると、米太平洋艦隊は海軍資源で明らかな優位を示すことになり、大きな恩恵をそこから受けるようになった。また、アメリカは一連の海軍基地に依存しない、洋上で兵站担当グループから補給可能な自給システムを整えた空母チームを構築している[63]。この能力によって空前の距離を迅速に進撃できるようになり、多くの島伝いに侵攻していって、太平洋において日本が固守しようとする国防圏を破壊するところとなった。

戦闘における優位もまた決定的であった。一九四四年六月のマリアナ沖海戦では、空母一五隻と航空機九〇二機からなる米艦隊が日本海軍（空母九隻および航空機四五〇機）を壊滅状態にし、この勝利によってマリアナ海での米軍支配は決定的となり、連合国軍の西太平洋への進出が不動のものとなった。六月一九日の戦闘において日本軍の航空攻撃は、米軍のレーダーに捕捉されており、その結果、戦闘機および軍艦からの対空砲火で次々と撃墜されることになった。米空母に損傷がなかったのに対して、日本側は潜水艦攻撃で空母二隻を失っている。その翌日、乏しい光の中で長距離攻撃を行って、米軍は空母三隻を撃沈ないし大破した。日本海軍の空母は零戦の哨戒および支援を受けてはいた。だが、空中戦における日本軍の弱点が、次第に明らかになっていたため、この哨戒も米爆撃機を支援する戦闘機に抗うにはあまりに無力であった。日本海軍は米軍の攻撃に効果的に反撃する能力に乏しく、さらに貧弱なドクトリンに固執し、戦略オプションを適切に理解していない状況であった。米軍はまた熟練パイロットによる恩恵を、日本軍よりもはるかに多く享受していた(64)。

空母が鍵となっていたものの、戦艦や巡洋艦、駆逐艦もまた大きな役割を果たした。特に日本軍に圧力をかける一連の米軍の上陸を支援する、沿岸への砲撃においてそれが確認される。軍艦同士の激しい戦闘もみられた。たとえば、一九四二年一一月一四日、ガダルカナル島をめぐる戦いの際、その沖合いでレーダー照準による戦艦ワシントンからの砲撃が、日本海軍の戦艦霧島を粉砕した。一九四三年一一月一日、ソロモン諸島のブーゲンビル島支援ではその晩、米巡洋艦と駆逐艦が日本小艦隊の攻撃を撃退したが、その際の日本側の損害は緒戦でのレーダーを用いた攻撃によるところが大きかった。一九四四年一〇月、スリガオ海峡海戦で戦艦同士の最後の対決があり、米戦艦によるレーダー照準の長距離砲撃は、ここでも決定的な威力を発揮した。他方で、一九四二年一一月一三日および三〇日のガダルカナル沖で日本側が使った、駆逐艦による魚雷攻撃もまた極めて効果的であった(65)。

スリガオ海峡海戦はレイテ沖海戦(フィリピン沖海戦)(一〇月二三～二六日)の一部で、米軍のフィリピン侵攻阻止を狙った戦いであり、サイパン島侵攻に対応したものであった。これと対照的にドイツ艦隊は、ヨーロッパ戦域において似たような方法で、英米への侵攻に対応できる実力を有していなかった。日本軍は捷一号作戦で米空母艦隊をおびき寄せて上陸を阻止する構えであり、レイテ湾はその結果であった。この作戦の特徴は複雑な性格であり、そのため米海軍の提督たちは海戦を見通すことが極めて困難な状況にあった(日本側も同様で作戦実施は困難であった)が、強襲部隊が上陸地域に接近することができたことで、かろうじて成功を収められた。結局、海戦の実質的効果は日本艦隊の壊滅状態となって終わった（空母四隻、戦艦三隻と巡洋艦一〇隻を喪失）[66]。

米海軍の強さに対して日本海軍は、一九四四年一〇月以降神風攻撃を採用していった。これは航空機が艦船に突っ込むもので、航空機自体を爆弾と化し、ないし人間ミサイルとなすものであった。こうした攻撃によって四九隻の艦船が沈み、他にも三〇〇隻が損害を受けたが、これは米軍の意思を挫くべく考案された。当初、衝突ないしニアミスした比率は二五パーセントを超えていたものの、翌春には成功率は低下していった。日本軍が次第に非熟練パイロットに頼るようになっていったからで、さらに米軍が対空砲火を充実させ、戦闘機による哨戒を増やし、防御体制が向上したことも功を奏した。日本軍はおよそ四〇〇〇人をこの攻撃で失ったとされる。

水陸両用作戦

太平洋およびヨーロッパのどちらでも、米軍は艦船から岸に向かう上陸作戦において卓越した経験を有していた。第二次世界大戦では水陸両用作戦が、空前の規模と複雑さで展開されるようになっており、密接な航空支援や陸軍、海軍との共同体制の下でなされていた。こうした作戦は主だった列強が試していたものの、その規模にはかなり差があった。ドイツは短距離の水陸両用作戦に特化しており、そのうち最も有名なのが一九四〇年のノルウェー侵攻であった。しかし、イギリス海軍と比較して海上勢力が弱体であったことから、大半のドイツ侵攻作戦は基本的に強大な陸軍による陸上攻撃であった。ソ連は陸上作戦と水陸両用作戦に海軍を従属させていた。たとえば、一九四五年八月と九月初旬の千島列島および樺太南部での対日戦は、規模の小さなものであった。これとは対照的に米英は、水陸両用作戦を戦略の基盤を構築するものとみなしており、とりわけ有名なのが一九四三年のイタリア侵攻と一九四四年のフランス侵攻である。上陸用舟艇が開発されたが、これは航行のみならず小型で揚陸もできる、まさに水陸両用の輸送手段であった。この開発によって水陸両用攻撃は大幅に進歩した。

軍事学者J・F・C・フラーは、オーバーロード作戦、すなわち連合国軍による一九四四年六月六日のDデイのノルマンディー上陸作戦で、上陸、補給、そして侵攻部隊を支援するのに、港を奪還する必要がもはやなくなったことを考えると、水陸両用作戦において根本的な変革が起きたことが示された、と指摘している。フラーは一九四四年一〇月一日付けの『サンデー・ピクトリアル』紙に次のようなコメントを寄せている。

我がシーパワーがかつてのように、ただ海上支配の具のままであったならば、フランスでドイツが編成した守備隊だけで、おそらく十分対応可能であっただろう。しかし、あの強大な要塞を破滅させる海軍力という考え方に、変化が起きたのである。これまで海からのあらゆる攻撃をみても、侵攻部隊は船に合わせるやり方であった。今や船が侵攻部隊に合わせてつくられ……戦闘状況に応じて侵攻部隊をいかに上陸させるか……この難しい問題が、幾種類もの特殊な上陸用舟艇や組み立て式浮き桟橋をつくることで、克服されたのである。

フラーのいうこの進化は戦車にも当てはまり、戦車は防御側を不利にした。とはいえ、一九四二年八月一九日、ドイツ占領下フランスのディエップ港攻撃は、連合国軍のDデイに比べると基本的に小規模なものであったが、港湾攻撃で戦車を粉砕することを示した。周到に固められた防御であったため、この攻撃は連合国軍（特にカナダ軍）に対し、正確な機関銃射撃や大砲と迫撃砲砲撃で、甚大な被害をもたらすこととなった。ディエップの失敗は、港湾への攻撃における水陸両用作戦上の問題点を明らかにし、さらに防御側の激しい砲撃に直面しつつ上陸する際の問題点も提起することになった。一九四四年、後の作戦に備えて港湾を確保することが必要ではあったが（兵站上の課題に当たるため。特にアントワープ）、連合国軍は港湾に代わり攻撃時に浮き桟橋を使って、組み立て式の格納施設二個を持ち運ぶことを決定した。マルセイユ占領の必要性から実施された、連合国軍の南仏侵攻も同じ要領で展開された（ドラグーン作戦）。

一九四四年までに連合国軍は、上陸用舟艇の開発と増産を行うようになり、この点で完全に主導権を握った。スロープになった舳先をもつ上陸用舟艇以外にも、新型の特殊上陸用舟艇が生産され、それは陸上での走行も可能であった。一九四〇年、イギリスは上陸用舟艇戦車（ＬＣＴ――Landing-craft Tank）を投入した。他にも部隊用の上陸用舟艇に顕著な向上がみられた。たとえば、米海兵隊は初めてヒギンズ・ボート（ユリーカとも）を採用したが、これは木製の歩兵用上陸用舟艇であった。最初は民間用であったものの、浜辺から簡単に撤収できるので使われるようになった。しかし、竜骨が木製であったため脆弱で、一九四三年に交代させられた。一九四三年一一月にタラワ上陸に際し太平洋の珊瑚礁に遭遇して、米軍はキャタピラーつき上陸用舟艇（ＬＶＴ）を使うようになり、さらに戦車揚陸艦やドック型揚陸艦（上陸用舟艇が波の荒い出口からでも出られるよう、デッキに海水を満たした状態を保てる）の開発も進んだ。

地中海から連合国軍は、水陸両用作戦での上陸に重要な経験を得た。一九四二年のトーチ作戦（ヴィシー政府が支配するモロッコ大西洋岸およびアルジェリア地中海岸への米軍主体の攻撃）は、シチリア島およびイタリア本土への、一九四三年の米英による攻撃へとつながっていった。トーチ上陸作戦の成功は敵側が弱かったため、戦闘能力のごく一端を示したにすぎなかった。これと対照的に一九四三年の上陸は、一九四四年一月のアンチオ（イタリア）上陸同様、フランス侵攻の難しさを示唆するに十分な例証となった。顕著なのが、強大なドイツによる抵抗に直面してからの、上陸から突破にいたる一連の過程である。突破は十分に実行されない場合を除き、海軍の作戦が扱う対象ではなかったし、侵攻を可能とする海軍力の価値もまた限られたものであった。とはいえ、水陸両用作戦を展開し、上陸した部隊を支援する能力は、英米の上陸作戦の場合大半が海軍によるものであった。

また、太平洋での日本軍との戦闘において米軍は、かなりの経験を水陸両用作戦から積んだ。自走式上陸用舟艇によって、広大な前線に沿った沿岸防衛線を攻撃することが可能になった。同時にそれは防御側の選択肢を大きく制約した。英米はこうして成功した水陸両用作戦から重要な経験を蓄積していったが、その中には上陸用舟艇の利用法や海－空による支援の協調体制も含まれていた。たとえば、一九四四年六月のサイパン島へのアメリカの上陸作戦は、前年一一月のタラワ攻撃時に得た教訓から学んだものであった。連合国軍による効果的な特殊舟艇や兵器の開発（キャタピラーつき上陸用舟艇、水陸両用戦車、海岸防御の攻撃用にイギリスが開発した戦車、たとえば地雷原で使われるクラブ・フレール戦車など）は、戦力の向上に貢献した。

一九四五年夏に日本のおかれた立場からは、日本帝国海軍を壊滅させることに成功したアメリカの海軍力並びに生産力の重要性が示唆された。日本は依然として東アジアと東南アジアの広大な地域を支配していたものの、その軍隊は孤立していた。米潜水艦がほとんど支障なく黄海と東シナ海、日本海で活動できたからである。空母艦載機が日本を攻撃し、他方で軍艦が沿岸の戦略的要地を昼間でも砲撃するようになった。終戦に向かったドイツと同じく、日本の海軍機構も連合国軍の攻撃で終焉を迎えた。日本侵攻に着手したいと考えるアメリカでは、その計画を練り上げ実行に移す段階にあった。一九四五年八月に原爆が広島と長崎に投下されたが、それは水陸両用作戦で獲得した島から発進した航空機からのものであり、原子爆弾は海上輸送されたのである。大西洋の戦いが連合国側の勝利によって終結したのと同じように、太平洋での海戦も連合国側の圧勝をもって終わった。

第7章　一九四五〜二〇一〇年

変わりゆく海軍力の性格

戦後の世界では、これまでみたこともないパワーを輸送する手段として、軍艦が開発されることになった。核爆弾（後に核ミサイル）の輸送プラットフォームとしての役割がエアパワー、後にはシーパワー（特に潜水艦）の重要性を増大させたからである。米潜水艦ジョージ・ワシントンは、初の弾道ミサイルを搭載した原子力潜水艦であり、一九五九年末に就役し最初のポラリス・ミサイルを一九六〇年七月に水中から発射した。ジョージ・ワシントンおよび他の四隻の姉妹艦は、アメリカ、イギリス、フランスの弾道ミサイル搭載型原子力潜水艦の初期世代の原型であり、船殻の中央部に二列に配置された一六基のミサイルを搭載していた。ソ連は対照的に、わずかなミサイルを各格納庫に搭載するだけの、ミサイル搭載型でも小型の原子力潜水艦をつくった。しかし、すぐに一六基のミサイルを搭載するものに変更し、際立った標準化を同型の潜水艦に施した。初のイギリスによるポラリスのテストミサイルが一九六八年に潜水艦から発射され、フランスでは一九六九年に初めて弾道ミサイル塔載型原子力潜水艦を就役させている。

原子力を利用した推進装置は、潜水艦が水面上に現れる必要がないため、攻撃から広大な海洋で身を隠していられる利点があり、他方、潜水艦搭載の核兵器は攻撃と抑止の両面で戦略的優位を確保できることを実証した。この結果、対潜作戦はまたも戦略的重要性を有することとなり、米海軍はソ連の弾道ミサイル塔載型原子力潜水艦に対抗すべく、多くの攻撃型潜水艦を展開するようになった。

しかしながら、初期においてはこのように限られた戦力に焦点を当てて、海軍力を高度な兵器をもって評価しようとしたが、それは間違いであった。弾道ミサイルが決して使えないことを考慮すると、なおさらそうであった。代わって、いったん海軍が放棄した考え方である、多様な機能に注意を向ける必要性が生じることになった。海軍のライバルのエアパワーが、遠方の係争地へ部隊を迅速に派遣できるように、ある意味でエアパワーが海軍を補完ないし代替する存在となった。しかし、海軍力はまた主要国にとって次第に魅力あるものとなっていた。植民地情勢が問題をはらみ、また後年にはその国々が「第三世界」として新興独立国となっていくと、主要国ではそうした国々に対して、武力介入や影響力行使のため海軍に関心を示したからである。海は政治的にも軍事的にも、多くの理由から陸より安全であり、争いも少ないという特性がある。水平線の彼方を越えて展開されるパワーは、さほど目立たず脆弱でもない。海軍はまた攻撃を回避する利点もあるわけで、陸上よりも海上のほうがはるかに不測の勢力に遭遇する可能性が低い。加えて、海上では軍艦が他の艦艇を見分け、識別することが容易であるため、陸上での市民と見分けがつかないゲリラのような状況に遭遇することが回避可能である。要するに海はわかりやすいということである。

したがって、海軍力は行動範囲と移動性、兵站上の独立性を与えてくれるのであり、海外の守備隊に欠ける動態性のよさを提供してくれる。海軍はまた陸上のようなリスクを冒すことなく、国家が意思表示できる手段をもっているように思われる。こうした海軍力が有する示威行為は、平和時にも戦時にも両方みられる。たとえば、一九四五年の英太平洋艦隊の展開はチャーチルによる提案であり、アジアにおける帝国力をイギリスが保持することを狙った試みであった[1]。国家が「自分の実力以上のものに挑む」ことができるよう与えられたこのような潜在力は、主力艦、すなわち空母への投資を加速した。それはかつて戦艦にみられた構図と同じである。しかし、この示威行為はアメリカの独占状態にある。強大な軍事力を別にすれば、アメリカの海上支配はちょうど一八一五年以降のイギリスと似ている。初期のイギリスの場合、陸上での支配力は海上支配には及ばなかった。

海軍超大国としてのアメリカ

一九四五年以降アメリカは、歴史上類をみないほどの海洋支配を遂げることになった。ミッドウェイ（四万五〇〇〇トン級の三隻の新世代空母のうちの最初のもの）が完成したとき、戦争は終結していた。先の空母と比べてかなり大型であり、航空機積載能力も向上した（一四四機）うえ装甲したフライトデッキを備えていた[2]。ミッドウェイの飛行要員を含めた定員は四一〇〇名であり、一八門の五インチ砲および八四門のボフォール砲、それに二八門のエリコン対空砲を備えている。ギリシアとトルコへのソ連による圧力に直面し、西側の権益を保全するためにミッドウェイの姉妹艦ルーズベルトは、地中海東部に一九四六年に派遣され、一九四七年末以降地中海には少なくとも一隻の米空母が常駐するようになった[3]。

とはいえ、米海軍は他の任務とも競合状態にあり、一九四九年には戦略爆撃用の空軍の計画のため、海軍の計画は拒否されたり、主要な建艦もキャンセルされたりした[4]。陸上基地のエアパワーは、空中給油の発達で今まで以上に可能性が大きくなった。当時大統領であったトルーマンは、大なたを振るってアメリカ初の超大型空母ユナイテッド・ステイツの建造を中止したが、その後今日のニミッツ級で彼の名前が冠せられる空母が出てきたことは皮肉である。

しかし、技術は経済資源と結びつき、米艦隊に強さと実力を与えた。これは最盛時の英海軍にさえできなかったことである。米海軍にはまた次のような役割があった。一九五〇年代および一九六〇年代初頭、米空母は特に核攻撃能力を備えた戦略爆撃の任務を与えられていた。三隻のミッドウェイ級空母がフライトデッキを強化し、一九五〇年には核兵器を搭載した初の航空機が空母コーラル・シーから発進している[5]。

さらに、アメリカは朝鮮戦争とベトナム戦争で恐るべき海軍力を展開、適用することが可能となった。空母艦載機は両戦争において決定的に重要な役割を果たし、中でも陸上支援と爆撃任務は名高い。朝鮮戦争ではターボジェットエンジン搭載の航空機（一九四九年に就役開始）を用いている（ちなみに、ジェット機による初の空母着艦成功事例は、一九四五年一二月の英空母オーシャンであった）。朝鮮戦争においては米機がソ連製のミグ15と戦ったのにみられるように、全機とも初のジェット戦闘機による戦いとなった。空中戦に加え、艦載機は鴨緑江にかかる橋など陸上の目標を攻撃した。米海軍のエアパワーの規模は、一九五三年一月までに海軍および海兵隊にF9F－2やF9F－5といったジェット戦闘機を、合計一三八五機生産したことから窺える。一九五四年末には海軍で一六の空母機動部隊を配備していた。

米海軍は火力と航空機以外にも、水陸両用の能力を備えており、朝鮮戦争時にそれは最も顕著にみられた。すなわち、一九五〇年九月の仁川上陸作戦および三カ月後の興南撤退であり、さらに米海軍力の強さは兵站上にも示されている。米部隊と供給の大半は海上経由で太平洋を越えて、朝鮮半島とベトナムに移送された。北朝鮮と北ベトナム、そして両国を支援するソ連と中国は、アメリカの供給ラインを攻撃する位置になく、また試みることもなかった[6]。

ベトナム戦争ではこれに加えて、また異なった任務と能力が要求された。濁流での大規模な戦闘を海軍は強いられたのであり、それは北ベトナムからベトコンへの物資供給の流れを阻止するための遮断作戦の一環であった。沖合いでも潜水艦を含む米艦船は、補給路の遮断を実施しており、南ベトナム海軍もこれに同調した。初期段階の議論の余地が多々ある状況において、海上での激突（北ベトナムの魚雷艇によるトンキン湾での米艦船攻撃）は、戦闘にアメリカが次第に関与していくうえで大きな影響を及ぼした[7]。朝鮮戦争、ベトナム戦争ともに、アメリカの同盟国の軍艦もまた一定の役割（オーストラリアは両戦争で、イギリスは朝鮮戦争で）を果たしている。

しかしながら、ベトナム戦争が明らかにしたように、シーパワーやエアパワーで米軍は無敵であったものの、戦争には勝つことができなかった。陸上への猛烈な爆撃も陸軍によって補完される必要性があったが、概して勝利には実効性を伴う政治戦略に向けた、軍事的取り組みという問題が存在していたのである。産出量は成果と同じではないということである。

新造艦[8]と兵器や通信技術の進化ゆえに、アメリカは世界でも先端的な位置づけを維持できるようになった。一九四九年から一九六八年にかけてのいわゆる「均整のとれた海軍」（balanced navy）の時代、海軍は戦力の投入に力点をおき、特に前進基地を確保し、世界中至るところで介入できるような水陸両用の戦闘能力を重視した。それと同時に緊急性の高い戦域（特にヨーロッパ）でのシーレーン確保や対潜行動に必要な任務、さらにソ連への航空攻撃と弾道ミサイル攻撃も重視していた。米海軍が介入すると考えられたのは、ソ連が侵攻したときの西ヨーロッパであった。一九四六年、米海軍はイギリスに対して自国の海岸を詳細に調査するよう要請したが、それはソ連占領後のヨーロッパへの備えをするためであった。「サンドストーン作戦」

でイギリス海軍諜報部は、一九六五年までにウェールズ南部地方への侵攻にも備えて、海岸線の半分まで調査していた。

重点がおかれたのは戦力の投入であり、ソ連海軍との海上での艦隊決戦という、マハン流のやり方ではなかった。(9) 事実、一九六二年に米海軍はソ連のミサイル配置によるキューバ危機の際、ソ連同盟国のキューバを孤立させることに成功している。米海軍は封鎖を強行し、総勢一八三隻の軍艦を展開させた。(10) キューバへ向かっていたソ連艦は途中で捕捉されて追い返される結果となり、このアメリカの実力がソ連に海軍の整備を促すこととなった。

アメリカはまた余剰船舶を処分することで、圧倒的な海軍の影響力を保持した。一九四四年の「余剰資産法」によって安価に不要船舶を売却することが可能となった。ラテンアメリカ(アルゼンチン、ブラジル、チリ)への軍艦売却は(各国へ重巡洋艦二隻ずつ)、「相互防衛支援計画」を受けて一九五一年に始まった。一九五六年には米海軍が任務に当たるラテンアメリカ諸国は、どの国も相互防衛協定を結ぶようになり、その協定下で対潜戦争に特化した財政的援助を受けられるようになった。イギリスによる影響は著しく減退し、たとえば一九四四年にイギリスは、海軍作戦をチリで実施すればアメリカの不興を買うと判断し、そうしなかったが、その後代わってアメリカがチリで海軍作戦を実施している。

冷戦

しかしながら、米海軍の強さは西側諸国と共産主義諸国の対峙した冷戦時に、ライバル海軍の成長によって挑戦を受けることになる。有名なのはソ連海軍の脅威であり、大西洋航路から潜水艦発射ミサイルでアメリカを攻撃できるようになると、一九五三年以降これはアメリカの重大な懸念材料となった[11]。米海軍はまた対艦兵器の開発による脅威を受けていた。特に第二次世界大戦中ドイツが開発した、無線誘導滑空爆弾の後継となるミサイルは脅威であった。ミサイルの可能性は一九六七年一〇月に示されるところとなった。エジプトとイスラエルの戦争中、駆逐艦エイラート（第二次世界大戦中の軍艦でイスラエルの旗艦。一九五五年に購入）がソ連製ミサイルスティクス（レーダー誘導）の攻撃をエジプトから受け、撃沈されたのである。この撃沈は艦対艦のミサイルでの初の攻撃によるものであり、巡航ミサイルが初めて戦時利用された事例でもあった[12]。この手の兵器は、かつて一九四五～一九四八年に開発されたASM－N－2Batのように、もはや開発予定はなかったため、これはアメリカに対する大きな課題となった。エイラート撃沈を受け、アメリカもフランスも巡航ミサイル計画を推し進めることになる。

ソ連はまた性能が向上したアメリカの潜水艦に対抗している。原子力潜水艦ノーチラスは、充電のため浮上する必要がないので、二五ノットで潜水したまま世界中を航行できた。これは画期的なことであり、一九五八年に氷で覆われた北極海を潜航してその実力を示した。ソ連のスプートニク衛星打ち上げ後、アメリカの威信を回復させる手段として、この航行は賞賛された。ソ連はディッピングソナー（吊下げ式ソナー）と対潜核弾頭ミサイルを備えた、モスクワ級ヘリコプター空母で対抗した。対潜兵器もまた向上しており、磁気探知装置や新型誘導魚雷がそうである。

セルゲイ・ゴルシコフ提督の下で一九五〇年代に始まったソ連艦隊の建設により、急速にソ連は世界第二位の海軍力にまで成長し[13]、一九七一年までにイギリスを追い越した。とはいえ、ソ連艦隊の地理的行動範囲は、かつてのイギリスよりも狭いものであった。たとえば、ソ連軍艦がインド洋やカリブ海、南大西洋、南太平洋に出現することは、ほとんどなかった。ただし、基地の世界的ネットワークが様々な配下の国（ソマリア、シリア、ベトナムなど）に構築されていた。ナンバー・ツーの地位を保持することにソ連が成功したのは、日本海軍を先の戦争中にアメリカが壊滅しておき、戦後イギリス海軍が衰退していたことによる。

一九五〇年代初頭のイギリスは、依然として世界中の広大な英連邦の権益を守ることに専念しており[14]、この任務が重大な圧力になっていた。一九五六年のスエズ危機でのイギリスの失敗は、帝国領からの撤退というかたちとなって終わる。英仏のエジプト攻撃は政治的な誤認であり、加えて計画も稚拙であった。これは強力なドクトリン構築に失敗したことに起因する作戦能力の欠如と、水陸両用作戦に向けた組織的取り組みや、適切な部隊と輸送システムの欠如を反映している[15]。しかし、この侵攻は軍事力の大規模な展開となり、アメリカによる介入の結果、撤退を余儀なくされる前に三隻の英空母と二隻の仏空母が派遣された[16]。この危機と直接的関係はないものの、一九五六年にイギリスは造船王国の地位を日本に譲ることになった。

当時第一海軍卿であったマウントバッテン卿は、一九五六年に次のように記している。「（イギリス）海軍は原子力時代に向け、新たな合理化を想定していかなければならない[17]」、しかし、合理化は財政的逼迫ゆえに度重なる下方修正を迫られた。英海軍はまた、陸上基地によるエアパワー主導者たちからの挑戦も受けるようになっていた。一九五七年の「国防白書」では「総力戦での海軍の役割は不明瞭である」と宣告している。残存する五隻の戦艦中一隻を含む予備役艦隊はスクラップとされ、人員も削減された。もっとも、マウントバッテン卿は、空母を高価で時代遅れとみなす国防省に対立しつつも、空母を温存するロビー活動に成功している。参謀総長は陸上基地用航空機が使えない地域において、エアパワーを展開する手段として、海軍航空隊を存続させることは極めて重要と報告している[18]。一九六四年の海軍本部委員会の廃止は、過去の組織を断念したことを象徴的に物語っている。

英海軍の縮小化により、別のパワーがロイヤル・ネイビーのかつて果たした役割を担うようになった。一九四九年以降、過度に拡張された軍事力に対応すべく、オーストラリア海軍はANZAM（Australia, New Zealand, Malaysia）地域での海上交通の守りに大々的に当たるようになり、一九五一年にはラドフォード・コリンズ協定により、米豪海軍の協力体制が構築されることになった。

別な見方をすれば、英海軍はその目標を達成できたのであり、特に北大西洋での対潜能力においてそれは顕著であった。あるいは、陸上作戦向け支援としての戦力投入もそうであり、最もよく知られているのがクウェート（一九六一年）、ブルネイ（一九六二年）、それに一九六三年から一九六六年にかけてインドネシアと対立していたときの、ボルネオ北部でのものである。英海軍は当時インドネシアの侵攻を封鎖する際に、決定的な役割を果たしている。ヘリコプターや航空機を使用して攻勢に出ており、戦力投入や兵站上でも重要な役割を果たした。[19] 小規模な行動としてみると、英海軍は一九五二年に南極沖の係争中であったサウスシェトランド諸島デセプション島に、ロイヤル・マリーンを上陸させている。そのうえで、フォークランド諸島におけるイギリスの地位を脅かすとされた、アルゼンチンとチリの基地を排除している。一九六四年、新たに独立したケニア、タンガニーカ、ウガンダでの軍部の反乱では、イギリス側の対応が功を奏したが、その中には兵員のアデンへの海上輸送や、ヘリコプターによるダルエスサラームへの着陸なども含まれる。アメリカとの同盟は顕著なところでNATO（北大西洋条約機構）がある。NATOを通じて、ソ連の海軍力の台頭によりイギリスが受ける脅威を減らし、アメリカとの共同作戦で英海軍は、強い軍事力を保持する国家として行動することが可能となった。

一九五〇年代のイギリスやソ連に匹敵する海軍の地位を確保できた国は、西側諸国の中ではどこもない。戦争による挫折があったものの、フランス海軍とそのインフラは一九五〇年代初頭には回復した。これにはアメリカの支援もあったが、この回復にはフランスとアメリカの相違を折衷したところもあり、フランス海軍の建設と成長は一九五〇年代末には縮小化していった[20]。一九五〇年代末と一九六〇年代初頭のフランス海軍は、アルジェリアでの反乱のような同国による主要な軍事介入において、大きな役割を果たすことはなかった。他方、フランスが行ったＮＡＴＯへの軍事関与は、大部分が「鉄のカーテン」に沿った国境防衛の分担であった。

カナダ海軍は一九四五年の時点で世界第三位の規模であった。そして、第二次世界大戦中急速に可能となった対潜能力を拡大し続けていたが、次の目標はカナダの航路を脅かすソ連に対するものであった。しかし、一九七〇年代、カナダ海軍の支出は急速に低下していった[21]。残存ドイツ海軍は一九四五年に連合国側によって解体されたものの、西ドイツ海軍がもっぱらアメリカによる支援（装備や駆逐艦を含む提供）で一九五五年に創設された。支援が実施された背景には、ＮＡＴＯの対潜能力を構築していたアメリカの思惑があり、特にバルト海でのソ連潜水艦を封じ込める狙いがあった。一九六〇年代になると、アメリカが提供した船舶（誘導ミサイル装備の駆逐艦）にドイツでつくられた駆逐艦やフリゲートも加わった。一九八〇年代には西ドイツ海軍はＮＡＴＯと共同で、真の外洋海軍として動くようになった[22]。

海軍力の個々の位置づけが変化したことを別にしても、海軍の編成およびドクトリンは一九四五年以降大きく変容を遂げている。大戦間に建設された軍艦がスクラップとなって、第二次世界大戦中に就役した軍艦に代わられたように、戦艦の時代は過ぎ去った。一九四一年に着工し一九四六年に就役した、四万四五〇〇トンのヨーロッパ最大の戦艦バンガードは、戦後就役したヨーロッパでは唯一の戦艦であり、一九六〇年にスクラップとされた。ＮＡＴＯとりわけロイヤル・ネイビーが、一九四〇年代末および一九五〇年代初頭にソ連のスヴェルドロフ級巡洋艦の開発に神経を尖らせていたことから、バンガードは再び就役するようになる。その一五インチ砲と六インチ砲は、昼間攻撃のみ可能な当時の航空機よりも、スヴェルドロフ・キラーとしてふさわしいと考えられていた。しかし、一九五〇年代半ばに、第二次世界大戦中の枢軸国の戦艦を処分し、全天候型航空機の実現可能性が高まると（たとえばイギリスのデ・ハヴィランド・シーベノムＦＡＷ21――後継機種はスーパーマリンシミター）、米英海軍は戦艦への信頼性を消失していった。戦艦を維持するコストと人員不足もまた課題であった。フランスのジャン・バールはヨーロッパ最後の戦艦であり、一九四二年にカサブランカ沖海戦に臨んでいるが、そのときはまだ艤装が整っていない状態であった。一九五六年のスエズ危機でジャン・バールは、激しく砲撃した最後のヨーロッパ戦艦となった。

一九四九年、米海軍は実働的に戦艦一隻（ミズーリ）と巡洋艦一三隻を保有するだけとなったが、戦艦は結果的に再び利用されることになる。ニュージャージーはベトナム戦争に対応するため、一九六八年に再度就役することになり、南ベトナムでの米軍攻撃部隊に砲撃支援を行っている。ニュージャージーは一九六八年に退役したものの、米戦艦の中には結果的に就役するものも出てきた。ニュージャージーの場合一九八〇年代のレバノン沖で、また戦艦ミズーリやウィスコンシンは、一九九一年の湾岸戦争で砲撃と巡航ミサイルの発射をしている。

戦艦の衰退により航空母艦が注目されることになった。一九四六年から一九五四年にかけてフランスは、三隻の空母をベトナム沖に展開したが、対ベトミン戦での支配権を握ろうとして失敗した。朝鮮戦争ではイギリスの空母一隻が出撃し、一九五六年のスエズ危機ではイギリスは空母三隻、フランスは空母二隻をそれぞれ派遣している。イギリスは空母の性能を向上させ、傾斜したフライトデッキや蒸気カタパルトを備えるようになり、さらに一九六〇年には初のＶ／ＳＴＯＬ（垂直短距離離着陸機）が空母を母艦として配備されるようになった。こうした航空機は正規空母を必要とせず、一九六六年には大論争の後イギリスは計画中であった五万トンのＣＶＡ－01（三隻の大型攻撃空母のうち最初の空母となる予定であった）を建造中止とし、代わって陸上基地からのエアパワーに依拠するようになり、海上では小型空母を好むようになっていった。[23] このような空母の建造中止が、今日イギリスが空母を必要とするか否かの議論に一定の役割を果たしたとされる。[24]

CVA－01の建造中止は、国内政治の優先順位に鑑みた、軍需物資調達上の劇的な再編成であっただけでなく、先の一九六〇年代における海軍計画からも大きく方向転換するものであった。一九六〇年には核爆弾を搭載した空母ビクトリアスが極東基地に配備され、航空機が核爆弾を海外に投下することも可能となった。結果的に中国南部へ核攻撃をしかけることが可能となったため、今後の戦争計画では空母の利用が求められるようになり、一九六四年には次なる空母が展開することとなった。インド洋におけるイギリスのプレゼンスは、アデンとシンガポールを拠点とするものであった。核弾頭をつけたポラリスミサイルで武装した新型潜水艦の配備計画は、ヒマラヤの峠を封鎖し（そこから中国がインドに侵攻する可能性があった）、ロシア南部の目標に到達するという狙いを果たすための、インド洋における発射基地という意味合いも含まれていた。[25] しかし、厳しい財政事情による圧力のため、関与と投入できる資源の間に不均衡が起こり、それが一九六八年一月にスエズ東岸のイギリスの地位を放棄するという政府の宣言につながった。[26] その前年、南アフリカおよび南大西洋海軍管区が廃止されている。

その後イギリス海軍の優先順位の大半は、一九九〇年代までNATOの任務を負うことに集中した。スエズ東岸からの撤退は他の国々にとっても示唆的であった。一九六〇年代までインド海軍はイギリス海軍の余剰軍艦を配備していたように、両国海軍の結びつきは緊密なものであった。結果的にインド海軍は次第に随所でみかけられるようになっていく。一九六〇年代初頭におけるインド洋でのアメリカの役割は小さく、ペルシア湾で小艦隊が活動を展開していたにすぎなかったが、これも一九七〇年代には変化を示しはじめた。

インド洋でイギリスは米海軍の増強を支援し、アメリカに属領のディエゴガルシア島を海軍基地として使用許可した。一九七四年末、米空母はペルシア湾に入った。これは一九四八年以来初の展開であった[27]。

アメリカは空母の実力では圧倒的であり、イギリスが開発した蒸気カタパルト（一九五一年）、傾斜デッキ（一九五二年）、ミラーランディングシステム（一九五三年）をすぐに取り入れた。アメリカではまた、空母の強みを別の軍事目標に組み入れている。こうして一九五〇年代および一九六〇年代初頭には、米空母はソ連との戦争に備えて戦略爆撃任務を負うようになり、空母を基地とする戦略核爆撃機を開発した。イギリスもまた、核攻撃可能な艦上攻撃機ブラックバーン・バッカニアを備えるようになった。

空母がとりわけ広く用いられたのがベトナム戦争中であった。当時敵潜水艦の攻撃がなかったことから、空母の強大さが誤った印象として伝えられ、それが南北ベトナムでのアメリカの活動に手近で安全な基地を提供することになった。第二次世界大戦以降、供給方法の向上により（たとえば他艦からの補給）、米空母は長期間海上に留まることが可能となった。一九七二年のほとんどの間、六隻を超える空母が常時海上にあって、その夏には月平均四〇〇〇回の出撃があった[28]。空母艦載機は陸上の大型機（特にB－52）のような積載量はないものの、南ベトナムでの陸上作戦への支援や、北ベトナムでの陸上目標への攻撃には顕著な目的遂行能力を提供している。

海戦

中国と日本は二〇世紀最後の四半世紀に、主要海軍国になるとみられていた。しかし、それ以前に顕著な海軍力をもった国が限られていたこともあり、海軍同士の戦いというよりもむしろ、基本的に海から陸への作戦として海軍が用いられることが、はっきりしてきた。第二次世界大戦後の三〇年間でみると、大きな海戦は起きていないし、植民地独立戦争は陸上で展開されている。もっとも、帝国主義列強のイギリス、フランス、オランダ、ポルトガルは部隊の派遣や補給に、あるいは水陸両用作戦、反乱軍の阻止に海を利用している。[29] 軍艦の脆弱性は一九四六年のコルフ海峡で示された。すなわち、公海を航行するイギリス軍艦の実力も、アルバニア沿岸からの砲撃を受けた際に、露呈することとなったのである。海洋法を支持し、イギリス海軍の力量を称揚するべく示威行動を行ったときも、二隻の駆逐艦がアルバニア軍の敷設した機雷で激しく損傷している。

一九六七年と一九七三年の中東戦争でも海での戦いはみられ、一九六五年と一九七一年のインド・パキスタン戦争でも同様であった。インドはソ連製のスティックス・ミサイルを、カラチ港攻撃時に効果的に使用している。しかし、こうした戦闘行為は近隣諸国間で発生しているため限定的であり、戦争のほとんどが陸上でのものであった。同じことはイラン・イラク戦争（一九八〇～一九八八年）でも当てはまり、両国ともシルクワーム（スティックスの中国製模倣版。ＨＹ―２――Hai Ying「海鷹」）を用いている。しかし、商船や海上石油プラットフォームへの攻撃は、経済戦争や他の国々に与える影響、あるいは陸上での激しい戦いに比べて副次的であった。

これとは対照的に、一九八二年のイギリスとアルゼンチンの間で発生したフォークランド紛争では、海軍の作戦が決定的に重要となった。南大西洋のフォークランド諸島は一九三三年以降イギリスの支配下にあり、イギリス人住民もいるが、アルゼンチン側ではマルビナス諸島と呼ばれている。アルゼンチン海軍は所有権を保全するための役割を誇示すべく、フォークランド奪回を長らくもくろんでいた。また、海軍は自分たちの主張を認めさせたいがために、議会に働きかけて奪回を実行に移す決断を下すよう、軍事独裁政権に促すことを考えていた。一九七七年、アルゼンチン側の動きを牽制すべく、二隻のフリゲートと潜水艦から成るイギリスの特別艦隊が派遣された。しかし、アルゼンチンでは、一九八二年にはイギリス側が実力行使に出ることはないと主張する海軍側の圧力に押され、改選の結果一新された議会は事実上無防備な島への侵攻を決定し、これに成功した。島にある小さな守備隊には、航空支援も海軍からの支援も存在しなかった。

結局、海軍が任務を遂行することを保証し、イギリス政府は遠征軍を派遣することにした。そして、総勢五一隻の船舶がこの作戦に参加している。イギリスの海洋力の強さの表れでもあるが、広域に及ぶ海洋システムに依拠しつつ、六八隻の船舶が「一般商船から徴用」（契約ないし命令で）された。その中にはクイーンエリザベス二世号やキャンベラ号も含まれており、部隊輸送として使われている。他方、積荷を満載していたコンテナ船アトランティック・コンベイヤーは、最終的にエグゾセミサイルに撃沈されてしまった。結局、空中発射型爆弾とエグゾセによって、イギリス側では六隻の船舶を喪失している。この他にも一一隻が損傷した。また、一三隻が被弾したものの不発であったため爆発を免れた。これは偶然の要素が重要な役割を果たすという事例である。このイギリスの損害からは、近代的対空ミサイルが必ずしも有人航空機に有効ではないことが窺われる。あるいは、海軍の一部に適切な準備が整っていないことも明らかになり、ミサイルだけに頼らざるをえないような方法は、その後の戦争では用いられていない。

海軍の支援は水陸両用作戦の実施上不可欠であり、それによってイギリスはフォークランド奪還に乗り出した。しかし、イギリスには大型空母がなく、そのため空中早期警戒機（ＡＥＷ）も利用できない状況であり、イギリス艦隊はアルゼンチン軍の攻撃を受けることになった。ＡＥＷが不足していたのは主に戦略的方針（大西洋東部のみで活動し、ＮＡＴＯによる空の傘で保護されていたため）に沿ったものであり、特にロイヤル・エアフォースのＡＥＷの活動範囲内に限定されていたからである。もっとも、フォークランド紛争においては、サイドワインダーAIM－Lミサイルで武装した、シーハリアーV／STOL攻撃機を配備した二隻の対潜空母が存在した。これが機動部隊に対するアルゼンチン側の航空攻撃を迎え撃つことになり、アルゼンチン軍も撃沈できなかったこの空母のおかげで、イギリスは海陸両方の作戦で決定的な航空支援を受けられるようになった（ただし制空権を得るまでにはいたっていない）。

イギリス潜水艦によるアルゼンチン巡洋艦ヘネラル・ベルグラノ（一九四一年真珠湾攻撃時の米巡洋艦）撃沈は、ラテンアメリカおよび他地域の海洋国家における海軍が、アメリカやヨーロッパの海軍で退役した船舶を購入して配備し、艦齢四〇年以上も経つ明らかに旧式のベルグラノなどの船を維持して就役させているのは、疑いようもなくばかげていることを示唆していた（今でも示唆している）。ベルグラノ撃沈は制海権をめぐる戦いに極めて重要な役割を果たしたが、それはアルゼンチン海軍が威嚇攻撃をあきらめ、自国海域に撤退するようになったからである[30]。この撃沈によって、潜水艦は単なる海上拒否（sea denial）というよりも、制海権確保のための基盤となりうることが明らかにされた。

ひとたび上陸してしまえば、イギリス軍はアルゼンチン軍を圧倒し、降伏へと追いやった。フォークランドの防衛はその後イギリス軍の任務となり、守備隊を支援する海軍同様にエアパワーもまた重要な役割を果たすようになった。

米ソの競争

しかしながら、フォークランド紛争はこの時代としては例外的であった。したがって、冷戦はソ連とNATO間での海軍競争となったものの、それは紛争には結びつかなかった。この競争は高くつく結果を招き、潜水艦とエアパワーのせいで二〇世紀初頭の英独建艦競争よりもはるかに複雑なものとなった。この海軍競争において対策を講じ、海上と水面下で共同作戦を効果的に運用できる、多様な軍事力を確保する必要性が生じてきた。

ソ連艦隊（世界各地で自国の権益を支援するよう考えられていた）の発展によって、米海軍の位置づけは影響を受けた。ソ連海軍の伝統的なドクトリンはピョートル大帝の時代にまでさかのぼり（在位一六八九～一七二五年）、バルト海と黒海の陸上戦力を支援することが強調され、この地域の海軍の優位を模索していた。しかし、この地域を拠点とするソ連軍は、脆弱な海峡（ボスポラス、ダーダネルス、カテガットなど）と浅海を通過して大洋に出る必要性に迫られていた。同様な問題は一九世紀末以降、日本に対するロシア海軍の課題としても浮かび上がってきており、とりわけ日本海にあるウラジオストック海軍基地においてそれが顕著であった。事実、アメリカの海軍戦略への日本の貢献とは、太平洋に到達しようとするソ連艦に対して、日本がアメリカに潜水艦で支援を提供するというものであった。

アクセス上のこうした問題の結果、ソ連海軍はムルマンスクに北方艦隊基地を建設した。確かにソ連が戦闘能力を向上させたのは、潜水艦基地の建設と結びついており、これによって大西洋にアクセスすることが可能となった。一九八〇年になるとコラ半島は、世界の海軍の中でもとりわけ集中の激しい地域となった。北方艦隊はソ連艦隊のうち最大となり、特に潜水艦の編成上重要性を増した。この脅威に対してＮＡＴＯでは、近辺に対潜哨戒の機会を増やしたり、ソナーの性能を向上させたりしている。さらに、アイスランド－グリーンランド間のデンマーク海峡と、アイスランド－イギリス間の海域において同様の能力を向上させているが、これはソ連潜水艦が大西洋に出るには、そこを通らざるをえないからであった。

ソ連海軍はまた重要な水上艦隊も建設しているが、その中には特に一九六〇年代以降の、艦対艦ミサイルが発射可能な巡洋艦も含まれている。一九六七年と一九七三年、ソ連海軍は地中海東部で本格的な展開をすることが可能となった。これは中東の都市にソ連の考えを普及させ、イスラエルを脅かし、アメリカに圧力をかけるためであった(31)。

ソ連海軍の発展の影響でアメリカは、一九六九年以降水陸両用作戦よりもむしろソ連との海戦に備えた計画に焦点を当てるようになった。一九六七年には常設のＮＡＴＯ軍として、大西洋常設海軍部隊が創設された。ソ連軍艦が、特に顕著なところでは潜水艦が大洋に出てしまう前に、ソ連海軍を海戦およびソ連領海で撃破することに主眼がおかれていた(32)。ＮＡＴＯの「海洋作戦構想――ＣＯＮＭＡＲＯＰＳ」（Concept of Maritime Operations）によれば、ヨーロッパＮＡＴＯ軍の供給と補給に当たる北大西洋航路を保全するべく、深海にあるソ連潜水艦を攻撃することを提案している。こうした点が強調されたことから、水上、水中どちらも対ソ連艦隊の攻撃用として、大型空母と大型潜水艦に関心が集中することになった。たとえば、一九八六年の米外洋艦隊の再編では海洋戦略として、六〇〇隻の船舶と一五の空母部隊を要求している。対潜用の軍艦にも焦点は当てられ、たとえば一九八〇年代の英タイプ22ブロードスォード級フリゲートには主砲の装備がなかった。これは対潜任務に主砲は不要とみなされたためである。

対照的にソ連では陸上基盤の長距離爆撃機と偵察機を主力とし、空母は一九八五年に就役したクズネツォフ一隻しか保有していなかった。しかし、ソ連は大型潜水艦ではアメリカのオハイオ級に対抗するタイフーン級のように、競合状態にあった。このように潜水艦は第一次世界大戦時のドレッドノート級戦艦と同じく、水中における主力艦に成長し、他のいかなる軍艦もいまだ（あるいは第一次世界大戦後）みたことのない、破壊的性能を有していた。オハイオとその姉妹艦は全長一七〇・七メートル、潜水時排水量一万八七〇〇トンであった。ソ連のタイフーン級は全長一七一・五メートル、潜水時排水量二万五〇〇〇トンであった。どちらも潜水時排水量は、水上時排水量よりも幾分大きい。比較してみると一九〇六年のドレッドノート級戦艦は全長一六一メートル、排水量一八四二〇トンである。このような潜水艦は、第二次世界大戦中のドイツのＵボートとはまた異なる部類に入る。

冷戦後

一九九〇年代はソ連崩壊（一九九一年）後ロシア海軍が急速に衰えていく過程であり、アメリカはさらに最強の海軍力となっていった。それどころか、二〇〇八年にアメリカは一一隻の作戦可能な空母を有しており、予備役艦隊からの編入でその数は一五ないし一六に増加できた。アメリカはまた空母を母艦とする一〇の航空部隊を保持していた。これを八部隊に減らす案も出されてきたが、米空母の実力は揺るぎないものであり、アメリカの国力と海軍力との変わらぬ密接な関係が想起される。二〇〇九年一月には最後のニミッツ級原子力空母（排水量七万八〇〇〇トン）ブッシュが就役し、これはアメリカの国防経済力の証しとなった。同空母はニューポートニューズでつくられ、およそ三年以内に後継空母（推計一一一億ドルで発注された四隻の新フォード級の最初のもの）が続く予定である〔訳注、一番艦は二〇一五年竣工予定〕。この原子力空母はより効率的な推進装置を備える一方で、航空機は電磁石を利用して発艦するようになっている。

二〇〇九年初頭、米海軍の総トン数は第二位以下の一七海軍分に匹敵するとされた。今日のアメリカの相対的な強さは、一九四五年以降ではソ連海軍が体制を整える前の状況に似ており、あるいはまさしく一八一五年以降のイギリスに似ている。各事例とも、この優位が海軍力の標準的特徴であるのかどうか、またトップ海軍もその他も含めて伝統的な海軍戦略が適切なのかどうか、この点をめぐっては疑問が残る。

比肩する国のない米海軍のこうした力にも、一九七〇年代初頭にはややかげりもみられた。しかし、当時でさえアメリカは、ソ連海軍と比較しても優位を維持していた。それは潤沢な海軍の資源および優れたインフラのみならず、豊富な実戦経験にもよる。この経験は朝鮮戦争やベトナム戦争での実戦経験だけでなく、平和時の訓練によるところも大きい。水陸両用作戦を含むアメリカの実戦経験は、一九八二年のベイルートや一九八三年のグレナダのように、多様な関与によって維持されてきた(33)。

ソ連海軍は世界第二位の海軍力を有するようになったものの、一九八〇年代と一九九〇年代には次第に旧式となっていった。ソ連が新しい部隊のコストを賄うことは、明らかに不可能であったからである。一九八五年から一九九一年にかけて、共産党書記長ミハイル・ゴルバチョフの下で軍事予算が削減されたのに加え、一九九〇年から二〇〇〇年にかけてボリス・エリツィン大統領もさらに軍事予算を削減した。しかも、一九九四年に勃発した内陸チェチェンとの戦争で、必然的に陸軍に関心は集中していった。また、一九九〇年代に海軍は軍艦と基地の双方で作戦上の効率性維持に失敗しただけでなく、ソ連の崩壊による甚大な影響をこうむった。この崩壊は特に黒海の海軍基地セバストポリに重要であった。ウクライナ当局の監督下におかれるようになったからであるが、年額九七〇〇万ドルでロシアに貸し出されることで決着した。バルチック艦隊の基地リエパヤはラトビアの管轄下となり、そこに居住していたロシア民族の多くはロシアに帰ることとなった。

二一世紀に入り海軍の実力は陸軍とはまったく異なってしまった。これは陸軍力よりも海軍力を優先する国はほとんどないからであり、非政府組織の力も海上においては極めて限定的である。それゆえ、陸よりも海のほうが力の階層性という点を理解しやすいと考えられる。昔も今も軍事力編成や作戦の実効性、政治的関わりといった問題は、この階層性が軍艦数以上の問題であることを反映している。

概して米海軍の政策は、権益と脅威を「客観的に」評価するところは他国の海軍と同様であるが、それだけでなく「世界政治の文化的イメージ……それに戦争の軍事目標」ということも反映している。[34]「文化的状況」とは、いくつもの側面を含む問題である。社会全般の一般的な見方はさておき、行政と政治のエリートには共通した見方をする部分があり、海軍首脳部とその支持者たちが有する特定の考え方にも、そういうところがある。現代、アメリカの海軍力の国内基盤は、帝国主義時代全盛期におけるイギリスの海軍力には及ばない。当時の英海軍は、イギリス国民が共有する利害や自己イメージにおいて、その中核的存在だったからである。さらに、後年船舶に代わる手段となるエアパワーは、一九世紀にはなかった要素であり、二〇世紀初頭でもまだ比較的マイナーな要素にすぎなかった。

アメリカは第二次世界大戦後、最強の海軍力を備えることに成功しているが、それだけでなくエアパワーでも首位にある。他方、陸軍も海兵隊も一般大衆文化や軍事アイデンティティの認識において、重要な役割を果たしてきた。退役軍人の数や政治的な関与を果たしてきた回数という意味でいえば、海軍は筆頭格に位置づけられてきたわけではない。政治文化の面で顕著な事例として考えられるのは、元海軍パイロットのジョン・マケインが二〇〇八年の大統領選でバラク・オバマに敗北したことだろう。オバマは海軍力に関して強い見解や関与をもち合せた社会組織、ないし政治団体のメンバーではないため、軍事的パワーポリティックスの問題や弊害を考えれば、オバマの勝利ももっともである。

アメリカの軍事展開をみても、海軍が第一にくるわけではない。アメリカの敵は基本的に陸上で戦うため、海軍に求心性が相対的に乏しいのも、海戦がないことが重要な要因となっている。部隊と補給は大半が海上輸送に頼っており、一九八二年から二〇〇三年にかけてのベイルート、グレナダ、パナマ、イラク、ソマリア、ハイチ、それにバルカン半島での介入などはみなそうである。同じことはアフガニスタンでの作戦においてもいえる。連合国側の供給の大半はカラチに海上輸送されて、ついでトラックで輸送された。しかし、こうした軍事作戦が海軍力にいくら依存しようとも、それは一般的な関心を集めることにはならない。それどころか、海軍による戦闘任務としての機能は、喪失したようにさえみえる。このような印象は、次のような事実によっても裏づけられる。すなわち、米英にとって核攻撃に対する最初の反撃能力は無敵であるが、そのオプションを用いる潜水艦の戦略的役割は、一般人には過小評価されているきらいがある。これは使われたためしがないからであり、それどころか冷戦終結後、疑問の余地がある価値観とすらされているからである。

このような明らかな余剰性ゆえに、エアパワーの「衝撃と恐怖」、すなわちベトナム戦争時のB－52や一九九一～二〇〇三年の米軍（および同盟国軍）によるイラク、セルビア航空攻撃に比べても、大衆からの注目を浴びやすい役割を、海軍が欲するようになっていったのである。一九九〇年代と二〇〇〇年代における米外交政策の遠征的パターンでは、沿岸での行動の場合に、こうした役割を海軍が提供するように思われた。しかし、そこでもまたエアパワーによる挑戦を受けている。事実、航空攻撃力はグレナダやパナマにおいて、初期段階で主要な役割を果たしている。空母が明らかに航空攻撃を仕掛けるための手段である以上、航空戦力は機会的には米海軍にも与えられていることになる。しかし、航空作戦が陸上基地からも可能であるように、これも海軍にとっては課題である。実際、一九九〇年代と二〇〇〇年代に連合を組んだ戦争で強調された点は、こうした基地が確保できるかどうかという点にあった。連合国側の装備や補給の大半が海路でもたらされたとはいえ（航路確保の重要性が強調された）、サウジアラビアが一九九一年の湾岸戦争で主要基地を提供したのも、この事例に当てはまる。

しかしながら、能力と実効性の印象が不合理な前提に基づく、茫洋とした要因に依拠している場合も多い以上、慎重に考えた合理的な分析が必ずしも有益であるとは限らない。特に海が基本的に航空作戦のもう一つの基盤とみなされている分、米海軍の活動は大衆の関心にも影響を及ぼす可能性を有する。

経済史家はアメリカ経済における重工業の役割が衰退し（特に鉄鋼と造船）、これが国内での海軍に対する関心に影響したという。イギリスでも同じことが起きており、一九世紀末に鉄鋼にも造船にも変化が兆している。こうした説明はまた、様々な地域の有権者の台頭にも関連づけられる。特に南部には規模の大きいペンサコーラ海軍航空基地と並んで、メキシコ湾やミシシッピにも海軍造船所はあったが（これは一九六〇年代末から一九七〇年代にあってもなお、アメリカの政治だけでなく大衆文化にとっても格段に重きを成していた）、これらが海軍への関心に影響を及ぼすことはほとんどなかった。南部でのもっぱらの関心事は陸軍であり、陸軍は南部連合国の時代や、南部の男権主義にその根源をさかのぼる遺産と考えられている。

事実、アメリカ北東部から重心と権力が移動することは、海軍からの逃避とみなされる。特に、フィラデルフィアとノーフォーク、ニューポートニューズ（バージニア州）は顕著な造船能力を有する海軍の一大拠点として設立されたのに対して、コネティカット州のニューロンドンは主要潜水艦基地となった。海軍力（とエアパワー）の地理学は、西海岸（サンディエゴなど）の基地や生産活動の台頭にみられるように、第二次世界大戦中にすでに変化を遂げている。こうした関心はその後も影響力を保持しているが、総合的にみると西海岸は、エアパワーの優位という重要な地域要素を提供するうえで際立っている。地域的関心という役割はまたロシアにおいても考えられる。ロシアでは海軍の本部が、モスクワからサンクトペテルブルクへと二〇〇八年に移行している。

経済的な変化と地域的関心やイメージは、互いに結びついて米海軍に対する民衆の見方に影響してきた。それが結果的に海軍全般の状況にも大いに影響したのは、アメリカが世界最強の海軍を有したからである。

アメリカの場合、海軍は民衆による軍事的想像力を支配するものではなかったので、どこにも連鎖反応が起きなかったとしても驚くに足りない。さらに、他の国に対するアメリカの影響力は、たとえば訓練をみても、南米のように海軍よりも多分に陸軍の問題であった。のみならず、たとえば中国やロシア、インド、ドイツといった多くの国でも、海軍の役割は長らく副次的なものとしてとどまっており、民衆への影響力も乏しいのが実態であった。

帝国の海軍基地を獲得した新興独立国は、この施設を極めて限られた方法でしか使っていない。たとえば、アデンは南イエメン海軍の基地とならなかった。もっとも、機能的に興味深い変化もみられ、一八六三年にイギリス軍がつくった教会は、一九七〇年に海軍の倉庫と体育館として接収されている。

最近のことや今起きていること、あるいは近い将来について書くことは難しい。海軍首脳部やその支持者らの考え方が、どうしても中心となってしまうからである。事実、その主張が分析において重要な役割を果たすことになりやすい。兵力の編成や戦略、ドクトリンをめぐるこうした主張においても評論家の間には、大きな隔たりがある。しかも、海軍が軍事力として基本的要素であり、国家やひいては国際的な利害、安全保障に不可欠であるとみる識者はまれであるが、このような議論は一九九〇年代以降一段と強調されるようになってきている。[35]このような主張が大々的になされるようになったのは、冷戦終結ということも反映している。冷戦期の対立は、特定の任務とも利害が競合する、戦略的条件の変化を伴う動きの激しい状況であったとはいえ、冷戦自体はその後の環境よりも固定的なものであった。

第一に、冷戦の終結は軍事費の削減というかたちで、「平和の配当」への圧力となっていった。また、この圧力はイギリスおよびアメリカを含め、任務の競合をより強化する結果を招いた。第二に、関連要素として、戦略的状況が一九九〇年代にははっきりしなかったように思われる。第三に、二〇〇一年から中心的な課題となった「対テロ戦争」が、この激化する任務の論点となり、焦点が当てられるようになった。第四に、この「対テロ戦争」と二〇〇〇年半ばから大国による対立が復活したことで、物資調達や戦略、展開における優先順位の直接的競合という問題が生ずるようになってきた、ということである。

こうした進化において海軍首脳部は中心的役割を果たし、機会に対する認識や任務に関する懸念には、彼ら自身も他の海軍関係者も、十分に議論を尽くしてきた。海軍関係者の中には歴史家も含まれている。価値判断に影響されない歴史的（ないし現代的）分析も可能と考えるのは無謀であるが、会議に参加したり出版物を読んだりしてみても、海軍史家が海軍力や軍艦建造の価値を問い正すことはしないのが一般的である。この点は留意しておくべきであろう。これは本書の批判的見解として、はっきりさせておきたい。

パワー・プロジェクション

一九九〇年代と二〇〇〇年代の事例でいうと、提督や評論家たちは海軍力固有の価値観を強調したり、沿岸部でのパワー・プロジェクションの重要性を議論したり[36]、あるいは海軍力を維持するための知的事例を提供してくれる中心的存在として、このパワー・プロジェクションを考えることによって、海軍力が直面する課題に対応しようとしてきた[37]。一九九二年に米海軍省から発刊された「組織的見解」の「From the Sea」（海から）によれば、海から実施される統合作戦の再編が必要であるとしている。事実、統合編成、作戦、計画には海軍の主張が多く含まれており、たとえば米海軍省の「Sea Power 21」（シーパワー21）および英海軍本部の戦略方針「Future Navy」（未来の海軍）にそれはみられる[38]。一九九八年の英戦略防衛報告書は、遠征、すなわち明確にいえば海洋と戦闘能力に焦点を当てている。

戦闘能力の向上は貴重な役割を果たしてきた。巡航ミサイルやヘリコプターの攻撃力は、防御された海岸部を越えて部隊が戦うことを不要とし、内陸部にまで破壊力をのばす機会を提供してくれる。たとえば、一九九八年にアメリカはアフガニスタンとスーダンで、テロリストめがけて高価な七九基の巡航ミサイルを海から発射した。しかし、この攻撃は印象的ではあったものの、テロリストを阻止できず効果のない武力展開となってしまった。実際のところ、オサマ・ビンラディンが資金調達していたのは、最先端のアメリカの軍事技術に関心を示していた中国がもはや興味をもたなくなった、安価なミサイルの売却によってであった。

巡航ミサイルはまた、セルビア軍をコソボから撤退させるための、合同ＮＡＴＯ航空攻撃およびミサイル攻撃の一環として、一九九九年にセルビアでも用いられた。一九九八年、潜水艦スプレンディドはイギリス初の巡航ミサイル発射に成功している（アメリカから購入したもの）。翌年、スプレンディドはＮＡＴＯ作戦の一環として、コソボでセルビア側に対して巡航ミサイルを発射している。二〇〇一年、アフガニスタンのタリバン攻撃の際には、内陸国のセルビアの時と同様にアラビア海の米軍艦から巡航ミサイルが発射されている。

パワー・プロジェクションは単なる兵力の投入ではない。米英の海軍に最も顕著にみられるように、部隊や補給品をどれだけ輸送できるか、という点にも力点がおかれてきた。たとえば、米艦隊は空母と同サイズの車両貨物輸送艦一九隻を保有しており、[39] 他方日本もまた輸送艦「くにさき」を保有している。

パワー・プロジェクションや、海岸部での活動、冷戦終結および対テロ戦争が結びついた結果、兵力の再編やドクトリン、機構上の変化（統合作戦や訓練のあり方も含む）を促すことになり、実際、歴史家の関心も水陸両用作戦に向かうようになっている。[40] 一九九九年、『イギリス海洋ドクトリン』（一九九五年に公刊された『イギリス海洋ドクトリンの基本』の第二版）では、次のよう述べている。

海洋環境は本来「統合」である……海軍は陸上活動に影響力を及ぼすために存在している。海軍は排他的に海軍だけの環境で作戦展開することは、戦略上決してない……海は卓越した手段である。なぜなら、何にもまして政治的選択を適宜、適切な場所で展開可能だからである……究極的な海洋力は、統合戦力に十分な組み込まれ方をしたときこそ、初めて理想的な作戦を実現できるのである。[41]

二〇〇六年に出されたイギリスの『海軍戦略計画』では、「新たに海洋装備性能の向上を図ることによって、将来の統合環境に向けた成功に必須の、多様な用途に対応可能な遠征もできる能力を備えた、将来性ある海軍になることができる」とした。[42]

二〇〇九年までにNATO加盟国の中でデンマークは、様々な任務に適応できる統一形態の船舶に切りかえ、プロジェクション・ネイビーをつくりあげている。イタリアは空母を建設しており、イギリスは六万五〇〇〇トンの空母を二隻発注している（もっとも、二〇〇八年一二月には最初の一隻クイーンエリザベスが二〇一五年へと建設延期となった）。スペインは戦略的なプロジェクション艦船を建設し、アメリカは沿岸部での戦闘に備えた船舶を開発している。日本はパワー・プロジェクションへの支援として、ヘリコプター搭載護衛艦を確保し、スウェーデンでは三隻のホバークラフトに加えて、揚陸艇九隻、哨戒艇一四隻を確保している。アメリカは一二隻のドック型揚陸艦を配置しており、イギリスでは三隻、オランダはあらゆる水域での作戦（海岸部や河川、湖など）に関心を寄せており、一隻を保有している。二〇〇八年から始まった不況のせいで、これらの計画が棚上げになるのかどうか不透明であるうえ、資源に関する深刻で様々な問題もすでに発生している。二〇〇八年でみると、オーストラリアが保有する六隻の潜水艦のうち、人員不足から有効に稼動できるのは三隻にすぎない。

陸上へのパワー・プロジェクションは、様々なかたちをとる。二〇〇八年、イスラエルが仮にイランの核施設を攻撃した場合、航空攻撃というよりも近年入手したドイツ製の潜水艦からミサイルを発射するだろう、とみられていた。アフリカ最大の海軍国南アフリカでは新型船に関心を示しており、その中には水陸両用作戦を支援する大型船やドイツ製フリゲート並びに潜水艦が含まれている。南アフリカの軍事支出が全般的に削減される環境下において、このような投資が上陸用舟艇と合わせて継続的に実施されていることを考えると、興味深いものがある。

通商保護

とはいえ、海洋力の基本と関心は、ならずもの国家への攻撃や水陸両用作戦におかれているというよりも、むしろ通商が船によって左右されているという、この事実におかれている。事実、二〇〇〇年代半ばに推計されたところによれば、商船数はおよそ四万で、国際通商の九〇パーセント以上が海上輸送によるとされた。しかし、海上輸送に目を奪われすぎると、国内での物資の移動にかかわる陸上輸送の重要性を過小評価してしまうこともある。特にアメリカや中国、ロシアの場合はそうであり、各国とも広大な面積を有し、EUの場合も大半の通商は陸上輸送によって行われている。さらに、陸路は地域間を結ぶために依然として発達しつつあり、たとえばドイツでは鉄道がバルカン半島へと延びることが検討されている。

長距離に及ぶ石油やガスのパイプライン建設は、ロシアのガスをヨーロッパ市場へと送る陸上輸送の一環とみなすこともできる。もっとも、パイプラインの中には海を通るものもあり、他方、陸を通ってその先は海上輸送するやり方もある。中央アジアの石油はパイプライン計画が実現し、パキスタンやグルジア、トルコに輸送され始めている。

上記の条件と並んで海洋通商は国際的というだけでなく、国内的にも重要である。総体的に海洋通商は、一九九〇年代と二〇〇〇年代にかけてかなりの伸びを示しており、世界のGDPの成長率よりも高い伸びを示している。二〇〇五年、世界における炭化水素エネルギーの流れは三分の二が海上輸送によるものであり、また、石油の二〇パーセントがホルムズ海峡経由で運ばれている。もっとも、公海にまたがるこうした通商の流れは、軍事行動に対して脆弱である。よく知られたところでは、インド洋や地中海、バルト海、黒海といった関門であり、そこを通過して往来する場合、その海域や海洋は特に脆弱である。ところが、このような関門が大西洋と太平洋にはみられない。その他の主な経済要素は、国際電話網の多くを担っている海底の光ファイバーケーブルや、産出した石油とガスを汲みあげる沖合いのエネルギー・プラットフォームである。伝統的資源としては魚があげられる。これも対立の元であり、実際にも紛争の原因となってきたが、一九九五年のカナダとスペインの間で起きたヒラメ戦争が名高い。翌年には日本海で漁業権の提供につながる孤立した岩礁をめぐり、韓国は接岸施設建設を公表し日本との間で確執が続いている。

日本の場合、通商航路の保護は国家戦略上の主要構成要素として、シーパワーに関する考え方の中でも重要な一面とされている。また、海軍は政治目的を目にみえるかたちで表すものとみられている。日本は一九九一年にペルシア湾へ掃海艇を派遣し、二〇〇一年からはインド洋に護衛艦と補給艦を派遣している〔訳注、二〇一〇年に終了〕。さらに、二〇〇八年一二月には麻生太郎首相がソマリア沖の海賊対策のために、護衛艦の派遣を検討するよう防衛省に指示している。

一九九〇年代初頭から政治上の議論で重要なテーマとなった、グローバリゼーションの根本的な指標が通商である。そして、特にこのグローバリゼーションへの挑戦という観点からテロリストをみるとき、この論議は戦略的発想にも影響を与える。通商とグローバリゼーションは両方とも新しいテーマではないが、海軍を独自に考えるうえで、一定の圧力となることがある。顕著なのは、伝統的な活動や海軍を利用するという観点で、物資調達やドクトリン、戦略などを議論する場合に、基本概念への見直しとなる点である。特に様々な海軍と協議して米海軍は、同盟国海軍との協力を前提とする海洋戦略を練り上げてきた。事実、同盟国海軍との船舶一〇〇〇隻計画は、マイケル・ミュレン提督（二〇〇五〜二〇〇七年に海軍作戦部長）の提唱した考えであったが、これはグローバル海洋パートナーシップ・イニシャティブ（Global Maritime Partnership Initiative）に沿った発想であった。二〇〇八年末における米海軍は、二七五隻の戦闘用船舶並びに補給艦を保有していた[43]。一九四〇年代以降の同盟国との共同作業によるアメリカの経験は、二度の湾岸戦争などにおいてその有効性を示してきた。

海賊やテロ、不法行為などにより、こうした共同作戦の展望が示唆される一方、二〇〇〇年代末から大国間の競争が復活し（船舶一〇〇〇隻海軍が実現する前提となった）、そのことによって、どの同盟国でもこのような競争に関与する可能性があり、あるいはすでに関与しているとみなされうることが示された。二〇〇八年九月、フランスのサルコジ大統領は海賊対策（特にソマリアが焦点）に取り組むことを強調した。しかし、そのときにはすでにアメリカとイギリス、フランス、ロシア、中国、イランによる共同作戦の可能性が大幅に後退していた。事実、二〇〇八年冬から二〇〇九年にかけてイランは、海賊と戦うという口実でアデン湾に駆逐艦二隻を派遣している。この駆逐艦はガザのハマスに、イランから武器を輸送するのに加担していたとの嫌疑がかけられていた。同時期に米海軍は特別編成艦隊を海賊対策に展開させていたが、部隊はこうした船荷の追跡にも当たるよう指示されていた。

国際共同作戦を実施する場合、ソマリアを拠点とする海賊への行動も緩やかなものになるだろうが、海賊への効果的な措置をとるならば、それも必要なことである。一九世紀と二〇世紀初頭に海賊や奴隷貿易に対して実施されたイギリスによる作戦に、その点ははっきりとした教訓として示されており、その中には一九〇四年のソマリアでの活動も含まれている。

物資調達に関する議論

海軍の活動に対する様々な見解が、兵力編成をめぐる議論をさらに深刻にしている。すなわちそれは、計画された任務と提示しうる能力という、昔からある相互の関係である。帝国の基地やそれを補完する場所が、ネットワークとしてもはや存在しない以上、航空機の適切な飛行通過権や空母並びに水陸両用の戦闘集団という発想は、介入を確実にしたり、介入に脅威を与えたりする手段として、合理的であるように思われる。同時に、船舶は一般的に現代のスピアフィッシュ（魚雷）を有する潜水艦の攻撃に対して脆弱である。この脅威には均衡状態にある艦隊（balanced fleet）という考え方が対抗策になるのかもしれない。たとえば、対潜水艦攻撃用の潜水艦は、敵潜水艦の脅威を減らし射程外に留めおくよう設計されている。しかし、均衡が適切に保たれていたのかどうかは、戦いの結果初めてわかるものであり、その時点ではすでにあまりに遅すぎる。他方で同じことが、すべての現代軍事システムについてもいいうる。

戦闘という意味での適切な均衡の問題は、物資調達の問題とも相互に関連している。たとえば、イギリス海軍における二隻の大型空母への投資、さらに船舶、航空機、搭乗員、基地などへの投資は、フリゲートや駆逐艦の数（既存のものと計画中のもの双方）に悪影響を及ぼす。しかし、また違った視点からみると、海軍本部によるフリゲートや駆逐艦への要求は多大なものがあり、かなりの出費がかさむ。そのため海軍の船舶数を維持しにくくなりがちである。六隻の45型駆逐艦のうちその最初のものであるデアリングは、母港ポーツマスに二〇〇九年一月に初めて登場した。42型に代わるべく設計された45型は、世界最先端の駆逐艦と評され、広範囲の行動領域をもつと同時に、シーバイパーという新型防空ミサイルシステムを備える。これは二五〇マイル離れた多数の目標を追跡できるが、七三五〇トンの同船の費用は六億五〇〇〇万ポンドにも達する。

似たような問題は他にもある。新型軍艦の高コスト構造は、特にその複雑な電子制御や、兵器（航空、大陸間ミサイル、巡航ミサイル）を輸送したり発射したりするために顕著である。そのため節約志向が強まったり、困難な状況に直面したりすれば、調達の不安定度が高まることは確実であろう。したがって、一九七〇年代から今日にいたるソ連・ロシア海軍にみられる、成長と衰退、それに再生という軌道は、他の国の海軍でも同じことが当てはまるし、特に二〇〇〇年代末の不況もまた同様である。たとえば、イギリスの海軍計画が持続可能かどうかははっきりしないし、この点は「国防評価」（Defense Review）において間違いなく議論されるだろう。二〇〇九年の場合、次期選挙の結果次第と一般的に考えられている。すでに国防省のプラニング・ラウンド09では、新型軍艦への支出をめぐって大きな論争が生じている。

結論

このようないきさつは、経済的、財政的強みの反映というだけでなく、重層的な軍と政府、社会の関係内における、それぞれの権益をめぐる競争も反映している。大型で最先端をいく海軍力を支えるには、高コスト構造を要する。それは一〇〇〇年前ないし五〇〇年前とも異なり、海軍による保護から受ける直接的利益や、通商に従事したり、私掠行為に加わったりすることによる直接的利益と、このような先端技術との間には重複するところは明らかにどこもない（とはいえ、海賊行為による脅威という議論は、その関係を強調している）。いずれにせよ、ほとんどの国で業務内容から自己評価すると、海軍は空軍を追う立場にある（少なくとも先端技術に関してはそうである）。この状況は現代の戦争における極めて明確な特徴である、実力の非対称性をくっきりと浮かび上がらせている。(44)逆に、先端的能力は非対称的な脅威に立ち向かう最良の方法である、ともいえる。

こうしたシーパワーとエアパワーの非対称性の関係は検討に値する。特にシーパワーとエアパワーにさらされたときの、この非対称性の関係が注目される。二〇〇〇年代半ばにおけるイラクとアフガニスタンでの暴動やこれを抑える問題は、非対称的な戦争に直面する大国の難しさを大々的に浮き彫りにすることになった。巡航ミサイルや空母艦載機といった兵器システムへの投資価値に期待が高まったものの、陸上ではこうした問題に対し限定的な成果しかあげていない。これは結果と成果という緊迫した問題とともに、よく検討してみる必要があろう（やはり、この結果と成果は同じではない）。海軍は活動領域として海のもつ特殊な価値を、今後も論ずることになるだろう。海でのパワーは維持されなければならないし、海はまたパワー・プロジェクションのための基盤であり続けなければならない。それぞれの議論にも大きな価値はあろうが、実効性という見地から戦闘能力を理解するには、こうしたパワーの限界と特性を考慮に入れつつ議論する必要があるだろう。(45)

第8章　将来性

将来的な展望を行うに際し、来る数十年間という短期的な時間枠でみた場合、その基本的な前提は次のようなものである。すなわち、兵器類が今日とほぼ同じであって、引き続き軍事状況、あるいは軍とその実力がさほど変わらない、という前提である。このような見解は「将来性を考える」という意味で鍵となるものだが、間違いである可能性もある。しかし、空母や潜水艦、駆逐艦、フリゲート、さらに強襲艇といったものは不可欠な軍艦であり、それが火力（航空機から発射されるものや巡航ミサイル、砲弾など）および部隊にとっての基本要素として作動すると考えられる。この前提は、航空作戦用の遠隔操作航空機（無人航空機）のような動きが、海ではほとんどみられないということにもよるし、あるいは既存のプラットフォームが、上述兵器の基盤として用いられるからである。たとえば、二隻の英大型空母が二〇〇八年に発注されたが、これは二〇七〇年まで現役で使われる予定であり、新型システムを搭載するスペースもつくられている。この新型システムの目標は、イギリスの45型駆逐艦の設計にもみられる。

電磁パルスをめぐっては議論もあるが、現在のものと同じか類似のプラットフォームという前提であれば、基本的に依然今日の主力である海軍のシステムは、ほぼ似たようなものであろう。繰り返しとなるが、この考え方は間違っているかもしれないし、また既存の国家のパワーと権威を否定する人々による非正規戦の勃発にしても、陸上での戦争が変化する可能性が、そのまま海でも当てはまるとはいえない。近年の進化したミサイルや機雷、潜水艦、それに航空機技術は、たとえばディーゼルと電気による潜水艦に対し空気依存しない推進システムは、空母など大型の軍艦への大きな脅威となるものである。こうした挑戦に立ち向かう現代海軍の戦闘能力は、実に印象的なものである(1)。

中国、次なる海軍大国?

同じ軍事力の投入を想定するならば、現代での主要問題は、中国、ロシア両国とアメリカの関係がいかに進展するかというところに帰着しよう。中国は予見しにくい国だが、海軍力を進化させる可能性がとりわけ高い国とみられている。もっとも、米中両国の下でロシアの実力を過小評価しているのではないか、という見解もある。二〇〇八年、中国はドイツを抜き日米についで世界第三位の経済大国となったが〔訳注、今日では世界第二位〕、これは五年前にアメリカ人が予測したよりも五年早かった。

同時に中国海軍の進歩に関しては、極めて異なる見方が存在しており、将来の発展に関する意義についても見方は様々である。この違いは本書の要約を読んだ二人の研究者から、有益なアドバイスとして寄せられている。そのうちの一人は次のように述べている。「第八章の次に中国を扱った追加の章が必要である」。また、もう一人は、「中国に焦点を当てるのは……賢明でない。中国海軍はいかなる国にとっても脅威とはならない」。

中国の海軍力を展望することは、グローバルな意味で明らかに重要である。中国海軍は人民解放軍組織の一部であり、確かに陸軍に従属するとはいえ、中国が海軍を育成していくことははっきりしている。この強化された海軍は、中国が台湾に向けて実力行使を全うできるよう想定されている。たとえば封鎖や侵攻、あるいはより深刻な問題として、アメリカが太平洋から攻撃した際の防衛などが指摘できる。最も警戒しているのは、一九九九年のコソボ危機の際にＮＡＴＯが実施した対セルビアのような攻撃からの防衛である。一九九六年、中国が台湾へ与えた脅威は、米機動部隊を二隊派遣する結果を招いた。台湾への行動に関し、中国の軍事力を保全しておきたいという中国首脳部の願望は、一九八七年に劉華清提督が描いた長期海洋戦略に関連する。これは戦争に対する備えの一つとして、平和時の兵力増強という考え方から出てきたものであった。中国の計画には水陸両用作戦とミサイル攻撃だけでなく、重要な海域にアメリカが接近するのを抑える、潜水艦による待ち伏せも含まれている。二〇〇〇年代における中国による主要な軍艦の就役数は、一九九〇年代の二倍以上となっており、この増強は接近拒否（access-denial）作戦に実体を与えるためのものである。この点は中国の作戦当局が、台湾やアメリカとの戦争で、あるいは中国海軍の役割上極めて重視している。

海上拒否（sea denial）ドクトリンは、弱体な（中国）海軍に強大な（アメリカ）海軍を打破する機会を提供してくれる。さらに、そうするための計画では、米機動部隊にミサイルの集中攻撃を加えるといった、非対称な攻撃能力が付与されている。中国は二〇二〇年には第一列島線（台湾と沖縄を含む）まで海上拒否できる能力を、そして二〇五〇年にはグローバルな能力を保有することをもくろんでいる。(2) 二〇五〇年目標には、インド洋への通商保護（特に、マラッカ海峡を通過する石油。中国のエネルギー輸入の大半がここに依存）を可能とする護衛用小型空母の保有も含まれる。一方、潜水艦戦では他国の通商に脅威を与えることで、この通商を保護する抑止力が保持できるよう期待されている。二〇〇八年一二月、中国は海賊行為に対抗する国際的取り組みの一環として、アデン湾に海南島から最新式の駆逐艦二隻と補給艦を派遣した。海軍トップ呉勝利は一二月二六日、出航に際し次のようなコメントを出している。「軍事力で我々の戦略的利益を保護するべく外国に行くのは、初めてである」。こうした展開の背景には、二〇〇八年に中国船と中国の通商が海賊の襲撃にさらされるという事件が起きたことや、海賊と戦うインドの役割に並びたいという事情が潜んでいた。

しかしながら、基本的に中国による台湾先取をアメリカが妨げないようにしたり、中国の実力が向上したりすると、結果的に他国がこれに反応することにつながる。特に日本がそうであるが、中国の実力を評価するには、海上自衛隊の実力も合わせて勘案しておかねばならない。さらに、台湾は侵攻に対する防御策として、潜水艦の性能を向上させることを検討している。オーストラリア、マレーシア、シンガポール、韓国は、中国海軍の成長に対応して自国の海軍力を増強しているところである。中国の領域的関心には、南沙諸島や黄海における広範な島々や海域への領有権が含まれる。この主張ゆえにロシア、日本、北朝鮮、韓国、ベトナム、フィリピンとの論争が生じており、海軍の補給上石油が地域的関心として浮かび上がることになった(3)。海南島の南岸にある楡林や三亜の海軍基地は、中国にとって南シナ海への便利な入り口として機能している。

中国の軍事計画には空母を確保することも含まれている。一九八〇年代以降、空母開発に関するうわさはあったが、二〇〇八年一二月、中国国防省高官は真剣に検討中である旨述べている。事実、黄雪平大佐は次のように述べた。「空母は国家の軍事的競争力だけでなく、総合的国力の象徴でもある(4)」。しかし、中国にはまだ空母は存在しない〔訳注、本文は二〇〇九年当時。ウクライナより売却された空母ヴァリャーグの存在は、今では周知である〕。いずれにせよ、中国の現況では優勢な米空母の力に対抗不可能であろうし、代わりにアメリカの脅威となるのはむしろ新型空母の費用と、中国潜水艦の能力向上である。二〇〇六年には中国潜水艦が米空母キティホークを主力とする機動部隊を、まったく感知されることなく追尾し五マイルの距離で浮上する事件が起きている。

中国からの別の脅威としては、核弾道ミサイルを搭載した晋級潜水艦を指摘できる。これは一二基の核弾道ミサイル（射程八〇〇〇キロ）を備える。このミサイルは明らかに海岸防衛用ではなく、核戦争に備えた第二撃能力を中国に付与するものであり、その機能は精巧な衛星による目標捕捉システムを含む、補助システムに依存する。こうしたシステムを中国が展開することは大きな挑戦である。たとえば、中国は一九九一年以降、衛星による目標捕捉システムを稼動できるようになったが、ロシア海軍はいまだにこのシステムに追いついていない。しかし、中国による開発はアメリカが対潜攻撃能力を再検討する必要性に迫られることを意味する。アメリカの対潜攻撃能力は、冷戦終結で見劣りがするようになっており、一九九一年以降著しく低下してきた。

中国とロシアの関係強化は、西側諸国の対応を複雑にしている。両国の共同体制に向けた重要なフォーラムが上海協力機構であり、二〇〇五年の場合、ここで共同軍事演習としての「ピースミッション２００５」が開催された。この演習は台湾への水陸両用作戦に向けたものであったとみられている。武器売買は重要な共同行動の一面であり、一九九六年の中ロサミット以降それは拡大している。ロシアは誘導ミサイル搭載駆逐艦と潜水艦を中国に売却し、特に二〇〇二年には八隻のキロ級潜水艦を売り渡している。

中国海軍の挑戦はまた、次第に広範囲に及んでいく防衛システム面でも顕著である。たとえば、イランとの同盟は西側諸国や中東、南アジアへの脅威であり、特にペルシア湾を行き来する通商航路はそうである。中国製兵器の提供も問題であり、海軍力も次第に陸軍力と同じような、重要な役割を果たしつつあることが窺える。たとえば、最新のCシリーズ中国製ミサイルがイランに提供された結果、ホルムズ海峡はイランからの攻撃に脆弱な難所となってしまった。さらに、イランの機雷敷設能力の向上とロシア製キロ級潜水艦の保有で、事態は一段と悪化している。中国はパキスタンに向けバルーチー海岸のグワダルに海軍基地を建設し、そこから中国はペルシア湾の往来を見渡すことが可能となった。それと同時にインド海軍の動向に目を光らせるべく、ミャンマー海岸沖合いに通信傍受施設を設置し、他方、スリランカのハンバントタには深水港を建設している。

ペルシア湾に隣接する国々の原油埋蔵量は、世界の過半数を占めることが知られている。また、この国々は他の地域よりも、現行レートでの産油を維持しうるため、ペルシア湾を往来する航路の安全保障が最重要課題であることは明白である。インドによる対米支援は、インド洋におけるアメリカの地位を強化することと同義であり、ペルシア湾でとる行動がインド洋でもとれるようになる。さらに、インドはマラッカ海峡を越えて航行する中国海軍を阻止することが可能だとみられるが、当該海域では中国がミャンマーやパキスタン、スリランカに海軍施設を確保している。インドは一九八六年にイギリスから空母ヘルメスを購入し、一九八八年と一九九一年にかけてソ連から原子力潜水艦をリースしている。二〇〇九年からはロシア原子力潜水艦ネルパ（二〇〇八年に事故発生）を、一〇年超の四億一五〇〇万ポンドで契約すると伝えられている〔訳注、二〇一二年一月にインドへ引き渡した〕。インドはまた空母三隻と原子力潜水艦六隻を発注し、他方で日本とも戦略的理解を得るべく交渉を重ねている。

さらに、インド海軍は核武装するパキスタンに対し、第二撃の抑止力を提供する役割を有する。インドに海洋攻撃能力がなければ、両国間には強い緊張感が生ずることになろう。同時に、中国はインド最大の貿易相手国でもある。インドは協調的に成長することを目指しており、争うことを求めてはいない。また、中国の優先事項は台湾であってインド洋ではない。しかも、台湾をめぐる戦争が発生した場合、アメリカが介入してくるときに限って、中国海軍は行動を起こすことだろう。インドと良好な関係を維持するために、中国はパキスタン政策とインド政策とを分けて考えている。同様にオーストラリアは（巡航ミサイルで武装した潜水艦に投資している）、アメリカの主要戦略パートナーであると同時に、他方で中国の大きな通商国でもある。

ロシア海軍の動向

ロシアは今のところ中国よりも大きな海軍力を保持している。また、ロシア海軍力の劇的な衰退は、二〇〇七年以降の軍事支出の増大により、歯止めがかかってきた部分もある。ロシアはまた中国よりも強力な技術的基盤を有する。ただし、原子力潜水艦クルスクが二〇〇〇年に事故で沈没したことで、深刻な欠陥をもつという印象がひときわ大きくなった。また、ロシア唯一の空母アドミラル・クズネツォフには、全般的に問題があるとされ、頻繁に修理がなされている。こうした問題は長年指摘され続けている。一九六九年から二〇〇二年にかけて四隻の潜水艦が沈没しており、四三個の核弾頭がなくなっているとみられている。[6]さらに、二〇〇三年には退役した原子力潜水艦が沈没し、二〇〇四年にはタンクが爆発、二〇〇六年には火災が発生、二〇〇八年には新型原子力潜水艦ネルパが試験中に消火システム不良で事故を起こし、二〇名が死亡している。ロシア海軍の大半は、最新の電子システムを備えた新型船というよりも、冷戦期の艦船をそのまま使って編成されている。ロシア海軍には明らかにアメリカが備えるような能力は欠如しており、二〇〇八年七月のウラジーミル・プーチンの演説で、ロシアは五隻の空母を建造し、それぞれ機動部隊に配属することを明言した。しかし、造船所がとりわけ不足しているため、これは信憑性に欠ける。二〇〇九年一月二七日付けの国際戦略研究所発行の『ミリタリーバランス』によれば、ロシアはわずか一二隻の原子力潜水艦と主要な軍艦は二〇隻を保有するにとどまり、就役中の空母は一隻のみであるという。また、大半の艦隊は海上で航行させる資金が足りないため、港に停泊せざるを得ない状況であるとしている。

しかし、ロシアはもう一度超大国となる野望をもっており、特にエアパワーとミサイルを組み合わせてロシア海軍は挑戦を試みている。ソビエト圏の崩壊後、潜水艦に投資を継続しており、特にアクラI級（一九八二年から就役）とアクラII級（一九八六年ないし一九九一年から就役。就役時期の見方が分かれている）[7]は、ロシアの海軍力に関する認識上、潜水艦の重要性に一定の展望を提供している。二〇〇八年にはロシアは、射程三〇〇〇キロ（一九〇〇マイル）の新型長距離巡航ミサイルを配備し、極めて高速な魚雷シクヴァルの実験を行っている。ネルパはアクラII級潜水艦であり、速度は三五ノットまで出せる。ロシアの強さは残存しているため、二〇〇八年の黒海での米軍艦の活動は、グルジア－ロシアの悲惨な戦争後、グルジアに人道的支援を提供する目的があった。さらにまた、象徴的支援を行い、プレゼンス（ロシアによるさらなる攻撃を抑制する）を示すためでもあった。保護に当たる米艦の存在は、グルジアとロシアとの間の敵対関係再発に備えた、まさしく支援が困難な場合の関与という役割を果たした。

北極海および近隣海域（たとえばノルウェー海）におけるロシアの活動と戦闘能力についても、懸念が示されている。ロシアによる領海の主張は、海洋鉱物資源や石油、ガスに影響を及ぼす。一方、氷が溶け出したことで北極は、北アジアと北米の北部にとって、大西洋と太平洋の戦略的ルートとなることが確実である。この展望はカナダなど関係国のみならず、主要な大国へもその課題と機会をめぐって影響を及ぼすことになるだろうが、どうなるかはまだはっきりしない。しかし、それぞれの関心が引き起こす要因によって、海軍計画や物資調達に影響を及ぼすことになるだろう。

一般的に同盟国同士の政治のダイナミックな動きから、将来のあらゆる組み合わせが示唆される。仮にロシアと中国が協調してアメリカに対抗するならば、アメリカは日本とインドだけでなく、NATO諸国による支援もむろん受けるだろう。ベトナム戦争当時アメリカを支援する国はどこもなかったが、それは将来的には考えにくい。大国間における海軍による対立や戦闘は、いずれにせよミサイルによることになるだろうし、そのため核による対立や戦闘は海軍力の均衡を置き換える可能性がある。同じことは大国に次ぐ地位にある国（たとえば、イラン）の対立や戦闘の場合にもいいうる。ロシアや中国による支援を受けられるからである。今日では中国が海洋への野心と海軍力を有するようになったため、状況が複雑になったこともあり、冷戦期の均衡が幾分回復したかにみえる。実際、中国海軍は沿岸部隊から真の外洋政策（blue-water policy）海軍へと変容した。ロシアとの協調体制はこの発展にさらに強みを加えている。

地政学的には冷戦時代のままの状態が維持されただけでなく、そこには変化もみられた。たとえば、二〇〇八年秋、ロシア軍艦はカリブ海でベネズエラ海軍と演習を行うという、新規プロジェクトのため出航した。その際にリビアのトリポリやシリアのタルトゥース訪問も準備していたが、そこは冷戦期にソ連の軍艦が寄港したところであった。シリアのラタキア港の新施設建設に際し、ロシアによる支援は多大な役割を果たした。他方でキューバに海軍基地を再建するという議論もある。カリブ海への派遣は「ロシアによるアメリカ腹部への一打」とロシアの新聞が報道した行動であった。その中の主要艦の一隻は、二〇〇四年には任に就いていなかった原子力ミサイル巡洋艦ピョートル・ヴェリーキイであった。二〇〇七年には空母アドミラル・クズネツォフが大西洋に、ついで地中海へと派遣された。一九九五年以降初めての主要艦による展開であったが、緊急時に備えて二隻のタグボートを従えていた。駆逐艦アドミラル・チャバネンコ（ベネズエラ海軍とも行動をともにした）は、二〇〇八年一二月、キューバへ向かう前にロシア軍艦として第二次世界大戦以降初めてパナマ運河を通過した。さらに、ロシア軍艦はアデン湾で海賊船への哨戒に参加している。こうした動きは米海軍筋による下院へのロビー活動を助長するようになった。二〇〇八年にはロシアの国防費は、実質で一九九一年の水準にまで追いつき、二〇〇九年には二七パーセントの増加を計画していたが、二〇〇八年末の石油価格の著しい下落によって、この計画も疑問が呈されている。

海賊対策

海軍力についてはむろん他にも任務がある。その中には取締りなど警察の任務に近い考え方もあれば[8]、海賊対策のように軍事的機能を思わせる役割もある。海賊行為が主要な問題とされるのも、特にそれが瑣末でなく決定的に重要な経済上の目標を脅かすからである（通商路や沖合いにある石油施設が重要。後者の場合、特にナイジェリア沖）。ソマリア沖五〇〇マイル以上も離れた海上のように、はるか沖合いで攻撃される場合もある。海賊問題で最も肝要な点は変わりつつある。長らくマラッカ海峡に焦点が当てられてきたが、そこは中国－インド洋間の最重要な経済的生命線である。二〇〇六年におけるマラッカ海峡を通過した船舶数は、全部で六万三〇〇〇隻にのぼる。マラッカ海峡で海賊行為によって利益が得られるのは、イギリス海軍が撤退したことと、地域的共同体制が整っていないという要因が大きい。海賊はまたスマトラのアチェでの暴動や、島と島の間に多数ある小海峡からも利益を得ている。もっとも、シンガポール、マレーシア、インドネシアの各海軍による協力で、こうした脅威も低下してきており、海賊への地域的な関心はフィリピン南部（国家の権威が脆弱）へと変わりつつある。

より深刻な問題がナイジェリア沖やソマリア（アフリカで最長の海岸線をもつ破綻国家。政府の権威は弱体化しており、武器類が簡単に入手可能）沖のインド洋で出現しつつある。RPGにより海賊は襲撃の可能性が向上し、今ではショルダー型ミサイルでも武装している。アデン湾を通過する船舶輸送は世界中の一割であるが、ソマリアの海賊はそれを脅かしている。二〇〇七年も被害総額がかなりの金額になっており、身の代金はおそらく三〇〇〇万ドルを超えるものと推計されている。二〇〇八年一一月までに総額で一億五〇〇〇万ドルが支払われている。この月には推計一億ドル相当の原油を満載したスーパータンカーが、アメリカに向かって航行中に、ケニア沖四五〇マイルの海上でソマリアの海賊につかまり、翌月には別の船がタンザニア沖四五〇マイルで捕捉されている。

今日海賊の脅威に取り組むには、大きな関与が必要とされる。それは現地の海軍にとっても、主要国にとってもいえることであるが、通商路の保全に関心を寄せる国々はとりわけそうである。こうした国々が「アデン湾第一五〇合同任務部隊」を通じて対策に当たっている。国連安全保障理事会では二〇〇八年の決議で、ソマリ海域で海軍力を展開することを許可している。しかしながら、海賊は既存のプラットフォームから抑制できても、海賊船に対処することは極めて困難である。また、複雑な軍事作戦の性格ゆえに、こうした船を損傷なく捕捉するよう求められている。さらに、海賊に対処するための法的基盤も脆弱である。

海を合法的に利用する人たちにとって、保障となるのは海軍力である。それとは別に、海上で過去様々な力を投じてきた非政府組織への依存度も小さくない。ソマリア沖では今日、民間の保障会社へ依存するケースもみられ、海賊の動向に対するアドバイスだけでなく、乗船のうえ武装して乗員の保護にも当たっている。このことは、ここでも海が競争力をもった人々の活動領域となることを示唆している。彼らは国家海軍の要件や要求に拘束されることはない。

海賊に関する問題のうち、麻薬取引は大きなウエイトを占めており、特にカリブ海やアフリカ沖といった方面で活発である。麻薬取引で得た利益は、西インド諸島の国々の安定に対する脅威である。当該地域の海軍は規模が小さく、大半が哨戒艇である。これに対して、カリブ海で存在感を有するのはアメリカ、イギリス、フランスといった大国の海軍であり、それぞれ植民地をそこに保有していることから、一定の役割（航空機による哨戒や迎撃など）を果たしている。海賊に対する海軍の行動は、麻薬密輸と人身売買でみると、後者の場合はスペイン、イタリア、ギリシアの主要任務であり、これは一九世紀海軍の道徳項目（特に海賊と奴隷商人への取締り）を思わせる。人道的行動はまた、二〇〇四年一二月二六日のインド洋大津波の際への対応としても貢献している。

海軍力の多様性

多くの国ではアメリカはもちろん、中国やロシア、イギリス、フランスと同じような戦闘能力を有する海軍をもたない。しかし、弱小国家が海軍力の行使を強化することは、国家目標となりやすい。最も顕著なところでは、資源をめぐる競争に起因するものを指摘できる（特に沖合いの石油やガス、それに関連する領有権の主張）。たとえば、二〇〇九年にイラクは、沖合いの石油施設を保護するために発注した、イタリア製の哨戒艇四隻のうち最初の一隻を受け取っている。資源をめぐる抗争の影響は実に様々であり、普通では軍隊を配備するようなことはないが、そうしないまでも海軍力は維持されることが一般的であり、少なくともある程度は海軍の関与する要素を残しておくものである。軍艦は行動のための重要な手段となっているが、航空哨戒を含むエアパワーとの行動がおそらく必要となるだろう。

制度的な持続性ということも欠かせない要素である。海軍は自らの価値観を強く主張するが、それは伝統的に海軍の政治上の比重が高く、国家が何事かを主張しようとする際に、その中心的な存在となっているような国の場合、特に重要である。たとえば、そうした国にはチリ、アルゼンチン、それにブラジルを含めてもよいだろう。もっとも、たいていの場合、海軍は陸軍に比べるとはるかに政治的影響力が弱く、国家の自己イメージという意味では、わずかな役割しか果たしていない。事実、たとえばトルコやイラン、インド、パキスタンがそうである。

軍事的必要性やパワーポリティックスの問題は、こうした状況を複雑化する。たとえば、人口規模や経済開発、資源問題や政治的主張に応じて判断される、地域政治上の役割を追求する限り、インドは海軍力を確保し続けるだろう。トルコは黒海での一大勢力として行動したいという思惑を遂げるために、海軍力を育成する可能性がある。もっとも、戦略的要因と並ぶ国内政治向けの基本的原動力は、強力な陸軍によることになるだろう。イランはペルシア湾をめぐるパワーポリティックスおよび資源に関心を寄せている。イランはペルシア湾上の航路や、その南岸にある国々（ドバイなど）に圧力を加えようとしており、また、ペルシア湾におけるアメリカ海軍のプレゼンス（周辺諸国の保護に当たっている）にも関心を寄せている。しかし、これらの国々のパワーの要因は、単に海軍だけというわけではない。事実、ペルシア湾におけるイランの軍事的位置づけは、ミサイルによるところが大である。

イスラエルの現状においては、軍事的必要性が直接重要な役割を果たすし、今後もそうなるだろう。軍艦はイスラエル国境から離れたところで行動する戦闘能力を提供してくれる。中でも二〇〇六年の場合のように、離れた海域からレバノンに圧力を加えることが可能であり、レバノンのミサイルがイスラエルのロケットの射程を越えて飛来するような場合に、船舶からの攻撃は有効である。また、封鎖を支援する戦闘能力も提供可能であり、特に武装した船舶（たとえばガザ地区のハマス）を攻撃する際に有効である。二〇〇二年、イスラエル海軍特殊部隊は、紅海上でイランの貨物船を急襲し、パレスチナ側に提供するための武器を押収している。二〇〇九年にはイスラエルの軍艦が、ハマスの陣地に砲撃を加えており、これに対してハマスはミサイル攻撃で軍艦に応酬している。

イスラエルの軍艦と港はミサイルに対して脆弱であり、それは二〇〇六年のヒズボラとの戦争で実証された。コルベット艦ハミットが、レーダー誘導ミサイルC－802でレバノン南部から攻撃される一方で、ハイファ港もヒズボラによるロケット攻撃を受けたのである。二〇〇八年には地中海にあるイスラエル最南部の港アシュケロンは、このロケット攻撃の射程内となった。ただし、イスラエル海軍への投資は今後も、陸軍や空軍に比べはるかに小さいままであると考えられる。陸空軍は攻撃と防御の両面で強大な戦闘能力を有し続けるだろうし、政治的にも制度的にもそうあり続けることだろう。

イスラエルはハマスとヒズボラへの武器供給に敏感になっている。しかし、海軍力の限界を露呈しているうえ、特にヒズボラの場合武器補給は、イランからダマスカス経由での空輸である。海は明らかにガザ地区への補給ルートになっており、二〇〇九年一月にはエジプト外務省が、イギリス、フランス、ドイツに対して、このルートを封鎖すべく軍艦を派遣することに警告を発している。

また、テロリストの活動に対抗する海軍力の役割は、スリランカでもみられる。スリランカ海軍はタミルの虎による攻撃阻止のみならず、インドからの補給ルートも遮断すべく、また、タミルの拠点への攻撃作戦を支援することができるよう哨戒に当たった〔訳注、二〇〇九年にタミルの虎は壊滅〕。結果的に、タミルは攻撃面と供給面の双方において海を利用した。たとえば、二〇〇八年一〇月には「ブラック・シー・タイガー」の自爆ボート三隻が、北部海岸への物資供給に当たっていたスリランカの貨物船二隻に激突しようとした。スリランカ海軍はボートを砲撃し二隻は爆発したが、もう一隻は転覆した。貨物船のうち一隻が軽い損害を受けたことをスリランカ海軍は認めた。他方、タミルの虎はボート二隻を失ったことを認めたものの、貨物船一隻を撃沈してもう一隻に深刻な打撃を与えたと主張した。このエピソードは成功した印象を与えるうえで、海軍による戦闘のもつ役割が示唆されている。翌一月、スリランカ海軍は最後の拠点から脱出しようとしたタミルの虎のボートを、少なくとも四隻撃破した。

海洋国家の多くは、イスラエルのような海軍の備えをもたない。それどころか、領有権を主張する海域（二〇〇八年の場合、全海洋の三分の一以上が主張されている）と、多くの国で自国海域を保全しきれないという事実の間には、重大な対照性が存在する。これは、たとえばオセアニアやカリブ海、インド洋の諸国（モーリシャス、モルディブ、セーシェルなど）の場合に当てはまる。このような脆弱性ゆえに、大国は海軍力を維持して介入しようとするのであり、のみならず二〇〇七年以降インドが支持してきたような、地域的解決に向けた提案がなされることになるのである。(9)

結論

海軍の目標追求は、様々な政治的文脈において考えられる。他方、海軍の将来的発展を戦闘能力に基づき説明する場合、それはもっぱら軍艦の戦闘能力に帰着するが、この点も重要である。それとは別な意味で海は、イギリスの『将来の海軍展望二〇〇六年』（*Future Navy Vision*, 2006）によれば、「通商および戦略的な関心を寄せる地域にアクセスするための欠くべからざる手段」であるという。(10)また、海は兵力の投入手段として将来的にも空より優位を示すであろうし、特に多数の部隊を輸送・支援することが容易である点において、その優位は大きいであろう。しかし、火力の発射基盤として海と空の相違は、おそらく今後いっそう解消されていくであろう。二〇世紀半ば以降、両者は作戦と資源に関して密接に結びついてきた。たとえば、一九四二年七月にオーストラリア戦時内閣はチャーチルの発言を電信で次のように伝えている。「優勢なシーパワーとエアパワーは、日本から主導権を奪還するために不可欠であり、また南西太平洋における防衛線を確保するうえでも必須である[11]」。

別な視点からみると、海はエアパワーの発進基盤の鍵となり続けるだろう。なぜなら、海軍には陸上基地にありがちな、脆弱性と過敏さがみられないからである。したがって、海軍の役割は他国の海軍と戦ったり、通商路を確保したり、あるいは陸上部隊へのパワー・プロジェクションという意味でも、その重要性が消失することはないだろう。しかし、このような役割はどれ一つとっても海軍だけで果たされるものではなく、またおのおの固有の意義を示さなければならないだろう。さらに、その意義は戦略文化および個々の国における制度的風習という意味から表明されなければならないだろう。すなわち、海軍の役割が将来的にも重要であるとして、海軍力のレトリックや自己利益を正当化しても、実際にはこうした役割を発揮したいと願うのは、ひとり海軍だけではないのである。

これと同じように、米海軍が二〇〇二年に打ち出した「地上配備型システム」においても、海軍は一定の役割を果たしている。イージス弾道ミサイル防衛システムは、大気圏外を飛来してくる弾道ミサイルを迎撃するというものである。二〇〇八年、軍艦一〇隻がこのシステムを備えており、二〇〇九年にはイージス巡洋艦三隻、イージス駆逐艦一五隻になるとされる。このシステムは、イランと北朝鮮からの脅威に対抗する目的で配備されており、搭載艦が日本海と地中海に展開している。もっとも、このシステムは海洋に限定されるものではなく、また必ずしも海軍だけに依存するものでもない。

海軍（艦船を基盤とする組織）とそのパワー展開（海をめぐる、ないし海からのもの）という必然的な関係をいったん離れて、陸上での戦争の重要性を強調しておく必要がある。さらに、海での紛争と無秩序が一般的に陸上での原因と関連することも、強調しておかなければならない[12]。このように、海軍力は権益の追求にとって主要手段となるものである。しかし、それはいわば永遠の価値をもった軍事力ではなく、その役割を果たし有権者に奉仕するための能力、という意味で理解される必要がある。

第9章　結　論

海軍力は独立変数として理解するのでなく、特定の文脈に沿って、あるいは特定の文脈において形成される現象として理解しなければならない。この中には戦闘能力と任務との動態的な相互作用が含まれる。任務が個々の国にとってより重要であるのに対して、戦闘能力は「蒸気船時代」と表現されるような、一般的特性として考えられる傾向にある。戦闘能力と任務の相互関係は動態的なものであり、それは海軍組織とドクトリンの基盤となる社会的、政治的、経済的な利益に多くを負う。したがって、国益を再解釈する場合には、それは海軍への投資と海軍活動の任務とに結びつけて考えられてきた[1]。

異なった戦闘能力と任務を備えることは、海軍力の行使における多様性と重要性だけでなく、海軍力の定義を説明するうえでも役立つ。本書では、支配や保護の概念、あるいは海洋ルートの拒否、水陸両用作戦向けの水域と地域といった概念が、海軍力の定義上重要な役割を果たした。しかし、こうした役割のもつ意義が確立されたというにはほど遠い。多様性は年代順にみられるというだけでなく、特定の時期に個々の国によっても確認される。個々の国におけるシーパワーの歴史的な固有条件と、シーパワーの一般理論との間にみられる緊張関係もあって、シーパワーは一つだけの定義では、一国の海軍にさえ当てはめることができない。たとえば、オーストラリアやイタリア、スペインなどの二〇〇〇年代における海軍をみると、入国制限や管理において顕著な活動を果たしているが、それは前世紀には限定的な意義しかもたなかった役割である。

海軍活動に影響を及ぼす制約にも、著しい変化が生じている。特に海軍作戦と戦争の場合予測不可能な部分があるが、この点において顕著である。たとえば、嵐は帆船時代だけの問題ではなかった。二度の大戦でドイツは、Uボートを嵐のときに出航させることは困難だと考えており、商船に魚雷攻撃を仕掛けるためには、海面が十分穏やかでないと近づくことができなかった。他方、連合国商船は嵐でばらばらになっていた。さらに、このような制約に対する大戦期の作戦および戦術上のコンセンサスも、帆船時代とは異なっていた。

海軍の戦闘能力は数多くの理由から陸上と比べて、歴史上さほど重視されてこなかった。やはり基本的に人類は陸上に住んでいるからである。国によっては海岸がなかったり、経済的に利益の大きい長い海岸をもたなかったりする。したがって、重要なのは海外での権益を支援するだけでなく、国内を支配できる陸軍の能力であった。海軍は海外での活動には一定の役割を果たしたものの、足下においてはそうはいかなかった。海軍の運命をどう表現しようとも、多くの国において政治的な意味で海軍には相対的に限界がある。陸海軍の役割を検討することは、そのような限界を説明するのに役立つ。しかしながら、陸軍と海軍を分けて考えられるのは、特定の場合だけである。遠征時に陸軍を駐留させる海軍の機能に注目しておくことも重要である。現実問題として、まず最初に陸軍をどこかに上陸させることになるからである。陸海軍ともなんらかのかたちで海が介在する場合には、その必要性から共同しなければならないが、海にかかわりなく共同体制が必要とされることも多い。

しかし、海軍力が陸軍力のような普遍性をもたなかったとしても、あるいは中国やフランス、ドイツ、インド、ロシア、スペインといった主要国の歴史において、顕著な動きがみられなかったとしても、海軍力は歴史上で一定の役割を果たしてきた。少なくとも海戦での勝利という点に限って考えてみると、こうした国々には、作戦効果上成果のある水準で持続的に海軍力を行使することができなかった、という能力的な問題があった。あるいは、次のような事実に反する問いを、あえてしてみることも必要だろう。「近代初期にスペインが海軍活動にもっと力を注いでいたならば、どうだっただろうか」「バルフルール沖海戦でフランスが敗北した後、ルイ一四世が海軍政策を変えていなかったらどうか」「ナポレオンがもっと海軍に関心を向けていたらどうか」「中国が一五〇〇年と一八五〇年の間、それに一九五〇年以降、経済資源に応じた海軍を育成していたらどうだったか」。他方こうした問いはまた、このような国々の戦略文化における海軍力の副次的役割を示唆している。

しかしながら、別の視点からみると海軍力は、過去五〇〇年の間、広く経済・政治制度の発展に寄与した点で決定的に重要であった。制度的に帝国というかたちであったり、帝国の一部であったりした場合に（すべての国でそうだったわけではないが）、帝国は大洋に進出して海洋から利益を得ることのできる能力に依存していた。この能力は海軍と商船の実力に反映されており、世界史においては極めて重要であった。このような制度はすべて西欧のものであり、西欧以外の世界の国々から集められた利益が、部分的に選挙民への利益として提供されていた。たとえば、インドの経済資源や労働・軍事資源は、一七五〇年代から一九四〇年代の大英帝国にとって極めて重要であったし、それはインドのみならず、特にアジアと東アフリカにおいても同様であった。

帝国支配に相当するような体制がなくなったとはいえ、今日東アジアと中東からのアメリカへの資本流入は極めて顕著であり、事実、それが海洋通商路を保護する理由となったり、海軍力の投入能力を促す理由となっている。さらに、現代社会では石油の流れが大部分海洋輸送となっており、それは国際システムに圧力を加えようとする勢力によって、計画的に脅かされている。たとえばそれは、一九八〇年から一九八八年のイラン・イラク戦争の際に、ペルシア湾で船舶への攻撃が起きたため、西側海軍が護送を必要とされた事件にもみられる。[2]このように、海軍力はそれぞれを別個の問題として扱うべきでなく、過去五〇〇年のグローバルな歴史に不可欠の構成要素として考えるべきであり、そうすることによって、海軍力は重要かつ興味のつきないテーマとなっていくのである。

注

第1章

（1） A. Spilhaus, 'Maps of the Whole World Ocean', *Geographical Review*, 32 (1942), pp. 431–5, 'To See the Oceans Slice Up the Land', *Smithsonian*, 10/8 (Nov. 1979), p. 116, and 'World Ocean Maps: The Proper Places to Interrupt', *Proceedings of the American Philosophical Society*, 127/1 (Jan.1983), pp. 50–60, Spilhaus and J.P. Snyder, 'World Maps with Natural Boundaries', *Cartography and Geographic Information Systems*, 18 (1991), pp. 246–54.

（2） M.W. Lewis and K.E. Wigen, *The Myth of Continents: A Critique of Metageography* (Berkeley, California, 1997).

（3） 有益な修正文献として、B. Cunliffe, *Facing the Ocean: The Atlantic and, its Peoples, 8000 BC–AD 1500* (Oxford, 2001), 現状確認としては、J. Lindley-French and W. van Straten, 'Exploiting the Value of Small Navies: The Experience of the Royal Netherlands Navy', *Royal United Services Institute Journal*, 153 (Dec. 2008), p. 66.

（4） J. Thomson, *Pirates, Mercenaries and Sovereigns: State-Building and Extraterritorial Violence in Early Modern Europe* (Princeton, New Jersey, 1994).

（5） J.S. Morrison and J.F. Coates, *The Athenian Trireme: History and Reconstruction of an Ancient Greek Warship* (Cambridge, 1986); B. Jordan, *The Athenian Navy in the Classical Period* (Berkeley, California, 1972).

（6） L. Carson, *Ships and Seamanship in the Ancient World* (Princeton, New Jersey, 1971) and *Ships and Seafaring in Ancient Times* (Austin, Texas, 1994).

（7） J.H. Pryor, *Geography, Technology and War: Studies in the Maritime History of the Mediterranean, 649–1571* (Cambridge, 1988).

（8） B. Strauss, *The Battle of Salamis: The Naval Encounter That Saved Greece–and Western Civilisation* (New York, 2004).

（9） J.F. Lazenby, *The First Punic War* (Stanford, California, 1996); F. Meijer, *A History of Seafaring in the Ancient World* (New York, 1986).

（10） C. Martin, 'Water Transport and the Roman Occupations of North Britain', in T.C. Smout (ed.), *Scotland and the Sea*

(Edinburgh, 1992), pp. 6–8.
(11) J. Haywood, *Dark Age Naval Power* (London, 1991); S. Rose, *Medieval Naval Warfare, 1000–1500* (London, 2001).
(12) S. Rose, *Southampton and the Navy in the Age of Henry V* (Winchester, 1998).
(13) L. Levathes, *When China Ruled the Seas: The Treasure Fleet of the Dragon Throne, 1405–1433* (Oxford, 1994).
(14) K. Hall and J. K. Whitmore (eds), *Explorations in Early Southeast Asian History* (Ann Arbor, Michigan, 1976); G.W. Spencer, *The Politics of Expansion: The Chola Conquest of Sri Lanka and Srivijaya* (Madras, 1983); K. Hall, *Maritime Trade and State Development in Early Asia* (Honolulu, Hawaii, 1985); P. Shanmugam, *The Revenue System of the Chola, 850–1279* (Madras, 1987); J. Abu-Lughod, *Before European Hegemony* (Oxford, 1989); G. Hourani, *Arab Seafaring* (Princeton, New Jersey, 1995)

第2章

(1) 本件に関する最良の入門書で、特に海洋力の構造の変遷について優れているのは、J. Glete, *Warfare at Sea, 1500–1650: Maritime Conflicts and the Transformation of Europe* (London, 2000). 統計的根拠としては、Glete, Navies and Nations: *Warships, Navies and State Building in Europe and America, 1500–1860* (Stockholm, 1993). 初期の説明としては、J. Black, *European Warfare, 1494–1660* (London, 2002), pp. 167–95.
(2) G. Parker, *The Grand Strategy of Philip II* (New Haven, Connecticut, 1998).
(3) B. Lavery, *The Arming and Fitting of English Ships of War, 1600–1815* (Annapolis, 1987).
(4) R. Romano, 'Economic Aspects of the Construction of Warships in Venice in the Sixteenth Century', in B. Pullan (ed.), *Crisis and Change in the Venetian Economy in the Sixteenth and Seventeenth Centuries* (London, 1968), pp. 59–87.
(5) J.D. Tracy (ed.), *The Rise of Merchant Empires: Long-Distance Trade in the Early Modern World, 1350–1750* (Cambridge, 1990) and (ed.), *The Political Economy of Merchant Empires* (Cambridge, 1991).
(6) A. Lewis and T. Runyon, *European Naval and Maritime History, 300–1500* (Bloomington, 1985).
(7) R. Gardiner and J. Morrison (eds.), *The Age of the Galley: Mediterranean Oared Vessels since Pre-classical Times* (London, 1995).
(8) R. Gardiner and R.W. Unger (eds.), *Cogs, Caravals and Galleons: The Sailing Ship, 1000–1650* (London, 1994); J. Glete (ed.), *Naval History 1500–1680* (Aldershot, 2005), p. xvi.
(9) R.W. Unger, *The Ship in the Medieval Economy, 600–1600* (London, 1980).

(10) C.R. Boxer, *The Portuguese Seaborne Empire, 1415–1825* (Harmondsworth, 1973).

(11) C. Cipolla, *Guns, Sails and Empires: Technological Innovation and the Early Phases of European Expansion 1400–1700* (London, 1965).

(12) N.A.M. Rodger, *The Safeguard of the Sea: A Naval History of Britain, Vol. I, 660–1649* (Harmondsworth, 1997).

(13) A. de Silva Satumino Monteiro, 'The Decline and Fall of Portuguese Seapower, 1583–1663', *Journal of Military History*, 65 (2001), pp. 19–20.

(14) D. Ayalon, 'The Mamluks and Naval Power: A Phase of the Struggle between Islam and Christian Europe', *Proceeding of the Israel Academy of Sciences and Humanities*, 1 (1965), p. 1; A. Fuess, 'Rotting Ships and Razed Harbors: The Naval Policy of the Mamluks', *Mamlūk Studies Review*, 5 (2001), pp. 67–70; A.C. Roy, *Mughal Navy and Naval Warfare* (Calcutta, 1972).

(15) Y. Park, *Admiral Yi Sun-shin and his Turtleboat Armada: A Comprehensive Account of the Resistance of Korea to the 11th Century Japanese Invasion* (Seoul, 1973).

(16) Parker, 'The *Dreadnought* Revolution of Tudor England', *Mariner's Mirror*, 82 (1996), pp. 269–300.

(17) K. DeVries, 'The Effectiveness of Fifteenth-Century Shipboard Artillery', *Mariner's Mirror*, 84 (1998), pp. 389–99, esp. p. 396.

(18) N.A.M. Rodger, 'The Development of Broadside Gunnery, 1450–1650', *Mariner's Mirror*, 82 (1996), pp. 301–24.

(19) R.W. Unger, *The Art of Medieval Technology: Images of Noah the Shipbuilder* (New Brunswick, New Jersey, 1991); I. Fried, *The Good Ship: Ships, Shipbuilding and Technology in England, 1200–1520* (Baltimore, 1995).

(20) A.B. Caruana, *The History of English Sea Ordnance, 1523–1875. I: The Age of Evolution, 1523–1715* (Rotherfield, 1994). 詳細は Parker の次の論文を参照。 D. Loades's *Tudor Navy, Sixteenth Century Journal*, 24 (1993), p. 1022.

(21) S. Rose, 'Islam Versus Christendom: The Naval Dimension, 1000–1600', *Journal of Military History*, 63 (1999), p. 577.

(22) F.C. Lane, 'Naval Actions and Fleet Organisation, 1499–1502', in J.R Hale (ed.), *Renaissance Venice* (London, 1973), pp. 146–73.

(23) J.P. Guilmartin, *Gunpowder and Galleys: Changing Technology and Mediterranean Warfare at Sea in the Sixteenth Century* (Cambridge, 1974).

(24) J.H. Pryor, *Geography, Technology and War: Studies in the Maritime History of the Mediterranean, 649–1571* (Cambridge, 1988).

(25) A.C. Hess, 'The Evolution of the Ottoman Seaborne Empire in the Age of the Oceanic Discoveries, 1453–1525',

American Historian Review, 74 (1970), pp. 1892–1919.

(26) Guilmartin, *Gunpowder*, pp. 42–56.

(27) E. Bradford, *The Great Siege* (1961); Guilmartin, *Gunpowder*, pp. 176–93.

(28) Guilmartin, *Gunpowder*, pp. 221–52 and 'The Tactics of the Battle of Lepanto clarified: The Impact of Social, Economic, and Political Factors on Sixteenth-Century Galley Warfare', in C.L. Symonds (ed.), *New Aspects of Naval History* (Annapolis, 1981), pp. 41–65; N. Capponi, *Victory of the West: The Story of the Battle of Lepanto* (London, 2006). 近年のトルコの業績は I. Bostan, 'Inebahti Deniz Savasi', in *Türkiye Dinayet Vakft Islam Ansiklopedisi*, vol. 22 (Istanbul, 2000), pp. 287–9. この点は Gabor Agoston を参照。

(29) C. Imber, 'The Reconstruction of the Ottoman Fleet after the Battle of Lepanto', in Imber, *Studies in Ottoman History and Law* (Istanbul, 1996), pp. 85–101.

(30) Guilmartin, *Gunpowder*, pp. 253–73.

(31) C. Imber, *The Ottoman Empire, 1300–1650: The Structure of Power* (2002); E. Zachariaou (ed.). *The Kapudan Pasha: His Office and his Domain* (Rethymnon, 2002).

(32) J. Glete, 'Bridge and Bulwark: The Swedish Navy and the Baltic, 1500–1809', in G. Rystad, K–R. Bohme and W.M. Carlgren (eds), *The Baltic and Power Politics, 1500–1990* (Lund, 2 vols, 1994), I, pp. 10–58.

(33) M. Bellamy, *Christian IV and His Navy: A Political and Administrative History of the Danish Navy, 1596–1648* (Leiden, 2006).

(34) J.D. Tracy, 'Herring Wars: The Habsburg Netherlands and the Struggle for Control of the North Sea, *c.* 1520–1560', *Sixteenth Century Journal*, 24 (1993), pp. 267–71.

(35) C. Martin and Parker, *The Spanish Armada* (1988); M.J. Rodríguez-Salgado, *Armada, 1588–1988* (London, 1988); F. Fernandez-Armesto, *The Spanish Armada: The Experience of War in 1588* (Oxford, 1988); J. McDermott, *England and the Spanish Armada: The Necessary Quarrel* (New Haven, Connecticut, 2005).

(36) D. Loades, *The Tudor Navy: An Administrative, Political and Military History* (Aldershot, 1992); K.R. Andrews, *Elizabethan Privateering: English Privateering: during the Spanish War, 1585–1603* (Cambridge, 1964); R.T. Spence, *The Privateering Earl: George Clifford, 3rd Earl of Cumberland, 1558–1605* (Stroud, 1995).

(37) J.R. Bruijn, *The Dutch Navy of the Seventeenth and Eighteenth Centuries* (Columbia, South Carolina, 1993).

(38) C.R, Phillips, *Six Galleons for the King of Spain: Imperial Defence in the Early Seventeenth Century* (Baltimore, 1992); D. Goodman, *Spanish Naval Power, 1589–1665: Reconstruction and Defeat* (Cambridge, 1996).

(39) J.I. Israel, *Dutch Primacy in World Trade* (Oxford, 1989).

(40) R.A. Stradling, *The Armada of Flanders. Spanish Maritime Policy and European War, 1568–1668* (Cambridge, 1992).

(41) J.I. Israel, *The Dutch Republic and the Hispanic World, 1606–1661* (Oxford, 1982).

(42) M.Vergé-Franceschi, 'Les Politiques et le développement de la puissance maritime sous l'Ancien Régime', in C. Buchet, J. Meyer and J.P. Poussou (eds), *La Puissance maritime* (Paris, 2004), p. 557.

(43) A. James, *The Ship of State: Naval Affairs in Early Modern France, 1572–1661* (Woodbridge, 2002).

(44) Andrews, *Ships, Money and Politics: Seafaring and Naval Enterprise in the Reign of Charles I* (Cambridge, 1991).

(45) B. Capp, *Cromwell's Navy: The Fleet and the English Revolution* (Oxford, 1989).

(46) S.C.A. Pincus, *Protestantism and Patriotism: Ideologies and the Making of English Foreign Policy, 1650–1685* (Cambridge, 1996).

(47) J.R. Jones, *The Anglo-Dutch Wars of the Seventeenth Century* (Harlow, 1996).

(48) R. Harding, *Seapower and Naval Warfare 1650–1830* (London, 1999), pp. 73–5; W. Maltby, 'Politics, Professionalism and the Evolution of Sailing Ships Tactics', in J.A. Lynn (ed.), *Tools of War: Instruments, Ideas and Institutions of Warfare, 1445–1871* (Chicago, 1990), pp. 53–73; M.A.J. Palmer, 'The Military Revolution Afloat: the era of the Anglo-Dutch Wars', *War in History*, 4 (1997), pp. 123–49.

(49) D.F. Alien, 'Charles II, Louis XIV and the Order of Malta', *European History Quarterly*, 20 (1990), pp. 323–40; P. Bamford, *Fighting Ships and Prisons: The Mediterranean Galleys of France in the Age of Louis XIV* (Minneapolis, 1973), p. 23.

(50) J.M. Wismayer, *The Fleet of the Order of St. John, 1530-1798* (Valletta, 1997), p. 232.

(51) J.E. Dotson, 'Foundations of Venetian Naval Strategy from Pietro II Orseolo to the Battle of Zonchio, 1000–1500', *Viator*, 32 (2001), p. 125.

(52) C. Imber, 'The Navy of Süleyman the Magnificent', *Archivum Ottomanicum*, 6 (1980), pp. 211–82.

(53) T. Krik, *Genoa and the Sea: Policy and Power in an Early Modern Maritime Republic, 1589–1684* (Baltimore, 2005).

(54) N.A.M. Rodger, 'Drowning in a Sea of Paper: British Archives of Naval Warfare', *Archives*, 32 (2007), p. 111.

(55) Glete, *Warfare at Sea, 1500–1650*, eg. pp. 186–7; C.R Phillips, review of Glete, *Warfare at Sea, 1500–1650*, in *Journal of Military History*, 64 (2000), p. 1144.

(56) Bruijn, 'States and Their Navies from the Late Sixteenth to the End of the Eighteenth Centuries', in P. Contamine (ed.), *War and Competition between States* (Oxford, 2000), pp. 78-9.

(57) James, *Ship of State*, conclusion.

(58) J. Black, *European Warfare 1660-1815* (London, 1994).

(59) A. Pérontin-Dumon, 'The Pirate and the Emperor: Power and the Law on the Seas, 1450-1850', in Tracy (ed.), *Political Economy*, pp. 196-227.

(60) P. Earl, *Corsairs of Malta and Barbary* (1970); W. Bracewell, *The Uskoks of Senj: Piracy, Banditry and Holy War in the Sixteenth Century Adriatic* (Ithaca, New York, 1992); A. Tenenti, *Piracy and the Decline of Venice, 1580-1615* (Berkeley, 1967).

(61) V. Ostapchuck, 'Five documents from the Topkapi Palace Archive on the Ottoman Defence of the Black Sea against the Cossacks', *Journal of Ottoman Studies*, 2 (1987), pp. 49-104; C. Imber, *The Ottoman Empire, 1300-1650: The Structure of Power* (Basingstoke, 2002).

(62) K.R. Andrews, *The Spanish Caribbean: Trade and Plunder, 1530-1630* (New Haven, Connecticut, 1978); D.D. Hebb, *Piracy and the English Government, 1616-1642* (Aldershot, 1994); V.W. Lunsford, *Piracy and Privateering in the Golden Age Netherlands* (Basingstoke, 2005).

(63) J.H. Ohlmeyer, *Civil War and Restoration in the Three Stuart Kingdoms: The Career of Randal MacDonnell, Marquis of Antrim, 1609-1683* (Cambridge, 1993), p. 230.

(64) M.A.J. Palmer, '"The Soul's Right Hand": Command and Control in the Age of Fighting Sail, 1652-1827', *Journal of Military History*, 61 (1997), pp. 679-706.

第3章

(1) S. Hornstein, *The Restoration Navy and English Foreign Trade, 1674-1688: Study in the Peacetime Use of Seapower* (Aldershot, 1991); J. Glete, *Navies and Nations: Warships, Navies and State Building in Europe and America, 1500-1860* (Stockholm, 1994), p. 192.

(2) J. Glete, 'The Sea Power of Habsburg Spain and the Development of European Navies, 1500-1700', in E.G. Hernán and D. Maffi (eds), *Guerra y Sociedad en La Mondraquía Hispánica* (2 vols, Madrid, 2006), I, 859-60.

(3) P. Williams, 'The Strategy of Galley Warfare in the Mediterranean, 1560-1620', in Hernán and Maffi, *Guerra y Sociedad*,

I, 892.

(4) J.G. Coad, *The Royal Dockyards 1690–1850* (Aldershot, 1989), pp. 7–10, 92–7; M. Duffy, 'The Establishment of the Western Squadron as the Linchpin of British Naval Strategy', in Duffy (ed.) *Parameters of British Naval Power 1650–1850* (Exeter, 1992), pp. 61–2 and 'The Creation of Plymouth Dockyard and its Impact on Naval Strategy', in *Guerres maritimes 1688–1713* (Vincennes, 1990). pp. 245–74.

(5) J. Ehrman, *The Navy in the War of William III* (Cambridge, 1953); E.B. Powley, *The Naval Side of King William's War* (Hamden, Connecticut, 1972); P. Aubrey, *The Defeat of James Stuart's Armada 1692* (Leicester, 1979).

(6) D. Baugh, 'What Gave the British Navy Superiority?', in L.P. de Esosura (ed.), *Exceptionalism and Industrialisation: Britan and its European Rivals, 1688–1815* (Cambridge, 2004), pp. 235–57; A.V. Coats, 'Efficiency in Dockyard Administration, 1660–1800: A Reassessment', in N. Tracy (ed.), *The Age of Sail* (London, 2002), pp. 116–32.

(7) N. Elias, *The Genesis of the Naval Profession* (Dublin, 2007).

(8) J.R. Bruijn, *The Dutch Navy of the Seventeenth and Eighteenth Centuries* (Columbia, South Carolina, 1993), p. 215.

(9) D. Pilgrim, 'The Colbert-Seignelay Naval Reforms and the Beginnings of the War of the League of Augsburg', *French Historical Studies*, 9 (1975–6), pp. 235–62. For a more positive view, J. Meyer, 'Louis XIV et les Puissances maritimes', *XVIIe Siècle*, 123 (1979), p. 170. For criticism of Louis, G.J. Ames, 'Colbert's Grand Indian Ocean Fleet of 1670', *Mariner's Mirror*, 76 (1990) pp. 236–9.

(10) G. Symcox, *The Crisis of French Naval Power, 1688–1697* (The Hague,1974).

(11) S.F. Gradish, 'The Establishment of British Seapower in the Mediterranean, 1689–1713', *Canadian Journal of History* (1975), pp. 1–16.

(12) J.M. Stapleton, 'The Blue-Water Dimension of King William's War: Amphibious Operations and Allied Strategy during the Nine Years' War, 1688–1697', in D.J.B. Trim and M.C. Fissel (eds), *Amphibious Warfare 1000–1700: Commerce, State Formation and European Expansion* (Leiden, 2006), p. 348.

(13) Marquis of Carmarthen to Duke of Mariborough, 3 Apr. 1705, BL. Add. 61308 f. 36.

(14) Colonel John Richards to Marlborough, 10 May 1706, BL. Add. 61309 f. 50.

(15) Shovell to Earl of Sunderland, 10 Aug. 1707, BL. Add. 61311 f. 50.

(16) J.S. Bromley, 'The French Privateering War, 1702–13', in H.F. Bell and R.L. Ollard (eds.), *Historical Essays, 1600–1750, Presented to David Ogg* (New York, 1963), pp. 203–31 and 'The North Sea in Wartime, 1688–1713'. *Bijdragen en Mededelingen Betreffende de Geschiedenis der Nederlanden*, 92 (1977), pp. 270–99.

(17) Ellis to Stepney, 17 Oct. 1701, BL. Add. 7074 f. 49.

(18) Blathwayt to Stepney, 28 Feb. 1702, New Haven, Connecticut, Beinecke Library Osborn Shelves.

(19) Ibid., 6 Aug. 1703, Beinecke, Osborn, Blathwayt Box 21.

(20) H.C. Owen, *War at Sea under Queen Anne* (Cambridge, 1934)

(21) J. Hattendorf, 'Admiral Sir George Byng and the Cape Passaro Incident, 1718: A Case Study in the Use of the Royal Navy as a Deterrent', in *Guerres et Paix* (Vincennes, 1987), pp. 19–38; J.D. Harbron, *Trafalgar and the Spanish Navy* (London, 1988), p. 31.

(22) Craggs to Duke of Newcastle. 10 Aug. 1719, BL. Add. 32686 f. 137.

(23) Hedges to Charles Delafaye, Under-Secretary, 8 Feb. 1727, Tyrawly to Newcastle, 17 Jul. 1729, NA. SP. 92/32 f. 128, 89/35 f. 188.

(24) Guy Chetとの議論で海賊行為に関する有益な示唆を得た。

(25) Townshend to William Stanhope, 11 Aug. 1726, NA. SP. 94/98.

(26) Newcastle to Wager, 12, 18 July, 12 Sept., Townshend to Wager, 6 Aug. 1727, NA. SP. 47/78 f. 95, 98, 104–6, 101–2.

(27) Newcastle to Townshend, 13 June 1729, NA. SP. 43/77.

(28) *Wye's Letter*, 24, 26, 29 July, 12 Aug. 1729.

(29) Newcastle to Horatio Walpole, 23 May 1726, BL. Add. 32746 f. 136.

(30) Du Bourgay to Townshend, 17 May 1726, NA. SP. 90/20.

(31) Horatio Walpole to Newcastle, 6 July 1728, BL. Add. 32756 f. 419.

(32) Charles Caesar to 'James III', 20 Feb. 1726, Windsor Castle, Royal Archives, Stuart Papers 90/133.

(33) J. Black and A. Reese, 'Die Panik von 1731', in J. Kunisch (ed.), *Expansion und Gleichgewicht. Studien zur europäischen Mächtepolitik des ancien régime* (Berlin, 1986), pp. 69–95.

(34) Anon., *A Letter from a By-Stander a Member of Parliament: Wherein is Examined What Necessity there is for the Marintenance of a Large Regular Land Force in this Island* (London, 1742).

(35) Stone to Edward Weston, 2 Aug., Stephen to Edward Weston, 25 Dec. 1745, Farmington, Weston Papers 16.

(36) Newcastle to Cumberland, 12 Dec. 1745, RA. Cumberland Papers (hereafter CP) 8/9.

(37) 異なった見解としては、H.W. Richmond, *The Navy in the War of 1739–1748* (3 vols., Cambridge, 1920) II, pp. 154–89; F. McLynn. 'Sea Power and the Jacobite Rising of 1745', *Mariner's Mirror*, 67 (1981), pp. 163–72.

(38) R. Harding, 'The Ideology and Organisation of Maritime War: An Expedition to Canada in 1746', in R.T. Sánchez (ed.).

War, State and Development. Fiscal-Military States in the Eighteenth Century (Pamplona, 2007), pp. 159–60.

(39) Newcastle to Cumberland, 3 July 1746, BL. Add. 32707 f. 390.

(40) J. Pritchard, *Anatomy of a Naval Disaster: The 1746 French Naval Expedition to North America* (Montreal, 1996).

(41) S.W.C. Pack, *Admiral Lord Anson* (London, 1960), pp. 153–60.

(42) R. Mackay, *Admiral Hawke* (Oxford, 1965), pp. 69–88.

(43) Newcastle to Cumberland, 27 Oct. 1747, RA. CP. 29/145; Newcastle to Lieutenant-General Bland, 30 Oct. 1747, NA. SP. 54/37 f.14.

(44) Sandwich to Anson, 14 Nov. 1747, BL. Add. 15957 f. 29.

(45) Newcastle to Cumberland, 11 Mar. 1748, RA. CP. 32/245.

(46) D.J. Starkey, *British Privateering Enterprise in the Eighteenth Century* (Exeter, 1990).

(47) C. Swanson, *Predators and Prizes: American Privateering and Imperial Warfare, 1739–1748* (Columbia, South Carolina, 1991).

(48) D. Crewe, *Yellow Jack and the Worm: British Naval Administration in the West Indies, 1739–1748* (Liverpool, 1993).

(49) C. Wilkinson, *The British Navy and the State in the Eighteenth Century* (Woodbridge, 2004).

(50) N. Rogers, *The Press Gang* (London, 2007).

(51) Holdernesse to Rochford, 4 Oct. 1751, NA. SP. 92/59 f. 170.

(52) Newcastle to Keith, 22 Oct., Keith to Newcastle, 3 Nov. 1753, NA. SP. 80/192.

(53) *Sbornik Imperatorskogo Russkogo Istoricheskogo Obshchestva* (148 vols, St Petersburg, 1867–1916), C111. 259–60, 275; D. Aldridge, 'The Royal Navy in the Baltic 1715–1727', in W. Minchinton (ed.), *Britain and the Northern Seas* (Pontefract, 1988), pp. 75–9.

(54) R, Koser (ed.), *Politische Correspondenz Friedrichs des Grossens* (46 vols, Berlin, 1879–1939), IX, 345.

(55) C. Baudi di Vesme, *La politico Méditerranea inglese nelle relazioni degli inviati italiani a Londra durante la cosidetta Guerra di successione d'Austria* (Turin, 1952); J. Black, 'The Development of Anglo-Sardinian Relations in the First Half of the Eighteenth Century', *Studi Piemontesi*, 12 (1983), pp. 48–60.

(56) Vernon to Dashwood, 29 July 1749, Oxford, Bodleian Library, Ms. D.D. Dashwood B11/12/6.

(57) Duke of Bedford. Secretary of State for Southern Department, to Earl of Albemarle, envoy in Paris, 5 Apr. 1750, London, Bedford Estate Office vol. 23; J. Black, 'British Intelligence and the Mid-Eighteenth Century Crisis', *Intelligence*

and National Security, 2 (1987), pp. 209–29.

(58) Newcastle to Yorke, 26 June 1753, NA. SP. 84/463.

(59) Cumberland to Holdernesse, 31 May, 18 June, Holdernesse to Cumberland, 13 May 1757, BL. Eg. Mss 3442 f. 99–100, 122, 74–5.

(60) T.C.W. Blanning, *The Culture of Power and the Power of Culture. Old Regime Europe, 1660–1789* (Oxford, 2002).

(61) R. Middleton, 'British Naval Strategy, 1755–1762: The Western Squadron', *Mariner's Mirror*, 75 (1989), pp. 349–67; Duffy, 'Western Squadron'.

(62) Hardwicke to Newcastle, 4 Aug. 1755, BL. Add. 32857 f. 571.

(63) H.W. Richmond (ed.), *Papers Relating to the Loss of Minorca* (London, 1915); B. Tunstall, *Admiral Byng and the Loss of Minorca* (London, 1928).

(64) P. Padfield, *Guns at Sea* (London, 1973), pp. 90–2, 100.

(65) G.J. Marcus, *Quiberon Bay: The Campaign in Home Waters, 1759* (London, 1960).

(66) J.F. Bosher, 'Financing the French Navy in the Seven Years' War: Beaujon, Goosens et Compagnie in 1759', *Business History*, 28 (1986), pp. 115–33; Pritchard, *Louis XV's Navy, 1748-1762. A Study in Organisation and Administration* (Quebec, 1987), pp. 185–202.

(67) D. Syrett, 'The Methodology of British Amphibious Operations during the Seven Years' and American Wars', *Mariner's Mirror*, 58 (1972), p. 277.

(68) J. Cresswell, *British Admirals of the Eighteenth Century* (London, 1972), p. 254; M.A.J. Palmer, 'The "Military Revolution" Afloat: The Era of the Anglo-Dutch Wars and the Transition to Modern Warfare at Sea', *War in History*, 4 (1997), pp. 147–8. The social dimension of naval service can be approached best through N.A.M. Rodger's *The Wooden World: An Anatomy of Georgian Navy* (London, 1986).

第4章

(1) ヨーロッパでのものに関しては，D.J.B. Trim, 'Medieval and Early-Moden Inshore, Estuarine, Riverine and Lacustrine Warfare', in Trim and M.C. Fissel (eds), *Amphibious Warfare 1000–1700: Commerce, State Formation and European Expansion* (Leiden, 2006), pp. 357–420.

(2) R. Tregaksis, *The Warrior King: Hawaii's Kamehameha the Great* (New York, 1973).

(3) H. Moyse-Bartlett, *The Pirates of Trucial Oman* (London, 1966) and L.R. Wright, 'Piracy in the Southeast Asian Archipelago', *Journal of Oriental Studies*, 14 (1976), pp. 23–33; B. Sandin, *The Sea Dayaks of Borneo: Before White Rajah Rule* (London, 1967).

(4) N.A.M. Rodger, 'Form and Function in European Navies, 1660–1815', in L. Akveld et al. (eds). *In het Kielzog* (Amsterdam, 2003), pp. 85–97.

(5) C.O. Philip, *Robert Fulton* (New York, 1985), p. 302.

(6) J. Glete, *Warfare at Sea, 1500–1650* (London, 2000) and *War and the State in Early Modern Europe* (London, 2002).

(7) R. Harding, *Seapower and Naval Warfare 1650–1830* (London, 1999), p. 205.

(8) S. Chaudhury and M. Morineau (eds), *Merchants, Companies and Trade: Europe and Asia in the Early Modern Era* (Cambridge, 1999).

(9) T. Andrade, 'The Company's Chinese Pirates: How the Dutch East India Company Tried to Lead a Coalition of Pirates to War against China, 1621–1662', *Journal of World History*, 15 (2005), pp. 442–4.

(10) C Totman, *Early Modern Japan* (Berkeley, California, 1994).

(11) J.A. Millward, *Beyond the Pass: Economy, Ethnicity and Empire in Qing Central Asia, 1759–1864* (Stanford, California, 1998).

(12) M. Malgonkar, *Kanhoji Angrey, Maratha Admiral* (Bombay, 1959).

(13) L. Lockhart, 'Nadir Shah's Campaigns in Oman, 1734–1744', *Bulletin of the School of Oriental and African Studies*, 8 (1935–7), pp. 157–73.

(14) B. Vale, *A War Betwixt Englishmen: Brazil Against Argentina on the River Plate, 1825–1830* (London, 2000).

(15) A. DeConde, *The Quasi-War: The Politics and Diplomacy of the Undeclared War with France, 1797–1801* (New York, 1966).

(16) S.C. Tucker, *The Jeffersonian Gunboat Navy* (Columbia, South Carolina, 1993); C.L. Symonds, *Navalists and Antinavalists: The Naval Policy Debate in the United States, 1785–1827* (Newark Delaware, 1980).

(17) A. Deshpande, 'Limitadons of Military Technology: Naval Warfare on the West Coast [of India], 1650–1800', *Economic and Political Weekly*, 25 (1992), pp. 902–3.

(18) J.C. Beaglehole, *The Exploration of the Pacific* (3rd edn, Stanford, California, 1966).

(19) J.P. Merino Navarro, *La Armada Española en el Siglo XVIII* (Madrid, 1981), p. 168.

(20) J. Glete, *Navies and Nations: Warships, Navies and State Building in Europe and America, 1500–1860* (2 vols, Stockholm, 1993), I, 313.

(21) R. Morriss, *The Royal Dockyards during the Revolutionary and Napoleonic Wars* (Leicester, 1983); C. Wilkinson, *The British Navy and the State in the Eighteenth Century* (Woodbridge, 2004).

(22) P. Crimmin, '"A Great Object With Us is to Procure This Timber..." The Royal Navy's Search for Ship Timber in the Eastern Mediterranean and Southern Russia, 1803–1815', *International Journal of Maritime History*, 4 (1992), pt. 2, pp. 83–115.

(23) J.E. Talbott, *The Pen and Ink Sailor: Charles Middleton and the King's Navy, 1778–1813* (London, 1998); C. Wilkinson, *The British Navy and the State in the Eighteenth Century* (Woodbridge, 2004).

(24) J. Dull, *The French Navy and the Seven Years' War* (Lincoln Nebraska, 2005).

(25) Rockingham to Earl of Hardwicke, *c.* Apr. 1781, Sheffield, City Archive, Wentworth Woodhouse Mss. R1-1962; J.E. Talbott, 'Copper, Salt, and the Worm', *Naval History*, 3 (1989), p. 53, and 'The Rise and Fall of the Carronade', *History Today*, 39/8 (1989), pp. 24–30; R.J.W. Knight, 'The Royal Navy's Recovery after the Early Phase of the American Revolutionary War', in G.J. Andreopoulos and H.E. Selesky (eds), *The Aftermath of Defeat: Societies, Armed Forces, and the Challenge of Recovery* (New Haven, Connecticut, 1994), pp. 10–25; R. Cock, '"The Finest Invention in the World": The Royal Navy's Early Trials of Copper Sheathing, 1708–1770', *Mariner's Mirror*, 87 (2001), pp. 446–59.

(26) M. Duffy, 'The Gunnery at Trafalgar: Training, Tactics or Temperament?', *Journal for Maritime Research* (August 2005), www.jmr.ac.uk.

(27) Glete, *Navies*, pp. 402, 405. Gleteは伝統的に用いられている計測とは異なる方法を使っており、そのため通常より五〇〇～七五〇トン多くなっている。

(28) J. Pritchard, 'From Shipwright to Naval Constructor', *Technology and Culture* (1987), pp. 19–20; L.D. Ferreiro, *Ships and Science: The Birth of Naval Architecture in the Scientific Revolution, 1600–1800* (Cambridge, Massachusetts, 2007).

(29) N.A.M. Rodger, *The Command of the Ocean: A Naval History of Britain, II, 1649–1815* (London, 2004), p. 422.

(30) M. Duffy, '"... All Was Hushed up": The Hidden Trafalgar', *Mariner's Mirror*, 91 (2005), pp. 216–40.

(31) J. Gwyn, *Ashore and Afloat: The British Navy and the Halifax Naval Yard before 1820* (Toronto, 2004).

(32) R. Buel, Jr., *In Irons: Britain's Naval Supremacy and the American Revolutionary Economy* (New Haven, Connecticut, 1999).

(33) P. Krajeski, 'The Foundation of British Amphibious Warfare Methodology during the Napoleonic Era, 1793–1815', *Consortium on Revolutionary Europe: Selected Papers 1996* (Tallahassee, Florida, 1996), pp. 191–8.
(34) D. Syrett, *The Royal Navy in American Waters, 1775–1783* (Aldershot, 1989).
(35) J.R. Dull, *The French Navy and the Seven Years' War* (Lincoln, Nebraska, 2005).
(36) N.A.M. Rodger, *The Insatiable Earl: A Life of John Montagu, 4th Earl of Sandwich* (London, 1993), pp. 365–77.
(37) J.R. Dull, *The French Navy and American Independence: A Study of Arms and Diplomacy, 1774–1787* (Princeton, New Jersey, 1975).
(38) S. Willis, 'The Capability of Sailing Warships, Part 2: Manoeuvrability', *Le Martin du Nord/The Northern Mariner*, 14 (2004), pp. 57–68.
(39) N.A.M. Rodger, 'Image and Reality in Eighteenth Century Naval Tactics', *Mariner's Mirror*, 89 (2003), pp. 281–2.
(40) S. Willis, 'Fleet Performance and Capability in the Eighteenth-Century Royal Navy', *War in History*, 11 (2004), pp. 373–92.
(41) Blankett to Earl of Shelburne, 29 July 1778, BL., Bowood papers 511 fols 9–11. For the role of the weather gauge, not least the contrast between theory and practice, S. Willis, *Fighting at Sea in the Eighteenth Century: The Art of Sailing Warfare* (Woodbridge, 2008), pp. 113–28.
(42) W.S. Cormack, *Revolution and Political Conflict in the French Navy, 1789–1794* (Cambridge, 1995).
(43) R. Harding (ed.), *A Great and Glorious Victory: New Perspectives on the Battle of Trafalgar* (Barnsley, 2008).
(44) George III to William Pitt the Younger, First Lord of the Treasury, 4 Mar. 1797, NA. 30/8/104 fol. 145.
(45) D.D. Howard, 'British Seapower and its Influence on the Peninsular War, 1810–18', *Naval War College Review*, 21 (1978), pp. 54–71; C.D. Hall, 'The Royal Navy and the Peninsular War', *Mariner's Mirror*, 79 (1993), pp. 403–18.
(46) D.J. Starkey, 'War and the Market for Seafarers in Britain, 1736–1792', in L.R. Fischer and H.E. Nordvik (eds), *Shipping and Trade, 1750–1950* (Pontefract, 1990), p. 39.
(47) P.L.C. Webb, 'The Rebuilding and Repair of the Fleet, 1783–93', *Bulletin of the Institute of Historical Research* 1 (1977), pp. 194–209.
(48) T. Jenks, *Naval Engagements: Patriotism, Cultural Politics, and the Royal Navy, 1793–1815* (Oxford, 2006).
(49) C. Ware, 'The Glorious First of June. The British Strategic Perspective', in M. Duffy and R. Morriss (eds), *The Glorious First of June 1794: A Naval Battle and its Aftermath* (Exeter, 2001), pp. 38–40.
(50) P. Mackesy, *British Victory in Egypt, 1801: The End of Napoleon's Conquest* (London, 1995).

(51) F. Crouzet, 'Wars, Blockade and Economic Change in Europe, 1792-1815', *Journal of Economic History*, 24 (1964), p. 585.

(52) George III to George, 2nd Earl Spencer, 1st Lord of the Admiralty, 17 Apr. 1795, BL. Add. 75779.

(53) R. Morriss (ed.), *The Channel Fleet and the Blockade of Brest, 1792-1801* (Aldershot, 2001); A.N. Ryan, 'The Royal Navy and the Blockade of Brest, 1689-1805: Theory and Practice', in M. Accra, J. Merino and J. Meyer (eds), *Les Marines de Guerre Européenes XVII-XVIIIe Siècles* (Paris, 1985), pp. 175-94.

(54) P. Mackesy, *The War in the Mediterranean, 1803-1810* (London, 1957); P.C. Krajeski, *In the Shadow of Nelson: The Naval Leadership of Admiral Sir Charles Cotton, 1753-1812* (Westport, Connecticut, 2000).

(55) C. Ware, *The Bomb Vessel: Shore Bombardment Ships of the Age of Sail* (Annapolis, Maryland, 1994).

(56) A. Roland, *Underwater Warfare in the Age of Sail* (Bloomington, Indiana, 1978); W.S. Hutcheon, *Robert Fulton, Pioneer of Undersea Warfare* (Annapolis, Maryland, 1981); G.L. Pesce, *La Navigation sous-marine* (Paris, 1906), p. 227.

(57) J. Macdonald, *Feeding Nelson's Navy: The True Story of Food at Sea in the Georgian Era* (London, 2004).

(58) Fulton to William, Lord Grenville, British Prime Minister, 2 Sept. 1806, BL. Add. 71593 fol. 134.

第5章

(1) M.S. Reidy, *Tides of History: Ocean Science and Her Majesty's Navy* (Chicago, 2007), pp. 293-4.

(2) T. Jenks, *Naval Engagements: Patriotism, Cultural Politics, and the Royal Navy, 1793-1815* (Oxford, 2006); N. Tracy, *Britannia's Palette: The Arts of Naval Victory* (Montreal, 2007).

(3) J.H. Schroeder, *Shaping a Maritime Empire: The Commercial and Diplomatic Role of the American Navy, 1829-1861* (Westport, Connecticut, 1985); F. Leiner, *The End of Barbary Terror: America's 1815 War against the Pirates of North Africa* (New York, 2006).

(4) C. Lopez, 'English and American Mariners in Chile's First Squadron, 1817-18', in R.W. Love et al. (eds), *New Interpretations in Naval History* (Annapolis, 2001), pp. 119-32; B. Vale, *Cochrane in the Pacific: Fortune and Freedom in Spanish America* (London, 2007).

(5) E.A.M. Laing, 'The Introduction of Paddle Frigates into the Royal Navy', *Mariner's Mirror*, 66 (1980), pp. 221-9.

(6) B. Greenhill and A. Gifford, *Steam, Politics and Patronage: The Transformation of the Royal Navy, 1815-54* (London, 1994); A.D. Lambert, 'Responding to the Nineteenth Century: The Royal Navy and the Introduction of the Screw

Propeller', *History of Technology*, 21 (1999), pp. 1–28, esp. p. 25.

(7) T. Crick, *Ramparts of Empire: The Fortifications of Sir William Jervois, Royal Engineer, 1821–1897* (Exeter, 2009).

(8) A.D. Lambert, 'Preparing for the Russian War: British Strategic Planning, March 1853–March 1854', *War and Society*, 7 (1989), pp. 23, 34.

(9) N. Tarling, 'The Establishment of the Colonial Régimes', in Tarling (ed.), *The Cambridge History of Southeast Asia* (2nd edn, 4 vols, Cambridge, 1999), III, 41.

(10) Stirling to Sir James Graham, First Lord of the Admiralty, 19 Apr., 27 Nov. 1854, BL. Add. 79696 fols 147, 163; A.D. Lambert, *The Crimean War* (Manchester, 1991).

(11) W.H. Roberts, *Civil War Ironclads: The U.S. Navy and Industrial Mobilization* (Annapolis, 2002).

(12) D.G. Surdam, 'The Union Navy's Blockade Reconsidered', *Naval War College Review*, 51 (1998), p. 104, and 'The Confederate Naval Buildup: Could More Have Been Accomplished?', ibid., 54 (2001), p. 121.

(13) R.J. Schneller, 'A Littoral Frustration: The Union Navy and the Siege of Charleston, 1863–1865', *Naval War College Review* (1996), pp. 38–60.

(14) G.D. Joiner, *Mr. Lincoln's Brown Water Navy: The Mississippi Squadron* (Lanham, Maryland, 2007).

(15) H. Holzer and T. Milligan (eds), *The Battle of Hampton Roads* (New York, 2006).

(16) G. Wawro, 'Luxury Fleet: The Austrian Navy and the Battle of Lissa, 1866', in R.W. Love et al. (eds), *New Interpretations in Naval History* (Annapolis, 2001), pp. 176–87.

(17) J.W. Kipp, 'The Russian Navy and the Problem of Technological Transfer', in B. Eklof et al. (eds), *Russia's Great Reforms, 1855–1881* (Bloomington, Indiana, 1994), p. 129.

(18) H.J. Fuller, '"This Country Now Occupies the Vantage Ground": Understanding John Ericsson's Monitors and the American Union's War against British Naval Superiority', *American Neptune*, 62 (2002), pp. 91–111, and *Clad in Iron: The American Civil War and the Challenge of British Naval Power* (Westport, Connecticut, 2008), p. 282.

(19) D. O'Connor, 'Privateers, Cruisers and Colliers: The Limits of International Maritime Law in the Nineteenth Century', *Royal United Services Institute Journal*, 150/1 (Feb. 2005), p. 73.

(20) E. Gray, *Nineteenth Century Torpedoes and Their Inventors* (Annapolis, 2004).

(21) J. Gelete, 'John Ericsson and the Transformation of Swedish Naval Doctrine', *International Journal of Naval History*, 2 (2003), p.14.

(22) N.A.M. Rodger, 'The Idea of Naval Strategy in Britain in the Eighteenth and Nineteenth Centuries', in G. Till (ed.), *The Development of British Naval Thinking* (Abingdon, 2006), pp. 29–30.

(23) A. Røksund, *The Jeune École: The Strategy of the Weak* (Leiden, 2007), quote, p. 227.

(24) P.J. Kelly, 'Tirpitz and the Origins of the German Torpedo Arm, 1877–1889', in R.W. Love et al. (eds), *New Interpretations in Naval History* (Annapolis, 2001), pp. 219–49.

(25) L. Sondhaus, 'Strategy, Tactics, and the Politics of Penury: The Austro-Hungarian Navy and the *Jeune École*', *Journal of Military History*, 56 (1992), p. 602.

(26) M. Geyer and C. Bright, 'Global Violence and Nationalizing Wars in Eurasia and America: The Geopolitics of War in the Mid-Nineteenth Century', *Comparative Studies in Society and History*, 38 (1996), p. 651.

(27) J.F. Beeler, 'A One Power Standard? Great Britain and the Balance of Naval Power, 1860–1880', *Journal of Strategic Studies*, 15 (1992), p. 570.

(28) C. Symonds, *Navalists and Anti-Navalists: The Navy Policy Debate in the United States, 1785–1827* (Newark, New Jersey, 1980).

(29) D.H. Olivier, *German Naval Strategy, 1856–1888: Forerunners of Tirpitz* (London, 2005).

(30) B.M. Gough, *Gunboat Frontier: British Maritime Authority and Northwest Coast Indians, 1846–1890* (Vancouver, 1984).

(31) R. Parkinson, *The Late Victorian Navy: The Pre-Dreadnought Era and the Origins of the First World War* (Woodbridge, 2008).

(32) W.H. Thiesen, *Industrializing American Shipbuilding: The Transformation of Ship Design and Construction, 1820–1920* (Gainesville, Florida, 2006).

(33) A.D. Lambert, *The Foundations of Naval History: John Knox Laughton, and the Introduction of the Royal Navy and the Historical Profession* (London, 1998).

(34) A.T. Mahan, *From Sail to Steam: Recollections of Naval Life* (New York, 1907), p. 277.

(35) R.W. Turk, *The Ambiguous Relationship: Theodore Roosevelt and Alfred Thayer Mahan* (Westport, Connecticut, 1987).

(36) Eric Groveが一九八八年に出版した有益な注解版を参照。

(37) D.M. Schurman, *Julian S. Corbett 1854–1922: Historian of British Maritime Policy from Drake to Jellicoe* (Amherst, New York, 1981); M.R. Shulman, *Navalism and the Emergence of American Sea Power, 1882–1893*

(Annapolis, 1995); J.T. Sumida, *Inventing Grand Strategy and Teaching Command: The Classic Works of Alfred Thayer Mahan Reconsidered* (Baltimore, 1997).

(38) T.D. Gottschall, *By Order of the Kaiser: Otto von Diederichs and the Rise of the Imperial German Navy, 1865–1902* (Annapolis, 2003).

(39) R. Hobson, *Imperialism at Sea, 1875–1914* (Leiden, 2002).

(40) S.J. Shaw, 'Selim III and the Ottoman Navy', *Turcica*, 1 (1969), p. 222.

(41) N.B. Dukas, *A Military History of Sovereign Hawai'i* (Honolulu, 2004). pp. 147–64; C.V. Reed, 'The British Naval Mission at Constantinople: An Analysis of Naval Assistance to the Ottoman Empire, 1908–1914' (D.Phil. thesis, Oxford, 1995).

(42) S. Asada, *From Mahan to Pearl Harbor: The Imperial Japanese Navy and the United States* (Annapolis, 2006).

(43) J.T. Sumida, 'The Quest for Reach: The Development of Long-Range Gunnery in the Royal Navy, 1901–1912', in S.D. Chiabotti (ed.), *Military Transformation in the Industrial Age* (Chicago, Illinois, 1996), pp. 49–96.

(44) M.S. Seligmann, 'Switching Horses: The Admiralty's Recognition of the Threat from Germany, 1900–1905', *International History Review*, 30 (2008), p. 257.

(45) M.S. Seligmann, 'New Weapons for New Targets: Sir John Fisher, the Threat from Germany, and the Building of HMS *Dreadnought* and HMS *Invincible*, 1902–1907', *International History Review*, 30 (2008), p. 325.

(46) N.A. Lambert, *Sir John Fisher's Naval Revolution* (Columbia, South Carolina, 1999); J.T. Sumida. 'A Matter of Timing: The Royal Navy and the Tactics of Decisive Battle, 1912–1916', *Journal of Military History*, 67 (2003), pp. 85–136, esp. 131–3.

(47) T.G. Otte, '"What we desire is confidence": The Search for an Anglo-German Naval Agreement, 1909–1912', in K. Hamilton and E. Johnson (eds), *Arms and Disarmament in Diplomacy* (Edgware, Middlesex and Portland, Oregon, 2007), p. 47.

(48) P.J. Kelly, 'Strategy, Tactics, and Turf Wars: Tirpitz and the Oberkommando der Marine, 1892–1895', *Journal of Military History*, 66 (2002), p. 1059.

(49) J.C. Schencking, *Making Waves: Politics, Propaganda, and the Emergence of the Imperial Japanese Navy, 1868–1922* (Palo Alto, California, 2005).

(50) Z. Fotakis, *Greek Naval Strategy and Policy*, 1910–1919 (London, 2005).

(51) J.T. Sumida, *In Defence of Naval Supremacy: Finance, Technology, and British Naval Policy, 1899–1914* (London, 1989).

(52) N.A. Lambert, 'Strategic Command and Control for Maneuver Warfare: Creation of the Royal Navy's "War Room" System, 1905-1915', *Journal of Military History*, 69 (2005), pp. 361-413.

(53) アメリカについては、S.K. Stein, *From Torpedoes to Aviation: Washington Irving Chambers and Technological Innovation in the New Navy, 1876-1913* (Tuscaloosa, Alabama, 2007); P.A. Shulman, '"Science Can Never Demobilize": The United States Navy and Petroleum Geology, 1898-1924', *History and Technology*, 19 (2003), pp. 367-71.

第6章

(1) G.C. Peden, *Arms, Economics and British Strategy: From Dreadnoughts to Hydrogen Bombs* (Cambridge, 2007).

(2) C.P. Vincent, *The Politics of Hunger: The Allied Blockade of Germany, 1915-1919* (Athens, Georgia, 1985).

(3) N.J.M. Campbell, *Jutland: An Analysis of the Fighting* (London, 1986).

(4) A. Gordon, *The Rules of the Game: Jutland and British Naval Command* (London, 1996), pp. 514-15.

(5) Kitchener to Balfour, 6 Nov. 1915, PRO. 30/57/66.

(6) C. McKee, *Sober Men and True: Sailor Lives in the Royal Navy, 1900-1945* (Cambridge, Massachusetts, 2002), p. 113

(7) BL. Add. 50294 fol. 6, 49710 fol. 2.

(8) M. Wilson, 'Early Submarines', in R Gardiner (ed.), *Steam, Steel and Shellfire: The Steam Warship 1815-1905* (London, 1992), pp. 147-57.

(9) H.H. Herwig, 'Total Rhetoric, Limited War: Germany's U-Boat Campaign, 1917-1918', in R. Chickering and S. Forster (eds), *Great War, Total War: Combat and Mobilization on the Western Front, 1914-1918* (Cambridge, 2000), p. 205

(10) BL. Add. 49714 fol. 29.

(11) BL. Add. 49714 fol. 145.

(12) BL. Add. 49715 fol. 210.

(13) J. Winton, *Convoy: The Defence of Sea Trade, 1890-1990* (London, 1983); J. Terraine, *Business in Great Waters: The U-Boat Wars 1916-45* (London, 1989).

(14) G. Penn Fisher, *Churchill and the Dardanelles* (London, 1999).

(15) P.G. Halpern, *The Naval War in the Mediterranean 1914-1918* (London, 1987).

(16) G. Nekrasov, *North of Gallipoli: The Black Sea Fleet at War, 1914-1917* (Boulder, Colorado, 1992).

(17) M.B. Barrett, *Operation Albion: The German Conquest of the Baltic Islands* (Bloomington, Indiana, 2008).

(18) W.N. Still, *Crisis at Sea: The United States Navy in European Waters in World War I* (Gainesville, Florida, 2007).

(19) D. Horn, *The German Naval Mutinies of World War One* (New Brunswick, New Jersey, 1969); N. Hewitt, '"Weary Waiting is Hard Indeed": The Grand Fleet after Jutland', in I.F.W. Beckett (ed.), *1917: Beyond the Western Front* (Leiden, 2009), p. 69.

(20) D.A. Yerxa, *Admirals and Empire: The United States Navy and the Caribbean, 1898*; W.N. Still, *Crisis at Sea 1945* (Columbia, South Carolina, 1991), p. 53.

(21) P.G. Halpern, *A Naval History of World War I* (Annapolis, Maryland, 1994).

(22) S. Roskill, *Naval Policy between the Wars. I: The Period of Anglo-American Antagonism, 1919–1929* (London, 1968); E.O. Goldman, *Sunken Treaties: Naval Arms Control Between the Wars* (University Park, Pennsylvania, 1994); P.P. O'Brien, *British and American Naval Power: Politics and Policy, 1900–1936* (Westport, Connecticut, 1998); E. Goldstein and J.H. Maurer, *The Washington Naval Conference: Naval Rivalry, East Asian Stability, and the Road to Pearl Harbor* (Ilford, 1994).

(23) R.D. Burns, 'Regulating Submarine Warfare, 1921–41: Case Study in Arms Control and Limited War', *Military Affairs*, 35 (1971), pp. 56–63.

(24) NA. CAB. 29/117 fol. 78. R.W. Fanning, *Peace and Disarmament: Naval Rivalry and Arms Control, 1922–1933* (Lexington, Kentucky, 1995); D.C. Evans and M.R. Peattie, *Kaigun: Strategy, Tactics and Technology in the Imperial Japanese Navy, 1887–1941* (Annapolis, 1997).

(25) J.T. Sumida, '"The Best Laid Plans": The Development: of British Battle-Fleet Tactics, 1919–1942', *International History Review*, 14 (1992), pp. 682–700.

(26) L.M. Philpott, *The Royal Air Force... the Inter-war Years. I. The Trenchard Years, 1918 to 1929* (Barnsley, 2005), pp. 194–208.

(27) C.G. Reynolds, *The Fast Carriers: The Forging of an Air Navy* (New York, 1968); G. Till, 'Adopting the Aircraft Carrier: The British, American, and Japanese Case Studies', in W. Murray and A.R. Millett (eds), *Military Innovation in the Interwar Period* (Cambridge, 1996), pp. 191–226.

(28) G. Till, *Air Power and the Royal Navy, 1914–1945* (London, 1989)

(29) T.C. Hone, N. Friedman and M.D. Mandeles, *American and British Aircraft* Carrier Development, 1919–1941(Annapolis, 1999); T. Wildenberg, *Destined for Glory: Dive Bombing, Midway, and the Evolution of Carrier*

Airpower (Annapolis, 1998).

(30) BL. Add. 49699 fol. 84.

(31) BL. Add. 49045 fols 1-2.

(32) O.C. Chung, *Operation Matador: Britain's War Plans against the Japanese, 1918-1941* (Singapore, 1997).

(33) S.E. Pelz, *Race to Pearl Harbor: The Failure of the Second London Naval Conference and the Onset of World War II* (Cambridge, Massachusetts, 1974); R.G. Kaufman, *Arms Control During the Pre-Nuclear Era: The United States and Naval Limitation Between the Two World Wars* (New York, 1990).

(34) P. Padfield, *Maritime Dominion and the Triumph of the Free World* (London, 2009).

(35) T.R. Maddux, 'United States-Soviet Naval Relations in the 1930s: The Soviet Union's Efforts to Purchase Naval Vessels', in D.J. Stoker and J.A. Grant (eds), *Girding for Battle. The Arms Trade in a Global Perspective, 1815-1940* (Westport, Connecticut, 2003), p. 207.

(36) H.H. Herwig, 'Innovation Ignored: The Submarine Problem – Germany, Britain, and the United States, 1919-1939', in Murray and Millett (eds), *Military Innovation*, pp. 227-64.

(37) T.R. Philbin, *The Lure of Neptune: German–Soviet Naval Collaboration and Ambitions, 1919-1941* (Columbia, South Carolina, 1994), p. xiv.

(38) R. Mallett, *The Italian Navy and Fascist Expansionism, 1935-1940* (London, 1998).

(39) A. Marder, 'The Royal Navy and the Ethiopian Crisis of 1935-36', *American Historical Review*, 75 (1970), pp. 1327-56.

(40) J. Ferris, 'The Last Decade of British Maritime Supremacy, 1919-1929', in K. Neilson and G. Kennedy (eds), *Far Flung Lines* (London, 1997), pp. 155-62.

(41) NA. CAB. 16/109, fol. 9.

(42) D.M. Goldstein and K.V. Dillon (eds), *The Pearl Harbor Papers: Inside the Japanese Plans* (McLean, Virginia, 1993).

(43) A. Claasen, 'Blood and Iron, and *der Geist des Atlantiks*: Assessing Hitler's Decision to Invade Norway', *Journal of Strategic Studies*, 20 (1997), pp. 71-96.

(44) R.M. Salerno, 'The French Navy and the Appeasement of Italy, 1937-9', *English Historical Review*, 112 (1997), pp. 102-3.

(45) Sir Dudley Pound to Admiral Layton, 15 Sept. 1941, BL. Add. 74796.

(46) J.J. Sadkovich, *The Italian Navy in World War II* (Westport, Connecticut, 1994); J. Greene and A. Massignani, *The Naval War in the Mediterranean, 1940-1943* (Rockville Centre, New York, 1999); M. Simpson (ed.), *The Cunningham*

Papers I (Aldershot, 1999).
(47) L. Paterson, *U-Boats in the Mediterranean* (London, 2007).
(48) A.J. Levine, *The War Against Rommel's Supply Lines, 1942–1943* (Westport, Connecticut, 1999).
(49) I. Kershaw, 'Did Hitler Miss His Chance in 1940?', in N. Gregor (ed.), *Nazism, War and Genocide* (Exeter, 2005), pp. 110–30.
(50) C. Eade (ed.), *Secret Session Speeches* (London, 1946), p. 47.
(51) L. Paterson, *Hitler's Grey Wolves: U-boats in the Indian Ocean* (London, 2004).
(52) G. Rhys-Jones, *The Loss of the Bismarck: An Avoidable Disaster* (London, 1999).
(53) BL. Add. 52560 fol.120.
(54) G. Franklin, *Britain's Anti-Submarine Capability, 1919–1939* (London, 2003).
(55) J. Terraine, *Business in Great Waters: The U-Boat Wars, 1916–45* (London, 1989).
(56) D.M. Goldstein and K.V. Dillon (eds). *The Pearl Harbor Papers: Inside the Japanese Plans* (Washington, DC, 1993); H.P. Willmott, *Pearl Harbor* (London, 2001).
(57) C.M. Bell, 'The "Singapore Strategy" and the Deterrence of Japan: Winston Churchill, the Admiralty and the Dispatch of Force Z', *English Historical Review*, 116 (2001), pp. 604–34.
(58) D.V. Smith, *Carrier Battles: Command Decisions in Harm's Way* (Annapolis, 2006), esp. pp. 244–55.
(59) C. Boyd and A. Yoshida, *The Japanese Submarine Force and World War II* (Annapolis, 1995).
(60) M. Murfett, *Naval Warfare 1919–1945* (Abingdon, 2009), p. 498.
(61) J.B. Lundstrom, *Black Shoe Carrier Admiral: Frank Jack Fletcher at Coral Sea, Midway, and Guadalcanal* (Annapolis, 2006).
(62) C. Blair, *Silent Victory: The U.S. Submarine War Against Japan* (New York, 1963); M. Parillo, *The Japanese Merchant Marine in World War Two* (Annapolis, 1993).
(63) J.H. and W.M. Belote, *Titans of the Seas: The Development and Operations of American Carrier Task Forces During World War II* (New York, 1975); W.R. Carter, *Beans, Bullets and Black Oil: The Story of Fleet Logistics Afloat in the Pacific during World War Two* (Washington, DC, 1952).
(64) W.T. Y'Blood, *Red Sun Setting: The Battle of the Philippine Sea* (Annapolis, 1981).
(65) T.B. Buell, *The Quiet Warrior: A Biography of Admiral Raymond A. Spruance* (Boston, 1974); E.B. Potter, *Nimitz* (Annapolis, 1976); H.P. Willmott, *The Barrier and the Javelin: Japanese and Allied Pacific Strategies, February to*

June 1942 (Annapolis, 1983); D.C. James, *The Years of MacArthur, 1941–1945* (New York, 1985); R. Spector, *Eagle Against the Sun: The American War with Japan* (New York, 1985); G. Bischof and R.L. Dupont (eds), *The Pacific War Revisited* (Baton Rouge, Louisiana, 1997); V.P. O'Hara, *The U.S. Navy Against the Axis: Surface Combat 1941–1945* (Annapolis, 2007).

(66) H.P. Willmott, *The Battle of Leyte Gulf: The Last Fleet Action* (Bloomington, 2005).

第7章

(1) M. Coles, 'Ernest King and the British Pacific Fleet', *Journal of Military History*, 65 (2001), pp. 127–9.

(2) P.H. Silverstone, *The Navy of World War II* (New York, 2008), p. 12.

(3) N. Polmar, 'Improvins the Breed', *Naval History*, 21/5 (Oct. 2007), pp. 22–7.

(4) M.A. Palmer, *Origins of the Maritime Strategy: The Development of American Naval Strategy, 1945–1955* (Annapolis, 1990); J.G. Barlow, *Revolt of the Admirals: The Fight for Naval Aviation* (Washington, DC, 1994).

(5) J. Miller, *Nuclear Weapons and Aircraft Carriers: How the Bomb Saved Naval Aviation* (Washington, DC, 2001).

(6) M.W. Cagle and F.A. Manson, *The Sea War in Korea* (Annapolis, 2000 ; E.J. Marolda, *The U.S. Navy in the Korean War* (Annapolis, 2007)

(7) P. Paterson, 'The Truth About Tonkin', and comment by W. Buehler, *Naval History* (Feb. 2008), pp. 52–9,(Apr. 2008), p. 6.

(8) F. Duncan, *Rickover and the Nuclear Navy: The Discipline of Technology* (Annapolis, 1990).

(9) E. Grove and G. Till, 'Anglo-American Maritime Strategy in the Era of Massive Retaliation, 1945–60', in J.B. Hattendorf and R.S. Jordan (eds), *Maritime Strategy and Balance of Power: Britain and America in the Twentieth Century* (New York, 1989) pp. 286–99; M.A. Palmer, *Origins of the Maritime Strategy The Development of American Naval Strategy, 1945–1955* (Annapolis, 1990); S.M. Maloney, *Securing Command of the Sea: NATO Naval Planning, 1948–1954* (Annapolis, 1995).

(10) E.J. Marolda, *Cordon of Steel: The United States Navy and the Cuban Missile Crisis* (Washington, DC, 1994).

(11) S.M. Maloney, *Securing Command of the Sea: NATO Naval Planning, 1948–1954* (Annapolis, 1995), pp. 197–8.

(12) A. Hind, 'Thc cruise Missile Comes of Age', *Naval History*, 22/5 (Oct. 2008), p. 55.

(13) J. Gorshkov, *The Sea Power of the State* (Annapolis, 1979).

(14) G. Kennedy, 'The Royal Navy and Imperial Defence, 1919-1956', in Kennedy (ed), *Imperial Defence: The Old World Order, 1856-1956* (Abingdon, 2008), pp. 144-5.

(15) I. Speller, *The Role of Amphibious Warfare in British Defence Policy, 1945-1956* (Basingstoke, 2001).

(16) S. Lucas, *Britain and Suez: The Lion's Last Roar* (Manchester, 1996).

(17) Southampton, University Library MB1/I149.

(18) S.J. Ball, '"Vested Interests and Vanished Dreams": Duncan Sandys, the Chiefs of Staff and the 1957 White Paper', in P. Smith (ed.), *Government and the Armed Forces in Britain, 1856-1990* (London, 1998), pp. 217-34.

(19) J. and D.S. Small, *The Undeclared War: The Story of the Indonesian Confrontation, 1962-1966* (London, 1971).

(20) P. Vial, 'National Rearmament and American Assistance: The Case of the French Navy during the 1950s', in W.M. McBride (ed.), *New Interpretations in Naval History* (Annapolis, 1998), pp. 260-88.

(21) M. Milner. *Canada's Navy: The First Century* (Toronto, 1999).

(22) D.R. Snyder, 'Arming the *Bundesmarine*: The United States and the Build-up of the German Federal Navy, 1950-1960', *Journal of Military History*, 66 (2002), pp. 477-500.

(23) A. Gorst, 'CVA-01', in R. Harding (ed.), *The Royal Navy, 1930-2000: Innovation and Defence* (Abingdon, 2005), pp. 172-92.

(24) E.g. *Financial Times*, 20 Feb. 2008, p. 13.

(25) P. Darby, *British Defence Policy East of Suez, 1947-68* (London, 1973); M. Jones, '"Up the Garden Path": British Nuclear History in the Far East, 1954-1962', *International History Review* 25 (2003), pp. 325-7.

(26) J. Pickering, *Britain's Withdrawal from East of Suez* (Basingstoke, 1998).

(27) M.A. Palmer, *On Course to Desert Storm: The United States Navy and the Persian Gulf* (Washington, DC, 1992).

(28) E.J. Marolda and O.P. Fitzgerald, *The United States Navy and the Vietnam Conflict. II: From Military Assistance to Combat, 1959-1965* (Washington, DC, 1986); J.B. Nichols and B. Tillman, *On Yankee Station: The Naval Air War over Vietnam* (Annapolis, 1987); R.J. Francillon, *Tonkin Gulf Yacht Club: U.S. Carrier Operations off Vietnam* (Annapolis, 1988).

(29) N. Stewart, *The Royal Navy and the Palestine Patrol* (London, 2002).

(30) D.K. Brown, *The Royal Navy and the Falklands War* (London, 1987); L. Freedman, *The Official History of the Falklands Campaign* (2 vols, London, 2005); S. Badsey, R. Havers and M. Grove (eds), *The Falklands Conflict Twenty Years On: Lessons for the Future* (London, 2005).

(31) G.E. Hudson, 'Soviet Naval Doctrine and Soviet Politics, 1953–1975', *World Politics*, 29 (1976), pp. 90–113; B. Ranft and G. Till, *The Sea in Soviet Strategy* (London, 1983).

(32) P. Nitze et al., *Securing the Seas: The Soviet Naval Challenge and Western Alliance Options* (Boulder, Colorado, 1979); J.D. Watkins, *The Maritime Strategy* (Annapolis, 1986); E. Rhodes, '"...From the Sea" and Back Again. Naval Power in the Second American Century', *Naval War College Review*, 52/2 (1999), pp. 22–3; D. Winkler, *Cold War at Sea: High Seas Confrontation between the United States and the Soviet Union* (Annapolis, 2000).

(33) F.H. Hartmann, *Naval Renaissance: The U.S. Navy in the 1980s* (Annapolis, 1990); J.F. Lehman, *Command of the Seas: Building the 600 Ship Navy* (New York, 1988).

(34) E. Rhodes, 'Constructing Peace and War: An Analysis of the Power of Ideas to Shape American Military Power', *Millennium: Journal of International Studies*, 24 (1995), p. 84. For an earlier example, Rhodes, 'Sea Change: Interest-Based vs. Cultural-Cognitive Accounts of Strategic Choice in the 1890s', *Security Studies*, 5/4 (1996), esp. pp. 121–2.

(35) N. Friedman, *Seapower as Strategy: Navies and National Interests* (Annapolis, 2001).

(36) C.S. Gray, *The Leverage of Seapower: The Strategic Advantage of Navies in War* (New York, 1992), and *The Navy in the Post-Cold War World: The. Uses and Value of Strategic Sea Power* (Philadelphia, 2004).

(37) W. Hughes, *Fleet Tactics and Coastal Combat* (2nd edn, Annapolis, 2000); E.J. Grove, *The Royal Navy Since 1815* (London, 2005), p. 261.

(38) J.B. Hattendorf (ed.), *US Naval Strategy in the 1990s: Selected Documents* (Newport, Rhode Island, 2007); M. Mäder, *In Pursuit of Conceptual Excellence: The Evolution of British Military Strategic Doctrine in the Post-Cold War Era, 1989–2002* (New York, 2004).

(39) R.O. Work, 'The Global Era of National Policy and the Pan-Oceanic National Fleet', *Orbis*, 52 (2008), p. 602.

(40) A. Dorman et al.(eds), *The Changing Face of Maritime Power* (London, 1999).

(41) *British Maritime Doctrine* (2nd edn, London, 1999), pp. 3, 171.

(42) *Naval Strategic Plan* (2006), p. 9.

(43) K.J. Hagan and M.T. McMaster, 'In Search of a Maritime Strategy: The U.S. Navy, 1981–2008', in Hagan (ed.), *In Peace and War: Interpretations of American Naval History* (2nd edn, Westport, Connecticut, 2008), pp. 291–2.

(44) J. Black, *War Since 1990* (London, 2008).

(45) 米海軍の組織に関する議論については、E. Labs, *Options for the Navy's Future Fleet* (Washington, DC, 2006); R.O. Work, 'Numbers and Capabilities: Building a Navy for the Twenty-First Century', in G.J. Schmitt and T. Donnelly (eds), *Of*

Men and Materiel: The Crisis in Military Resources (Washington, DC, 2007), pp. 82–113; F. Hoffman, *From Preponderance to Partnership: American Maritime Power in the 21st Century* (Washington, DC, 2008).

第8章

（1）I. Speller, 'Naval Warfare', in D. Jordan et al., *Understanding Modern Warfare* (Cambridge, 2008).

（2）D.G. Muller, *China as a Maritime Power* (Boulder, Colorado, 1983); J.W. Lewis and X. Litai, *China's Strategic Seapower: The Politics of Force Modernization in the Nuclear Age* (Stanford, California, 1995); B.D. Cole, *The Great Wall at Sea: China's Navy Enters the Twenty-First Century* (Annapolis, 2001); T.M. Kane, *Chinese Grand Strategy and Maritime Power* (London, 2002); D. Shambaugh, *Modernizing China's Military: Progress, Problems, and Prospects* (Berkeley, California, 2002); J.R. Holmes and T. Yoshihara, *Chinese Naval Strategy in the 21st Century: The Turn to Mahan* (London, 2008); D. Lei, 'China's New Multi-faceted Maritime Strategy', *Orbis* (winter 2008), pp. 139–57. You Ji から論文の存在を聞くことができ有益であった。

（3）T. Yoshihara and J.R. Holmes (eds), *Asia Looks Seaward: Power and Maritime Strategy* (Westport, Connecticut, 2008).

（4）*The Times*, 27 Dec. 2008, p. 43; A.S. Erickson and A.R. Wilson, 'China's Aircraft Carrier Dilemma', *Naval War College Review* (autumn 2006), pp. 13–45.

（5）US Joint Forces Command, *The Joint Operating Environment 2008* (Suffolk, Virginia, 2008), p. 27.

（6）J. Handler, A. Wickenheiser and W.M. Arkin, 'Naval Safety 1989: The Year of the Accident', *Neptune Paper*, 4 (Apr. 1989); G. Allison and A. Kokoshin, 'The New Containment', *The National Interest*, 69 (2002), p. 39.

（7）http://www.naval-technology.com/projects/akula/

（8）K. Booth, *Navies and Foreign Policy* (London, 1977), p. 15; E. Grove, *The Future of Sea Power* (Annapolis, 1990).

（9）*Indian Maritime Doctrine*, 2004.

（10）*Future Navy Vision* (London, 2006), p. 3.

（11）War Cabinet Minutes, 29 July 1942, Canberra, National Archives of Australia, p. 1404. See also, e.g., 30 June 1942, pp. 1378–9.

（12）G. Till, *Seapower. A Guide for the Twenty-First Century* (London, 2004), p. 368.

第9章

（1）J. Glete, 'Bridge and Bulwark: The Swedish Navy and the Baltic, 1500 -1809', in G. Rystad, K-R. Bohme and W.M. Carlgren (eds), *The Baltic and Power Politics, 1500 -1890* (Lund,1994), p. 56.

（2）M.S. Navias and E.R. Hooton, *Tanker Wars: The Assault on Merchant Shipping During the Iran-Iraq Conflict, 1980 -1988* (London, 1996).

訳者あとがき

本書の原題は、*Naval Power—A History of Warfare and The Sea from 1500* であり、二〇〇九年にPalgrave Macmillan 社から刊行されている。ハードカバー版とペーパーバック版の二種類あるが、ここではペーパーバック版を用いた。著者のジェレミー・ブラック（Jeremy Black）は英エクセター大学教授を務めるかたわら、一〇〇冊を超える著作を有する著名な歴史家である。現任校には一九九六年に赴任しており、それ以前にはダーラム大学に在籍していた。自身の教育的背景としては、学部はケンブリッジ大学、大学院はオックスフォード大学にそれぞれ学んでいる。また、イギリスの郵便制度に関する研究への功績によって、二〇〇〇年に大英帝国勲章のＭＢＥ（Member of the Order of the British Empire）を受章している。

日本では何冊か邦訳もあるが（『図説 地図で見るイギリスの歴史』『世界史アトラス』『地図の政治学』など）、いずれも地図と歴史に焦点を当てていることから、どちらかといえば初期はむしろ地理学に比重のかかった研究に関心があったことが窺われる。近年では特に軍事史の分野で顕著な業績をあげており、この分野での著作が多い。事実、本書の「はじめに」にも書かれているように、オーストラリアやアメリカの軍事関係の大学で講演をしている。このことからもわかるとおり、世界的に一定の評価を確立している。二〇一一年には訪日の機会もあり、防衛研究所などでも講演している。

さて、内容に関してみると一読すればわかるように、基本的に本書は海戦史を扱ったものではない。本邦では海軍に関する文献はそれこそ汗牛充棟の観があるものの、その大半は旧日本海軍に関するものであり、しかも海戦史が中心である。このように、海軍の歴史に関する限り、わが国では日本海軍の海戦史が大きなウエイトを占めている。これに対して、世界の海軍の歴史に関する邦語文献は、意外なことに驚くほど少ないうえ、さらにそうした文献も年代的にいささか古さを感じさせるように思える。本書は世界の海軍の歴史を扱っており、その意味で本邦においては極めて類書が少ないといえる。さらにそれだけでなく、上述したように海戦史を主題として描いていない点が大きな特徴である。

本文中にもあるように、建艦技術や海軍力の社会史も重要ではあるが、本書はそこに力点をおいたものではなく、むしろ海軍力を手段として捉えることに主眼をおいている。つまり、国家制度の本質や戦略文化、それにこうしたパワーの根源とされる国内環境を海軍は示唆するものであり、そうした点に主眼をおいている。この点は一貫して本書の底流として流れている。著者には他にも海軍の歴史を扱った著作があるが、やはり基本的なスタンスとして制度や文化といった側面を重視している点が特徴的である。ややもすればパワーの要因として技術を最重視する傾向が強いものの（決してそれは間違ってはいないが）、必ずしも海軍力の強さの要因を技術的なものだけで捉えないところが斬新である。少なくともわが国にあっては、著者のような視点から海軍の歴史を扱ったものは少なく、ましてや世界レベルで歴史的に扱った文献は寡聞にして知らない。まず、本書のユニークな部分としてこの点を強調しておきたい。

さて、本書の原題は冒頭にも記したとおり *Naval Power* であるが、この言葉を定義化しようとすると、使う人によってかなり幅がある。著者はいかなる定義を下しているかというと、単一の定義で割り切らないことが肝要だとする（本書、34頁。以下同）。その根拠として、海軍力には船の機能や人力、基地、兵站支援、さらに資金と政治的支援も広く含まれていることをあげている。これらが互いに密接に関連しあって海軍力を構成するという。また、海軍力の行使を理解しようとする場合、単純になりすぎてしまうきらいがあるとし、それは特にこうした力の行使から得られる利益だけで、海軍力を考えてしまう傾向にあるからだと指摘する。このような定義をめぐる発想から窺えるのは、やはり制度的な要素の重要性であり、制度は海軍力を形成するうえでの基層として、常に見えざるところで確実に存在しているということである。

あるいは逆に利益の確保から考えてみても、国家は次第に一過性の略奪ではなく交易による利益に目を向けるようになっていくが、その場合陸上に基盤をおく経済システムに自らを適応させた国家が、支配的な力を振るうようになっていった。すなわち、海軍力の本質は、経済力との関係性であると説く（179頁）。そして、その部分は変化しないにせよ、海洋でのパワーの手段は常に変化していった。事実、ポルトガルは技術的な比較優位を各国に先駆けて確保すると、こうした経済システムへの適応力を模索するようになっていった。オランダもイギリスもこれにならって続き、それがやがてアジアとアフリカの海で壮大な交易を展開することになるのだが、こうした利益の確保を根底で支えたのが海軍であった。経済システムに適応できた国が海軍力を伸張できたという事実は、海軍力の制度的重要性を物語っていて興味深い。この辺のところに関して著者は、今日の極めて異なる状況下においても、依然として当てはまるのではないかという（34頁）。

以下に著者のロジックに従って（上記同様本文の引用に依拠するが、多少アレンジしている。頁は引用頁）、制度的な部分についてさらにみていこう。一八世紀までの間、海軍が大きく伸張していったのは地域的にアジアではなく、圧倒的にヨーロッパであった。その背後の重要な原動力が、すなわち政治である。著者によれば、政治とは艦隊決戦を含む戦争によって決せられる強い力のぶつかり合いであり、制海権を通じて得られる国益の確保を追求しようとする強大な組織の集合体でもある（38頁）。この辺は戦争を政治的行為と考えたクラウゼヴィッツの発想と軌を一にする。しかしその反面、近代社会では紛争に艦隊を用いないという、まさしくそうした考え方が潜在的な力に神秘性をもたせ、外交手段としての価値を高めることになっているとも主張する（92頁）。砲艦外交もこうした発想の延長にあるといえるし、イギリスの場合は特に歴史的にみて長らく政治の延長に海軍はあった。その政治とはイギリスの場合、議会制民主主義であり、実質的に一八世紀になってウォルポール以降その基盤が固まった。国民の代表である議会が政治の主体であるとすれば、海軍を動かす原動力はもはや国王ではなく議会であり、議会を動かすものは国民に他ならない。

ロイヤル・ネイビーの強さの背景に、こうした国民の存在があったことは示唆的である。まさに、海戦で通常イングランドが打ち破ろうとするのはフランス艦隊というよりも、そのためのパワーを承認する、国内での継続的な支持であり、つまり勝利を必要とする政治文化であった（80頁）。これに対して、アジアでは一九世紀になってから日本が後発ではあったものの、急速な勢いでイギリスに範をとりつつ海軍の育成に精励していった。しかし、強大な海軍を築きあげることに成功したとはいえ、ついに二〇世紀半ばに帝国海軍は壊滅しその歴史に幕を下ろす。ロイヤル・ネイビーとこれにならいつつ崩壊した帝国海軍を比較した場合、根底にある大きな相違は政治文化のありようではなかったか。つまり、国民からの支持を受けていた議会制民主主義国家と、軍部の支配する独裁国家の違いである。アジアではなくヨーロッパで基本的に海軍は成長を遂げたことも、この辺と重なり合うように思える。あるいは、スペインからオランダ、イギリスへと海洋権力が移り変わっていったのも、ナチス支配下の海軍が崩壊し、旧ソ連の海軍が結局大きく揺らぎをみせたのも、すべてみな底辺で一脈通ずるものがあるようにみえる。

著者によればイギリスの能力は、帝国と通商のグローバル・ネットワークを構築する独特の西洋の経験に依存していたという。すなわち、西洋に特徴的な経済と技術、さらに国家形態が、根底において相互に影響しあっていたのである。特にイギリスとオランダのもつ、突出した自由主義的な政治制度の影響が大きいとする。こうした制度は、海軍力の開発に有意義な民間部門と資本家、政府の相互間に共生関係を生み、また独自の協調体制をつくることに成功した。中国と韓国、日本では、多くの大型船を建設し、大砲の生産も可能であったが、体制的にかなり中央集権的であり、その経済や文化水準は同時代の西洋諸国に比べても、必ずしも弱体なわけではなかった。しかしながら、この三国の場合は西洋列強と対照的に、海洋から現実的な効果を生み出すことを目標とした、経済と技術、国家制度間に相互の影響がほとんどみられなかった（146頁）。この辺が海軍力をめぐるヨーロッパとアジアとの、歴史的な大きな違いとして特筆される。

しかしながら、より踏み込んでいえば、真に強力な海軍の存在は、単なる制度の模倣だけでも不十分というべきであろう。その制度のさらに深い根底にある、なにものかが欠かせないのではないかと思う。歴史を壮大なスケールで描いてみせたトマス・ソーウェル『征服と文化の世界史』（拙訳、明石書店、二〇〇四年）によれば、国力を増大させていくには他国（特に自国よりも先進している国）から何事かを学び吸収しようという受容力が不可欠という。ただし、それだけでも不十分であり、「多くの国でイギリスの法制度と政体をまねたものの、強力な伝統にまで昇華された歴史的経験が、法制度や政治体制そのものを動かすのに不可欠、ということである。こうした制度は誰にでもまねできるが、その背景にある歴史や伝統は合成することが不可能であり、このような無形財産こそが、有形の制度や構造を動かしてきたのである」（同書一五四頁）。まさしく帝国海軍がついに瓦解するに至るのは、この指摘のとおりではなかろうか。海軍兵学校出身で敗戦時中尉であった池田清も『海軍と日本』（中央公論社、一九八一年）の中で、「『イギリスを日本に移植』（クロード卿）しようとした先駆者たちの意図が、結局は実を結ばず、表面的なきれいごとの模倣に終わったのはなぜか」と疑問を呈しつつ、その著作を著した動機の一つがここにあったことを認めている。池田の疑問はソーウェルの言でほぼ説明されるように思うが、つまるところ、「仏作って魂入れず」ということであったかもしれない。

さらに、帝国海軍が手本としたロイヤル・ネイビーは、パワーの行使にむしろ抑制的な姿勢も示している。著者によれば、特に一八一五年からのイギリスの政策をみると、一九四五年と一九九一年以降のアメリカの政策と状況的に似ている、という。国際的対立に海軍力が制約されていなかったこの時代にあっても、現実のイギリス艦隊の用例は極めて慎重であり、むしろ、ロイヤル・ネイビーは海賊と戦い、密輸を阻止するということに用いられていた。多くの小型快速船が自海域を哨戒するために建造されており、一方、軍艦はカリブ海などで海賊捕獲に投入されていた。イギリスにとっての海軍力とは、海を監視するという理解であった（90頁）。この辺が帝国海軍、ないし他の海軍と決定的に異なるところでもある。ロイヤル・ネイビーの理念が単純明快に「通商保護」"protection of commerce"としていることを理解すれば（曽村保信『海の政治学』中央公論社、一九八八年、八三頁）、その点も首肯される。これは通商の保護は国益と国民のために海軍とはそのための手段であるという発想である。もっとも、手段としての海軍力という考え方はイギリスに限られず、一六五〇年代のフランス海軍の場合にも、海軍は王室の政策を効果的に遂行する手段であることと、海洋についてのコンセンサスづくりを可能としたことの二点の重要性が言及されているが、これは一般論としても当てはまる指摘である（67頁）。

政治文化として、ロイヤル・ネイビーに国民からの支持があったのと同様に重要なことは、やはり国民の姿勢ではないかと思う。一七世紀末には強大な海軍国は、以前のようにもはや商業圏や商業港同士が近接している必要性はなくなっていた。とはいえ、特定の港とそこに関係する起業家たちの存在は、こうした国家の運営にとって不可欠であった（21頁）。すなわち、民間部門の強さが海軍力の遠因であると著者は説く。艦隊艦船という大掛かりな創造物を構築するには、当然ながら裾野の広いインフラや装置が必要とされる。艦隊は洗練された強大な軍事システムであり、ドックを拠点とする強い産業と兵站資源によって支えられている。ドックは世界の建設施設の中でも労働力を含め最大の産業施設に類し、ポーツマスやプリマスなどはその代表例である。興味深いのは、このようにドックが単に船をつくるというのにとどまらず、その周辺部分において大きな倉庫によって支えられていたり（アムステルダムのランツ・ゼーマハゼイン）、パン屋や蒸留酒製造場が存在したり（スウェーデンのカールスクルーナ）、多様な意味で造船に携わる労働力を支える製造業の存在がみられた点である（129頁）。イギリスにおいても、一七七六年にはポーツマスに当時世界最大の建物の縄製造所が建設されたように、海軍基地とは巨額の投資が要求される産業の集積所であった。軍産複合体が登場してくる所以である。

それだけでなく、艦船を維持できる恒久的な組織も必要であった（24頁）。すなわち、それは造船計画や装備の変更に対応できる管理システムである。上述のとおり、艦隊とは洗練さを要求する大がかりな軍事システムであり、ドックを拠点とする強い産業と兵站資源によって支えられている以上、複雑な諸要素を効率的に管理するシステムは必須であり、現代でもそれは変わらない。イギリスの場合、早くからこの管理システムが発達していた節があり、それは本文中にも印象的に記されている。一六〇四年のイングランド海軍の管理規模は、チャタム海軍工廠だけでも事務員が使用する紙類、インク、ワックス、砂、羽ペン、計算器などに二二ポンドを消費していたという、詳細な記録にそれはみてとれる（65頁）。一七世紀半ばになるとイングランド海軍は、世界首位の座を占めるようになり、一七世紀末にはさらに強大になっていくが、その背景には実用性や合理性を重んずる思考方法が存在していた。効率的な管理システムを構築できた要因は、こうした思考方法にも求められよう。もっとも、国家の管理ということをあまり強調しすぎないことも重要であると著者はいう。一六世紀から一七世紀初頭にあってはとくにそうであり、オランダとイングランドでは民間船のほうが、地中海においてスペインの海軍力よりもしばしば優位を示し、また、オランダとイングランドの武装商船は、ポルトガルの軍艦とインド洋で戦って頻繁に勝利を収めている、と指摘する（65頁）。

しかしながら、一八世紀になると効率のよい管理システムは、近代国家にとってやはり不可欠の要素となる。当時勃発した海戦でロイヤル・ネイビーが圧倒的な力をもてたのも、こうした有効な管理システムがあったればこそであり、この実効性はヨーロッパ海域のみならず、それ以外の海洋でも当てはまることを実証した。歴史的にイギリスにおいては、実効性の高い管理システムが様々な分野でみられる。その最たるものの一つが、洗練され、他国と比較しても財政規律のある行政基盤である（145頁）。たとえば、一八一二年にはイギリス海軍の食糧供給は、毎日一四万の人員に対応できるようになっていた（157頁）。このように、パワーの源泉を必ずしも兵器やその技術力を主体とせずに捉える発想は、兵站を重視するマーチン・ファン・クレフェルト『補給戦』（佐藤佐三郎訳、中央公論新社、二〇〇六年）の考え方と通ずるものがある。

技術上の比較優位が圧倒的な格差を生むのではない時代の場合、管理システムの実効性を高めるには、潜在的な技術力を急激に変化させないほうがよいと著者は主張する。つまり、一六六〇～一八一五年という時代にそれは最もよく当てはまっており、第一次世界大戦はその対極にある。それ以前の時代を考える限り、効率よく上手に作戦を展開しうる主要素は、実に、制度や管理能力の所産であったり、あるいは財政力、それに政権の安定度や支援であったりする傾向が強かった（157頁）。こうした考え方は今日でも当てはまる場合がある。限定的な技術力の時代にあって管理システムの強みは、一五〇〇年から一六七〇年の時期にかけてのイングランド海軍を大いに強化したが（第一次、第二次英蘭戦争を含む）、それは結果的に蒸気船時代にも当てはまった。また、管理システムの効率性という点でいえば、技術力を維持するため組織的対応として考案された方法が、標準化であった。これは一九世紀末にもたらされる変化（蒸気機関と金属による被覆装甲の標準的な採用）に先立っても確認されている。イギリスだけでなくフランス艦隊も標準船体設計を採用しているように、標準化はヨーロッパで次第に顕著になっていった（133頁）。

ロイヤル・ネイビーの強さは、上述したように財政規律のある行政基盤である。それはロイヤル・ネイビーが通商に果たした所産の反映でもあるが、ロイヤル・ネイビーの一般的な財政状況はまた、一六九〇年代から改善している。イングランド銀行（一六九四年創設）に基盤をおき、安定した議会からの支援を得た国家財政となったからである。この財政によって政府債務の利子率を削減することが可能となり、フランスやスペイン、ロシアなどの専制国家に比べて、海軍歳出の基盤がより安定するようになった。したがって、国家間の海軍軍備が似たような状況であった一方で、組織制度の顕著な相違もまた生じていたのである。海軍に欠かせないドックは、決定的に資金に依存するものであるが、必要とされる多数の水夫を確保し、支援するのも同様である（75頁）。財政基盤の安定という議会制民主国家の機能性のよさが、みえざる根底部分で海軍を支えていたことを、この記述はよく物語っている。

この他にもロイヤル・ネイビーの強みを指摘する部分は、実力主義に基づく昇進など数多い（145頁）。しかし、ロイヤル・ネイビーが特段頭抜けた能力を有していたと考えてしまうのはさすがにいきすぎである。それどころか、一九世紀後半になると反動的、閉鎖的な性格が強く出て、人材育成の面で問題を残していたとされたり（田所昌幸「組織の近代化に向けて――一九世紀ロイヤル・ネイヴィーの人事と教育」田所昌幸編『ロイヤル・ネイヴィーとパクス・ブリタニカ』有斐閣、二〇〇六年、一三九～一四五頁）、技術革新による軍艦構造の変化に伴い組織の硬直化が進み臨機応変に対応するイニシャティブが失われたりしたとされる（ギャレン・ムロイ「一九世紀のＲＭＡ」前掲書、一一三頁）。あるいは、一八世紀後半でみてもことさら異なる軍艦技術を用いていたわけではなかったし、むしろ当時のイギリスの軍艦はフランスよりも平均的に古い船体であった。ただし、大砲鋳造や射撃手法（火打石銃）、船舶への食糧供給及びその貯蔵法、医薬品と手術法、帆とロープの質などの点でイギリスは進んでおりその集積があった。こうした点での先進性は、すべて一七九三年から一八一五年の間に顕著となっており、これに対して他国の海軍はそうしたものがほとんど欠如していた（157頁）。このようなむしろ民間部門での産業インフラの裾野の広さが海軍を下支えしていたのであり、それは国民との連携プレーが良好な関係をもって構築されていたことを窺わせる。民間部門での産業力に乏しい国家の基盤は脆弱であり、換言すれば軍事力イコール国力では決してないことを、このロイヤル・ネイビーの歴史は教えてくれる。

　こうしてみると本書の内容が、ロイヤル・ネイビー一色のような印象を与えてしまうが、それはやはり国家と海軍のかかわりという意味で、最も特徴的にその能力を発揮できた事例がイギリスであったからに他ならない。加えて能力的な背景に学習過程の強さということも存在している。そこでは経験と概念が体系化され、分析されたうえで、適用されていった。この過程を印刷文化が活発に下支えし、概念が伝播する機会が提供されていた（134頁）。さらに、陸戦よりも海戦に国家資源を多く振り向け、通商及び国家の自己イメージという、大きな役割を反映する政治的な選択を行う傾向を国民が有していたことも大きく影響している（145頁）。本書でもたとえばアメリカと比較してみても、歴史の古さからイギリスにはどうしても記述を割く部分が多くなっている。他方でアメリカは、イギリス人入植者たちが築いていった国ながら、海軍の軌跡をみるとイギリスとはかなり異なった展開をみせている。これも先述のソーウェルによる指摘のように、「こうした制度は誰にでもまねできるが、その背景にある歴史や伝統は合成することが不可能であり、このような無形財産こそが、有形の制度や構造を動かしてきたのである」ということで、歴史や伝統の違いに起因するものなのかもしれない。

ところで、訳出していて感じたことを少し書いておきたい。結論的にいえば、著者の立脚する立場は同じイギリス人の海軍戦略家であるジュリアン・コーベットに重なるところが多い、ということである。もっとも、これは各人によって捉え方は異なるかもしれない。しかし、この点に触れておくことは、本書の論点を明確化することにもなると思われるので、いくつか事例をあげつつとりあげておくことにしたい。まず第一に、両者とも海軍力の行使だけで戦争の帰趨が決しない点を重視している点である。一つの典型例はサラミスの海戦であり、それで戦争が決着したのではなかった。クセルクセスはギリシアに兵を残したままであり、それをギリシアは紀元前四七九年、陸戦としてプラタイアの戦いで打ち破る必要があった。つまり、陸戦の重要性を強調している点である。あるいは、レパントの海戦もそうであり、キリスト教連合軍はオスマン帝国にこの海戦で勝利は収めたものの、当初の目標であったキプロスの奪回は果たしていない。トラファルガーの海戦でもナポレオンは敗れはしたが、その後方向を変えて大陸制覇に向かい、三帝会戦等で勝利を収めていった。結局最終的にナポレオンの野望を完膚なきまでに砕いたのは、ワーテルローの戦いであった。あるいは、日露戦争において日本海海戦で日本はロシアに完勝したものの、戦費の調達と満州での陸戦の双方において問題を抱えていた日本に対し、ロシアは交渉の席に着こうとしなかった。日本海海戦は日本及び朝鮮への供給ルートに、ロシアが攻撃を加えることを阻止したとはいえ、それが戦争の勝利を決定づけたわけではなかったのである（194頁）。

第二に、訳出の過程で多くの記述を費やしていると思われたのは、統合作戦に触れた部分である。水陸両用作戦は第二次世界大戦のところで項目を一つ設けている（249頁）。太平洋での米軍の用例やノルマンディーなどはよく知られているが、そうした比較的近い年代のものではなくガレー船時代や、一一世紀の南インドチョーラ朝のもの、一六世紀のオスマン帝国の用例、マラッカ海峡でポルトガルが水陸両用作戦に敗退した事例、一六世紀のカール五世によるアルジェリア攻撃時、同じく一六世紀のエドワード六世のイングランドによる対スコットランド水陸両用作戦、スペイン無敵艦隊に対する一五九六年のイングランド・オランダ連合軍による大規模な水陸両用作戦など、この他にも事例は多数存在している。これは著者の海軍に対する姿勢の一つの反映として捉えることができると思うが、海から陸へという発想はコーベットの中核的思想の一つである。これは現代でも海兵隊の用例にみられるとおり、昔も今も重要性は減じていない。その点は上述の海戦至上主義の否定とも関連し、結局、陸地に国旗を立て旗幟鮮明にする（to show the flag）必要性と重要性は、いつの時代にあっても変わらない。

第三に、通商保護の立場を重視しており、そこから護送船団や逆に通商破壊の重要性を認識している点である。古くは一七世紀北アフリカのバーバリ海賊に対するイングランドの通商保護や、同じく一七世紀のフランスに対する通商破壊がある。近年では、第一次世界大戦および第二次世界大戦でのドイツによる通商破壊や、逆にこれに対するイギリスの護送船団及び通商保護がよく知られている。先述したように、ロイヤル・ネイビーの伝統的な理念を“protection of commerce”としているイギリスにあってみれば、これはごく自然な発想である。あるいは、マハン流の強烈な艦隊決戦ではなく、むしろ地味な封鎖に多くの記述が割かれている点も（特に帆船時代）、一読すればわかると思う（この辺は同じくイギリス人戦略家であるリデル＝ハートの間接アプローチ戦略とも重なる。イギリスではこうしたむしろ消極的な方法が現実策としてとられていたことは、記憶されてよい）。マハンの思想が「攻」であるとすれば、コーベットのは「防」であり、そのせいかイギリスにおいてはあまり高い評価を得られなかったとされる。しかし、イギリスのような島国であれば通商の保護は、国民生活に直結するまさしくライフラインの保護であり、そこを保護するという発想はまぎれもなく国民の保護に他ならない。先述したとおり国民の代表である議会が海軍をコントロールし、その海軍は国民生活の基盤を保護するという、見事なまでの相互の信頼関係がイギリスを一級の海洋国家に育てあげたのだと思う。特に二〇世紀初頭でみると、海軍力及び海軍の錬度に寄せる国民のイメージは、国民からの支持をとりつけるのに役立ち、強国の印象を生み出すためにニュースを使うことが取り決められていったという。このやり方は一九〇四年から一九〇五年のイギリスにおける海軍問題を、活字で議論するうえで大いに貢献することとなったとされる（195頁）。

こうしてみると、海軍力はまさに著者が指摘するように、単一の定義で割り切らないほうがよいことがよくわかるし、それどころか国民の考え方や生活なども含めた裾野の広い総合的な要素から捉えるべきであることが示唆される。強い海軍力を有する国は、史上むしろ総合的な面で優勢な海洋力を保持していた、と考えるほうが適切であるのかもしれない。特に遠洋での海軍力は、広範な資源を供給できる海洋経済に依存する、という事実がそれをよく物語っている（122頁）。こうした海洋力をもった国家の典型例は、イギリスにみることができる。イギリスは総合力としての海軍力、ひいては海洋力をかつて存分に発揮した。その意味でコーベットと著者の認識が似たように感じるのは、彼らが同じイギリス人であったことと無縁ではなかろう。一方、ロイヤル・ネイビーに範をとった帝国海軍は強大ではあったものの、イギリスがとったような通商の保護はどうであったか。議会や国民との関係性はどうか。外形は似せてもその内面のこうした思想までは、ついに取り込むことができなかったというほかない。それを考えると将来の海洋力のあり方が、一つの方向性を伴って示唆されるようにみえる。

本書の出版にあたっては、多くの方々にお世話になった。本という紙ベースの媒体を出すこと自体近年とても難しくなってきているのは、周知の事実である。まして本書のような硬い本であれば、商業的にはなかなかきびしいことは、訳者自身もよく承知している。しかし、その意義を認めてあえて出版に向けて協力してくださった福村出版の石井昭男社長、また出版に際し直接お世話になった取締役の宮下基幸さん、それから編集・校正にあたって終始丁寧なチェックをしてくださった板垣悟さん、それぞれに深い感謝の念を表しておきたい。本書が出版事情厳しき折に陽の目を見ることができたのは、ひとえにこの皆さん方のおかげである。

二〇一三年　立秋

内藤　嘉昭

Pritchard, J. *Louis XV's Navy, 1748–1762: A Study in Organisation and Administration* (Quebec, 1987).
Pryor, J.H. *Geography, Technology and War: Studies in the Maritime History of the Mediterranean, 649–1571* (Cambridge, 1988).
Reynolds, C. *Navies in History* (1998).
Rodger, N.A.M. *The Wooden World: An Anatomy of the Georgian Navy* (1986).
Rodger, N.A.M. *The Safeguard of the Sea: A Naval History of Britain. I: 660–1649* (1997).
Rodger, N.A.M. *The Command of the Ocean: A Naval History of Britain. II: 1649–1815* (2004).
Sandin, B. *The Sea Dayaks of Borneo: Before White Rajah Rule* (1967).
Scammell, G.V. *The World Encompassed: The First European Maritime Empires, c. 800–1650* (1981).
Schencking, J.C. *Making Waves: Politics, Propaganda, and the Emergence of the Imperial Japanese Navy, 1868–1922* (Palo Alto, California, 2005).
Sondhaus, L. *Naval Warfare 1815–1914* (2001).
Sondhaus, L. *Navies of Europe, 1815–2002* (2002).
Sondhaus, L. *Navies in Modern World History* (2004).
Specter, R. *At War at Sea: Sailors and Naval Conflict in the Twentieth Century* (New York, 2001).
Sumida, J.T. *In Defence of Naval Supremacy: Finance, Technology, and British Naval Policy, 1899–1914* (1989).
Symcox, G. *The Crisis of French Naval Power, 1688–1697* (The Hague, 1974).
Till, G. *Seapower: A Guide for the Twenty-first Century* (2004).
Till, G. (ed.) *The Development of British Naval Thinking* (Abingdon, 2006).
Tracy, J.D. (ed.) *The Rise of Merchant Empires: Long-Distance Trade in the Early Modern World, 1350–1750* (Cambridge, 1990).
Tracy, J.D. (ed.) *The Political Economy of Merchant Empires* (Cambridge, 1991).
Trim, D.J.B. and Fissel, M.C. (eds) *Amphibious Warfare 1000–1700: Commerce, State Formation and European Expansion* (Leiden, 2006).
Turnbull, S. *Samurai Invasion: Japan's Korean War 1592–1598* (2002).
Vohra, R. and Chakraborty, D. (eds) *Maritime Dimensions of a New World Order* (2007).
Willis, S., *Fighting at Sea in the Eighteenth Century: The Art of Sailing Warfare* (Woodbridge, 2008).

tion of Europe (2000).
Goldrick, J. and J.B. Hattendorf (eds), *Mahan's Not Enough: The Proceedings of a Conference on the Works of Sir Julian Corbett and Sir Herbert Richmond* (Newport, Connecticut, 1993).
Goodman, D. *Spanish Naval Power, 1589–1665: Reconstruction and Defeat* (Cambridge, 1996).
Gordon, A. *The Rules of the Game: Jutland and British Naval Command* (1996).
Gottschall, T.D. *By Order of the Kaiser: Otto von Diederichs and the Rise of the Imperial German Navy, 1865–1902* (Annapolis, 2003).
Gray, C. *The Leverage of Sea Power: The Strategic Advantage of Navies in War* (New York, 1992).
Grove, E. *The Royal Navy since 1815* (Basingstoke, 2005).
Guilmartin, J.F. *Gunpowder and Galleys: Changing Technology and Mediterranean Warfare at Sea in the Sixteenth Century* (Cambridge, 1974).
Halpern, P.G. *A Naval History of World War I* (1994).
Harding, R. *Seapower and Naval Warfare 1650–1830* (1999)
Hattendorf, J. and Jordan, R. (eds) *Maritime Strategy and the Balance of Power: Britain and America in the Twentieth Century* (Basingstoke, 1989).
Hattendorf, J.B. (ed.) *Ubi Sumus? The State of Naval and Maritime History* (Newport, Connecticut, 1994).
Hattendorf, J.B. (ed.) *Doing Naval History: Essays Toward Improvement* (Newport, Connecticut, 1995).
Hattendorf, J.B. and Unger, R.W. (eds) *War at Sea in the Middle Ages and Renaissance* (Woodbridge, 2003).
James, A. *The Ship of State: Naval Affairs in Early Modern France, 1572–1661* (Woodbridge, 2002).
Jenks, T. *Naval Engagements: Patriotism, Cultural politics, and the Royal Navy, 1793–1815* (Oxford, 2006).
Jones, J.R. *The Anglo-Dutch Wars of the Seventeenth Century* (1996).
Lambert, N. *Sir John Fisher's Naval Revolution* (Columbia, South Carolina, 1999).
Love, R.W. et al. (eds) *New Interpretations in Naval History* (Annapolis, 2001).
Neilson, K. and Errington, E.J., *Navies and Global Defense: Theories and Strategy* (Westport, Connecticut, 1995).
Parker, G. *The Grand Strategy of Philip II* (New Haven, Connecticut, 1998).
Parkinson, R. *The Late Victorian Navy: The Pre-Dreadnought Era and the Origins of the First World War* (Woodbridge, 2008).
Phillips, C.R. *Six Galleons for the King of Spain: Imperial Defence in the Early Seventeenth Century* (Baltimore, 1992).

推奨文献

以下はきわめて優れた文献の簡単な紹介であるが、比率的には西洋の海軍力並びに外洋艦隊に特化したものが多い。その他のものに関しては本書の注や、以下に掲載した文献の注、ないしその参考文献に拠られたい。Jan Glete, Colin Grey, Eric Grove, Richard Harding, John Hattendorf, Nicholas Lambert, Nicholas Rodger, Larry Sondhaus らの執筆になる文献は、いかなるものであれ一読に値する。特に断りのないかぎり、すべてロンドンで刊行されたものである。

Asada, S. *From Mahan to Pearl Harbor: The Imperial Japanese Navy and the United States* (Annapolis, 2006).

Baer, G.W., *One Hundred Years of Sea Power: The U.S. Navy, 1890–1990* (Stanford, California, 1993).

Boxer, C.R, *The Portuguese Seaborne Empire, 1415–1825* (1973).

Bracewell, W. *The Uskoks of Senj: Piracy, Banditry and Holy War in the Sixteenth Century Adriatic* (Ithaca, New York, 1992).

Bruijn, J.R. *The Dutch Navy of the Seventeenth and Eighteenth Centuries* (Columbia, South Carolina, 1993).

Chaudhury, S. and Morineau, M. (eds) *Merchants, Companies and Trade: Europe and Asia in the Early Modern Era* (Cambridge, 1999).

Cipolla, C. *Guns, Sails and Empires: Technological Innovating and the Early Phases of European Expansion, 1400–1700* (1965).〔邦訳、C・M・チポラ、大谷隆昶訳『大砲と帆船――ヨーロッパの世界制覇と技術革新』平凡社、1996〕

Dorman, A. et al. (eds), *The Changing Face of Maritime Power* (Basingstoke, 1999).

Dull, J.R. *The French Navy and the Seven Years' War* (Lincoln, Nebraska, 2005).

Earl, P. *Corsairs of Malta and Barbaryy* (1970).

Forbes, A. (ed.) *Sea Power: Challenge Old and New* (Sydney, 2007).

Fuller, H.J. *Clad in Iron: The American Civil War and the Challenge of British Naval Power* (Westport, Connecticut, 2008).

Gardiner, R. and Morrison, J. (eds.) *The Age of the Galley: Mediterranean Oared Vessels since Pre-classical Times* (1995).

Glete, J. *Navies and Nations: Warships, Navies and State Building in Europe and America, 1500–1860* (Stockholm, 1993).

Glete, J. *Warfare at Sea, 1500–1650: Maritime Conflicts and the Transforma-*

わ

ま

は

な

た

さ

か

索　引

あ

【著者紹介】

ジェレミー・ブラック（Jeremy Black）

1955年生まれ。ケンブリッジ大学（クイーンズ・カレッジ）卒業後、オックスフォード大学大学院修了（Ph.D.）。

ダーラム大学を経て、1996年よりエクセター大学教授（歴史学）。

軍事史、イギリス史、国際関係史などを主に100冊近い著書がある。


【訳者紹介】

内藤嘉昭（ないとう よしあき）

1958年、山梨県生まれ。慶應義塾大学法学部政治学科卒業。

現在、拓殖大学教授、学術博士。

著書に、『富士北麓観光開発史研究』（学文社、2002）、『観光とアジア』（学文社、1998）、『観光と現代』（近代文藝社、1996）。

訳書に、A・モリソン、J・キラス『国連平和活動と日本の役割』（文化書房博文社、2001、カナダ首相出版賞受賞）、R・エバンズ、A・ウエスト『オーストラリア建国物語』（明石書店、2011、豪日交流基金サー・ニール・カリー奨学金受賞）、H・ブレイ『なぜ地理学が重要か』（学文社、2010）、T・ソーウェル『征服と文化の世界史』（明石書店、2004）、D・ピアス『現代観光地理学』（明石書店、2001）、M・ウェイナー『移民と難民の国際政治学』（明石書店、1999）ほか。

海軍の世界史——海軍力にみる国家制度と文化

2014年2月5日　初版第1刷発行

著　者　ジェレミー・ブラック
訳　者　内藤嘉昭
発行者　石井昭男
発行所　福村出版株式会社
〒113-0034　東京都文京区湯島2-14-11
電話 03-5812-9702　FAX 03-5812-9705
URL: http://www.fukumura.co.jp

印刷　株式会社文化カラー印刷
製本　本間製本株式会社

ISBN978-4-571-31022-5